高等职业教育系列教材

电 工 技 术
第 3 版

主编 牛百齐 许 斌
参编 曹秀海 李汉挺 孙 萌
　　　梁海霞 马妍霞

机械工业出版社

本书保持了第2版的基本体系与风格，融入电子仿真技术，将虚拟仿真与真实实验结合，对部分章节内容进行了修改与完善，优化了例题与习题，使本书的内容更加符合应用型院校的"应用型、技能型"人才培养特点。

本书共9章，分别是直流电路、电路的分析方法、单相交流电路、三相交流电路、电路的过渡过程、磁路与变压器、交流电动机、继电-接触器控制及综合实训。本书采用"学做一体化"模式，将基础理论与实践应用有机结合，突出技能训练，实训内容贯穿全书，最后还安排了室内照明电路安装的综合实训。

本书可作为高职高专院校机电设备类、电子信息类、自动化类、计算机类等专业的教材使用，也可作为职业技能培训教材，还可供从事电工及相关技术的工程人员参考。

本书配有微课视频，扫描二维码即可观看。另外，本书配有电子课件，需要的教师可登录机械工业出版社教育服务网（www.cmpedu.com）免费注册，审核通过后下载，或联系编辑索取（微信：13261377872，电话：010-88379739）。

图书在版编目（CIP）数据

电工技术/牛百齐，许斌主编. —3 版. —北京：机械工业出版社，2022.9（2025.8 重印）

高等职业教育系列教材

ISBN 978-7-111-71182-7

Ⅰ.①电…　Ⅱ.①牛…②许…　Ⅲ.①电工技术-高等职业教育-教材　Ⅳ.①TM

中国版本图书馆 CIP 数据核字（2022）第 118812 号

机械工业出版社（北京市百万庄大街22号　邮政编码100037）
策划编辑：和庆娣　　　　　责任编辑：和庆娣
责任校对：闫玥红　张　薇　责任印制：张　博
天津嘉恒印务有限公司印刷
2025 年 8 月第 3 版第 10 次印刷
184mm×260mm·14.25 印张·369 千字
标准书号：ISBN 978-7-111-71182-7
定价：59.90 元

电话服务　　　　　　　　　　网络服务
客服电话：010-88361066　　机　工　官　网：www.cmpbook.com
　　　　　010-88379833　　机　工　官　博：weibo.com/cmp1952
　　　　　010-68326294　　金　书　网：www.golden-book.com
封底无防伪标均为盗版　机工教育服务网：www.cmpedu.com

Preface
前　言

党的二十大报告指出，教育、科技、人才是全面建设社会主义现代化国家的基础性、战略性支撑。 我们要坚持教育优先发展、科技自立自强、人才引领驱动，加快建设教育强国、科技强国、人才强国。 为更好地适应高等职业教育快速发展及教学改革的要求，我们总结近年来电工技术的教学经验，结合办学定位、岗位需求情况，以培养学生的应用能力为出发点，以实现高技能人才的培养为目标，对《电工技术》第 2 版进行了修订。

本次修订保持了第 2 版的基本体系与风格，融入电子仿真技术，利用 Multisim 仿真软件对电路进行仿真测试，将虚拟仿真与真实实验结合，加深了对知识的理解，拓展学生的学习时空；对第 2 版中的部分章节如电压源与电流源的等效变换、三相电路的功率等进行了修改与完善；调整了部分实训内容，优化了例题与习题，使本书的内容更加符合应用型院校的"应用型、技能型"人才培养特点。

本书共 9 章，分别是直流电路、电路的分析方法、单相交流电路、三相交流电路、电路的过渡过程、磁路与变压器、交流电动机、继电-接触器控制及综合实训。 本书采用"学做一体化"模式，将基础理论与实践有机结合，突出技能训练，实训内容贯穿全书，最后还安排了室内照明电路安装的综合实训。

本书结构完整，可选择性强。 教学时可结合具体专业实际情况对教学内容进行适当调整。 可供不同学时、不同专业选用。

本书由牛百齐、许斌担任主编，曹秀海、李汉挺、孙萌、梁海霞、马妍霞参编。 编写过程中，参阅和引用了相关的技术资料，在此向其作者表示诚挚的感谢。

由于编者水平有限，书中不妥或疏漏之处在所难免，恳请专家、同行批评指正，也希望得到读者的意见和建议。

编　者

二维码资源清单

序号	名称	图形	页码	序号	名称	图形	页码
1	1.1.1 电路的组成及作用		1	10	1.5.2 基尔霍夫电压定律		19
2	1.2.1 电流及参考方向		3	11	2.1 等效变换法		29
3	1.2.2 电压及参考方向		3	12	2.2 支路电流法		39
4	1.3.1 电阻元件		8	13	2.3 叠加定理		41
5	1.3.2 电容元件		9	14	2.4 戴维南定理		42
6	1.3.3 电感元件		11	15	3.1 正弦交流电的基本概念		51
7	1.3.4 电压源与电流源		12	16	3.2 正弦交流电的相量表示法		56
8	1.5 基尔霍夫定律		17	17	3.3 单一参数电路元件的交流电路		60
9	1.5.1 基尔霍夫电流定律		17	18	3.6 功率因数的提高		71

（续）

序号	名称	图形	页码	序号	名称	图形	页码
19	4.1 三相交流电源		81	27	6.2 交流铁心线圈电路		123
20	4.1.2 三相电源的连接		82	28	6.3 变压器		125
21	4.2.1 负载的星形联结		84	29	7.1 三相异步电动机的结构和工作原理		133
22	5.1.1 暂态与稳态		105	30	7.2.1 三相异步电动机的转矩特性		137
23	5.1.2 换路定理		105	31	7.3.2 三相异步电动机的起动		140
24	5.4.1 微分电路		113	32	7.4 单相异步电动机		147
25	5.4.2 积分电路		114	33	8.1 常用低压电器		154
26	6.1 磁路的基本知识		118	34	8.1.4 交流接触器		161

目 录 Contents

附　录 …………………………………………………………… 205

参考文献 ………………………………………………………… 218

第1章 直流电路

学习目标

- 熟悉电路的组成，掌握描述电路的基本物理量。
- 熟悉电路中的元器件及其特性。
- 熟练分析电路的状态，理解电气设备额定值。
- 理解支路、节点、回路和网孔的概念。
- 掌握基尔霍夫定律内容及应用。

科学技术飞速发展的今天，电工技术应用越来越广泛，其知识向各个专业的渗透也越来越深入，各行各业的技术人员都应该掌握一定的电工技术知识。学习电工技术要从电路的基础知识开始。直流电路是电路最基本的形式，直流电路的一些定律、定理在其他电路中同样适用，掌握直流电路的分析方法是研究其他电路的基础。

1.1 电路及其模型

在日常生活中存在着各种形式的电路，如照明电路、电动机控制电路以及收音机和电视机的放大电路等。了解电路的组成和作用是分析、计算电路的基础。

1.1.1 电路的组成及作用

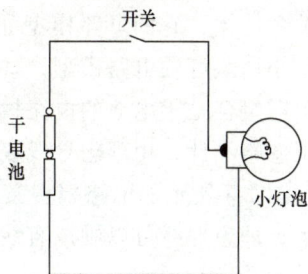

1. 电路的组成

简单来说，电路是电流流通的路径，它是根据某种需要把一些电气设备或元器件用导线按一定方式连接起来，组成通路。一个完整的电路包括电源、负载及中间环节（包括开关和导线等）3部分。电源把其他形式的能量转换为电能，例如，发电机将机械能转换为电能。负载取用电能，把电能转换为其他形式的能量，例如，电动机将电能转换为机械能，电炉将电能转换为热能，电灯将电能转换为光能等。电路作为中间环节将电源和负载连接起来，为电流提供通路，把电源的能量供给负载，并根据负载的需要接通或断开电路。

最简单的电路是手电筒电路，其电路组成的3部分是：电源——干电池，负载——小灯泡，中间环节——开关和筒体金属连片。手电筒电路示意图如图1-1所示。

图 1-1　手电筒电路示意图

2. 电路的作用

电路的作用可分为两大类，一类是实现电能的传输和转换。典型应用是电力电路（其示意图

如图1-2所示），即发电机产生电能，经过变压器和输电线输送到各用电单位，再由负载把电能转换为光能、热能、机械能等其他形式的能量。另一类是实现信号的传递和处理。如放大器电路（其示意图如图1-3所示），传声器将声能信号变换为相应的电信号，并将其送入电子电路加以放大，然后，通过扬声器把放大了的电信号还原成更大的声能信号。

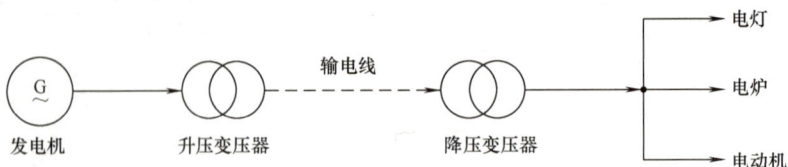

图1-2　电力电路示意图

电路中的电压和电流是在电源或信号源的作用下产生的，因此，电源又称为激励。由激励在电路中产生的电压和电流统称为响应。有时根据激励和响应之间的因果关系，又把激励称为输入，响应称为输出。

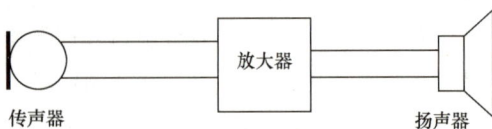

图1-3　放大器电路示意图

1.1.2　电路模型

在电路的分析中，用电流、电压、磁通等物理量来描述其工作过程，然而，实际电路是由一些电气设备和元器件组成的，它们的电磁性质较为复杂。

为方便电路的分析和计算，在一定条件下将实际电路中的元器件，突出其主要电磁性质，忽略其次要因素，近似地看作理想电路元器件。例如，将电路中的电热炉、白炽灯等看作理想电阻元器件，将电感线圈看作理想电感，将各种电容器看作理想电容等。用一个理想电路元器件或几个理想电路元器件的组合来代替实际电路中的具体元器件称为实际电路的模型化。

可见，电路模型是由理想电路元器件和理想导线相互连接而成的，是对实际电路进行科学抽象的结果。

将一个实际电路抽象为电路模型的过程，又称为建模过程，其结果与实际电路的工作条件以及对计算精度的要求有关。例如，手电筒电路，其实际电路器件有干电池、小灯泡、开关和筒体，它的电路模型如图1-4所示。其中，理想电阻元件是小白炽灯的电路模型，理想电压源 U_S 和理想电阻元件 R_S 的串联组合是干电池的电路模型，筒体起传导电流的作用，其电阻忽略不计，用理想导线表示。

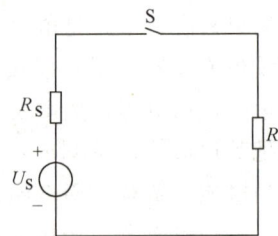

图1-4　手电筒电路的电路模型

图1-4所示的电路模型又称为电路图。在电路图中，将理想电路元器件用特定的电路符号表示；理想导线可以画成直线、折线或曲线等。

思考与练习

1-1-1　电路由哪几部分组成？各部分在电路中起什么作用？

1-1-2　实际电路和电路模型有什么关系？

1.2 电路的基本物理量

电路分析中常用到电流、电压、电位和功率等物理量，本节对这些物理量以及与它们有关的概念进行简要说明。

1.2.1　电流及参考方向

1. 电流

早期科学家规定，电流的正方向是正电荷流动的方向，这个规定沿用至今。后来，科学家发现电流本质上是电子的定向运动，而电子是带负电荷的。因此，电流的正方向是与电子运动的方向相反的。电流的大小等于单位时间内通过导体某截面的电荷量。设在 dt 时间内通过导体某一横截面的电荷量为 dq，则通过该截面的电流为：

$$i = \frac{dq}{dt} \tag{1-1}$$

在一般情况下，电流是随时间而变化的。如果电流不随时间而变，即 $\dfrac{dq}{dt}$ = 常数，这种电流就称为恒定电流，简称直流；所通过的电路称为直流电路。在直流电路中，式（1-1）可写成：

$$I = \frac{Q}{t} \tag{1-2}$$

在国际单位制中，电流的单位是安培（A）（简称为安），实际使用中还有千安（kA）、毫安（mA）、微安（μA）。它们的换算关系是：

$$1kA = 10^3 A \qquad 1A = 10^3 mA \qquad 1mA = 10^3 \mu A$$

在分析电路时，不仅要计算电流的大小，而且还应了解电流的方向。习惯上，把正电荷运动的方向规定为电流的方向。那么，负电荷运动的方向与电流的实际方向相反。

2. 电流的参考方向

对于比较复杂的直流电路，往往不能确定其电流的实际方向；对于交流电，因其电流方向随时间而变化，更难以判断。因此，为分析方便引入了电流参考方向的概念。

电流的参考方向，也称为假定正方向，可以任意选定，在电路中用一个箭头表示，且规定当电流的实际方向与参考方向一致时，电流为正值，即 $i > 0$，如图 1-5a 所示；当电流的实际方向与参考方向相反时，电流为负值，即 $i < 0$，如图 1-5b 所示。

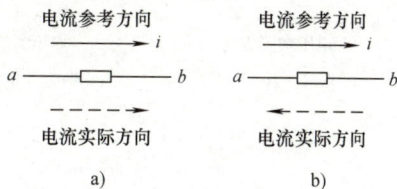

图 1-5　电流实际方向与参考方向
a) $i>0$　b) $i<0$

1.2.2　电压及参考方向

1. 电压

电压是用来描述电场力对电荷做功能力的物理量。如果电场力将单位正电荷 dq 从电场的高电位点 a 经过电路移动到低电位点 b 所做的功是 dw，则 a、b 两点之间的电压为：

$$u_{ab} = \frac{dw}{dq} \qquad (1-3)$$

在直流电路中，a、b 两点之间的电压为：

$$U_{ab} = \frac{W}{Q} \qquad (1-4)$$

在交流电路中，电压用 u 表示，在直流电路中，电压用 U 表示。

在国际单位制中电压的单位为伏特，简称为伏（V），实际使用中还有千伏（kV）、毫伏（mV）、微伏（μV）等。它们之间的换算关系是：

$$1\,kV = 10^3\,V \qquad 1\,V = 10^3\,mV \qquad 1\,mV = 10^3\,\mu V$$

习惯上规定电压的实际方向是从高电位端指向低电位端。其方向可用箭头表示，也可用"+""−"极性表示，还可以用双下标表示，如 U_{ab} 表示电压方向由 a 指向 b。显然可以看出，$U_{ab} = -U_{ba}$。

2. 电压的参考方向

与电流相类似，在实际分析和计算中，电压的实际方向也常常难以确定，这时也要采用参考方向。电路中两点间的电压可任意选定一个参考方向，且规定当电压的参考方向与实际方向一致时电压为正值，即 $u>0$，如图 1-6a 所示；相反时，电压为负值，即 $u<0$，如图 1-6b 所示。

3. 关联方向

任一电路的电流参考方向和电压参考方向都可以分别独立假设。但为了电路分析方便，常使同一元器件的电压参考方向和电流参考方向一致，即电流从电压的正极性端流入该元器件，而从它的负极性端流出，电流和电压的这种参考方向称为关联参考方向，如图 1-7a 所示；当电压参考方向和电流参考方向不一致时，称为非关联参考方向，如图 1-7b 所示。

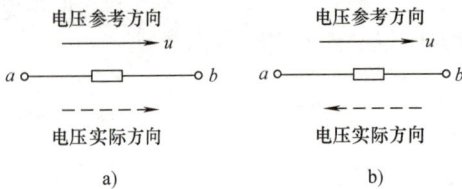

图 1-6　电压实际方向与参考方向
a）$u>0$　b）$u<0$

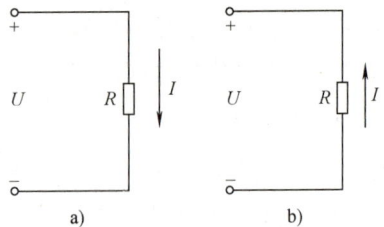

图 1-7　关联参考方向与非关联参考方向
a）关联参考方向　b）非关联参考方向

在关联参考方向时，其电压、电流的关系为 $U=IR$。

在非关联参考方向时，其电压、电流的关系为 $U=-IR$。

在分析和计算电路时，选取关联方向还是非关联方向，原则上是任意的。但为了分析的方便，对于负载，一般把两者的参考方向选为关联参考方向；对于电源，一般把两者的参考方向选为非关联参考方向。另外，U 和 I 的参考方向一经选定，中途就不能再变动。

1.2.3　电位

在电气设备的调试和检修中，经常要测量某个点的电位，看其是否在正常范围之内。

在电路中任选一点为参考点，则某一点 a 到参考点的电压就称为 a 点的电位，用 V_a 表示。电路中各点的电位都是相对参考点而言的。通常规定参考点的电位为零，因此参考点又称为零电位点，可用接地符号"⊥"表示。

参考点的选择是任意的，一般在电子电路中常常选多个元器件的汇集处；在工程技术中常选大地、机壳为参考点。如果把电气设备的外壳"接地"，那么外壳的电位就为零。

如图 1-8 所示，若选电路中一点 o 为电位参考点，根据电位的定义，则有：

$$V_a = U_{ao} \tag{1-5}$$

某点的电位，实质上就是该点与参考点之间的电压。其单位也是伏［特］（V）。

以电路 o 点为参考点，则有：

$$V_a = U_{ao}, \quad V_b = U_{bo}$$
$$U_{ab} = U_{ao} + U_{ob} = U_{ao} - U_{bo} = V_a - V_b \tag{1-6}$$

上式表明，电路中 a 点到 b 点的电压等于 a 点电位与 b 点电位之差。当 a 点电位高于 b 点电位时，$U_{ab} > 0$；反之，当 a 点电位低于 b 点电位时，$U_{ab} < 0$。一般规定，电压的实际方向由高电位点指向低电位点。

电路中的电位参考点一经选定，电路中的各点电位也就确定了。参考点的选择不同，电路中各点的电位就不同，将随参考点的变化而变化，但任意两点间的电压是不变的。

【例 1-1】 图 1-9 所示的电路中，已知 $U_1 = -5\text{V}$，$U_{ab} = 2\text{V}$，试求：1）U_{ac}；2）分别以 a 点和 c 点作为参考点时，b 点电位和 b、c 两点之间的电压 U_{bc}。

解 1）根据已知 $U_1 = -5\text{V}$，可知 $U_{ac} = -5\text{V}$

2）以 a 点作为参考点，则 $V_a = 0$，因为 $U_{ab} = V_a - V_b$，所以

$$V_b = V_a - U_{ab} = 0\text{V} - 2\text{V} = -2\text{V}$$
$$V_c = V_a - U_{ac} = 0\text{V} - (-5)\text{V} = 5\text{V}$$
$$U_{bc} = V_b - V_c = -2\text{V} - 5\text{V} = -7\text{V}$$

以 c 点作为参考点，则 $V_c = 0$，因为 $U_{ac} = V_a - V_c$，所以

$$V_a = U_{ac} + V_c = (-5)\text{V} + 0\text{V} = -5\text{V}$$
$$V_b = V_a - U_{ab} = (-5)\text{V} - 2\text{V} = -7\text{V}$$
$$U_{bc} = V_b - V_c = -7\text{V} - 0\text{V} = -7\text{V}$$

图 1-8 电位表示图

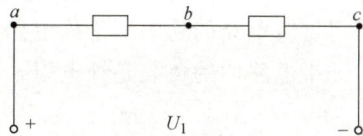

图 1-9 例 1-1 示意图

由以上计算可以看出，当以 a 点为参考点时，$V_b = -2\text{V}$；当以 c 点为参考点时，$V_b = -7\text{V}$；但 b、c 两点之间的电压 U_{bc} 始终是 -7V，这说明电路中各点的电位值与参考点的选择有关，而任意两点间的电压与参考点的选择无关。

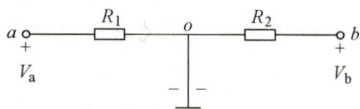

1.2.4 电功与电功率

1. 电功

当电流通过电动机时，能带动物体运动，从而把消耗的电能转换为系统的机械能；同理，当电流通过电炉时，把电能转换成了热能。说明电能可以转换为其他形式的能。电能转换为其他形式能的过程实际上就是电流做功的过程。电能即电流做的功，简称电功，用字母 W 表示。显然，电功的大小不仅与电压、电流的大小有关，还取决于用电时间的长短。

在直流电路中，电流在一段电路上所做的功 W，与这段电路两端的电压 U、电路中的电流 I 及通电的时间 t 成正比。公式为：

$$W = UIt \tag{1-7}$$

如果电路的负载是纯电阻，根据欧姆定律，式（1-7）就可写成：

$$W = I^2 R t = \frac{U^2}{R} t \tag{1-8}$$

电功的另一个常用单位是千瓦·时（kW·h），1kW·h 就是常说的 1 度电，它和焦耳的换算关系为：

$$1kW \cdot h = 3.6 \times 10^6 J$$

电度表就是测量电功的仪器。

2. 电功率

在电路的分析和计算中，电能和功率的计算是十分重要的。这是因为电路在工作状况下总伴随着电能与其他形式能量的相互交换。另一方面，电气设备、电路部件本身都有功率的限制，在使用时要注意其电流值或电压值是否超过额定值。

在电气工程中，电功率简称为功率，定义为单位时间内元器件吸收或发出的电能，用 p 表示。设 dt 时间内元器件转换的电能为 dw，则：

$$p = \frac{dw}{dt} = ui \tag{1-9}$$

对直流电路，功率：

$$P = \frac{W}{t} = UI \tag{1-10}$$

可见，电路的功率等于该电路电压和电流的乘积。

如果电路中的负载是纯电阻，那么根据欧姆定律，式（1-10）可写成：

$$P = I^2 R = \frac{U^2}{R} \tag{1-11}$$

国际单位制中功率的单位是瓦（W），有时还可用千瓦（kW）、毫瓦（mW）为单位，它们之间的换算关系为：

$$1kW = 10^3 W \qquad 1W = 10^3 mW$$

【例 1-2】 有一只 220V、100W 的白炽灯，接在 220V 的电源上。试求通过白炽灯的电流和白炽灯的电阻；如果每晚用 3h，那么 1 个月消耗多少电能？（1 个月以 30 天计算）

解 由 $P = UI$，得

$$I = \frac{P}{U} = \frac{100W}{220V} \approx 0.455A$$

$$R = \frac{U}{I} = \frac{220V}{0.455A} \approx 484\Omega$$

1 个月消耗的电能为

$$W = Pt = 100 \times 10^{-3} kW \times 3h \times 30 = 9kW \cdot h = 9 \text{ 度}$$

功率与电压、电流有密切关系。例如对于电阻元件，当正电荷从电压的"＋"极性端经过元器件移动到电压的"－"极性端时，电场力对电荷做功，此时元器件消耗能量或吸收功率。对于电源元器件，当正电荷从电压的"－"极性端经元器件移动到电压的"＋"极性端时，非电场力对电荷做功（电场力对电荷做负功），此时元器件提供能量或发出功率。

电压和电流有关联参考方向和非关联参考方向，为分析方便，规定：

当电压和电流的参考方向为关联参考方向时，$p=ui$；当电压和电流的参考方向为非关联参考方向时，$p=-ui$。

当 $p>0$ 时，表示元器件吸收（消耗）功率，是负载性质；当 $p<0$ 时，表示元器件实际提供（发出）功率，是电源性质。

根据能量守恒定律，在一个电路中的功率应该是平衡的，即 $\sum p=0$。电源输出的功率和负载吸收的功率数值上应该相等。

【例 1-3】　电路中各元器件电压和电流的参考方向如图 1-10 所示。已知 $I_1=-I_2=-2\text{A}$，$I_3=1\text{A}$，$I_4=3\text{A}$，$U_1=3\text{V}$，$U_2=5\text{V}$，$U_3=U_4=-2\text{V}$。试求各元器件的功率，并说明是吸收功率还是发出功率，整个电路是否满足能量守恒定律。

解　根据各元器件上电压和电流的参考方向，可得各元器件的功率。

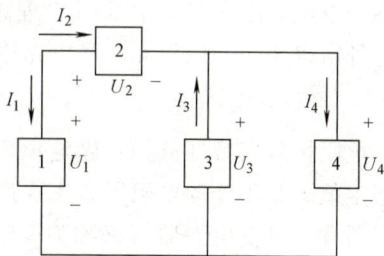

图 1-10　例 1-3 的电路图

元器件 1：$P_1=U_1 I_1=3\text{V}\times(-2\text{A})=-6\text{W}$，元器件 1 是发出功率。

元器件 2：$P_2=U_2 I_2=5\text{V}\times2\text{A}=10\text{W}$，元器件 2 是吸收功率。

元器件 3：$P_3=-U_3 I_3=-(-2\text{V})\times1\text{A}=2\text{W}$，元器件 3 是吸收功率。

元器件 4：$P_4=U_4 I_4=-2\text{V}\times3\text{A}=-6\text{W}$，元器件 4 是发出功率。

电路的总功率为：

$$P=P_1+P_2+P_3+P_4=0$$

即整个电路的能量是守恒的。

思考与练习

1-2-1　电路如图 1-11 所示，指出电流、电压的实际方向。

1-2-2　已知某电路中 $U_{ab}=5\text{V}$，说明 a、b 两点中哪点电位高。

1-2-3　已知电路如图 1-12 所示，以 c 点为参考点，$V_a=10\text{V}$，$V_b=5\text{V}$，$V_d=3\text{V}$，试求 U_{ab}、U_{ba}、U_{cd}、U_{dc}。

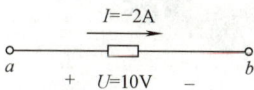

图 1-11　题 1-2-1 的图

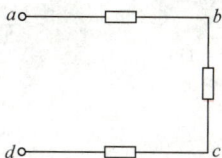

图 1-12　题 1-2-3 的图

1-2-4　已知电路如图 1-13 所示，给定电压、电流方向，求元器件功率，并指出元器件是发出功率，还是吸收功率？

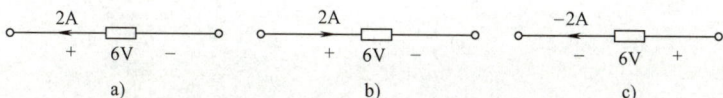

图 1-13　题 1-2-4 的图

1.3　电路的基本元件

电路元件是构成电路模型的最小单元，每一个元件通过其端子与外部电路相连。组成电路的基本元件有电阻器、电容器、电感器、电源等，熟悉和掌握这些元件的特性是分析电路的基础。

1.3.1　电阻元件

电流在导体中流动通常要受到阻碍，反映这种阻碍作用的物理量称为电阻。在电路图中常用"理想电阻元件"来反映物质对电流的这种阻碍作用。电阻元件是电路中最常用的电子元器件之一。

1.3.1　电阻元件

1. 电阻分类

电阻按阻值特性分为：固定电阻器、可变电阻器（电位器）和敏感电阻器。固定电阻器是指阻值固定不变的电阻器，主要用于阻值固定而不需要调节变动的电路中；阻值可以调节的电阻器称为可变电阻器（又称为变阻器或电位器），主要用在阻值经常变动的电路中；敏感电阻器是指其阻值对某些物理量表现敏感的电阻元件。常用的敏感电阻有热敏、光敏、压敏、湿敏、磁敏、气敏和力敏电阻等。

电阻器（简称电阻）用符号 R 表示，电阻的单位为欧姆（Ω）。常用单位还有千欧（$k\Omega$）和兆欧（$M\Omega$），其换算关系为：$1k\Omega = 10^3\Omega$，$1M\Omega = 10^3 k\Omega = 10^6\Omega$。

常用电阻器外形如图 1-14 所示，电路符号如图 1-15 所示。

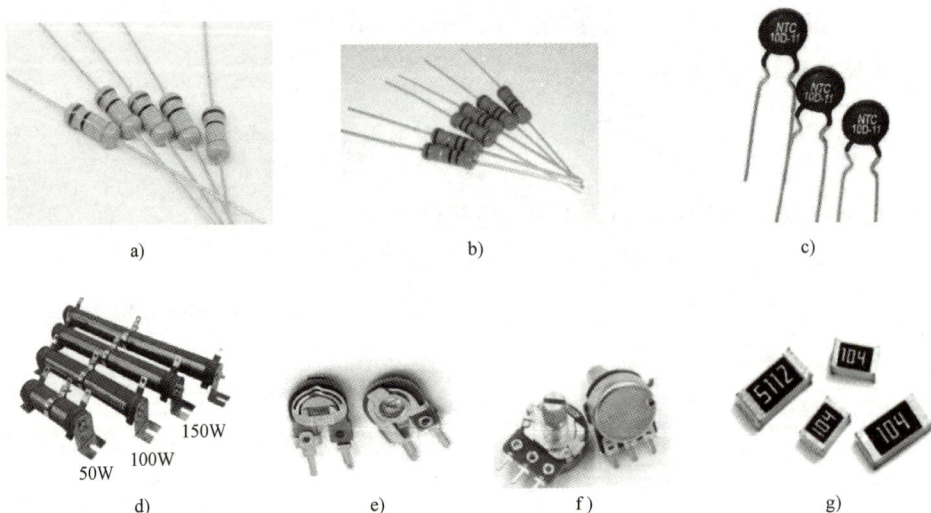

图 1-14　常用电阻器外形

a）碳膜电阻　b）金属膜电阻　c）热敏电阻　d）线绕电阻　e）微调电阻　f）电位器　g）贴片电阻

图 1-15　常用电阻器的电路符号

a）固定电阻　b）可变电阻　c）电位器　d）热敏电阻

2. 电阻的计算

就长直导体而言，在一定温度下，电阻值可用下式计算：

$$R = \rho \frac{l}{S} \tag{1-12}$$

式中，R 为电阻（Ω）；l 为导体的长度（m）；S 为导体截面面积（m^2）；ρ 为材料的电阻率（$\Omega \cdot m$）。

电阻率的大小，表示材料导电性能的优劣。电阻率越小，表示材料的导电性能越好。根据电阻率的大小，通常将电工材料分为三类，电阻率小于 $10^{-6} \Omega \cdot m$ 的材料称为导体，如铜、铝等；电阻率大于 $10^7 \Omega \cdot m$ 的材料称为绝缘体，如橡胶、陶瓷等；电阻率介于 $10^{-6} \sim 10^7 \Omega \cdot m$ 的材料称为半导体，如硅、锗等。

电阻的倒数为电导，用大写字母 G 表示，即：

$$G = \frac{1}{R} \tag{1-13}$$

电导的单位为西门子（S）。

3. 线性电阻元件

如图 1-16a 所示，电阻元件两端加电压 u，通过电阻元件的电流 i，它们的参考方向一致，即成"关联参考方向"。如果把电阻两端电压 u 取为纵坐标，电流 i 取为横坐标，通过实验取得数据将其绘成曲线，就能反映出通过电阻的电压和电流的关系。反映电阻元件上电压和电流关系的曲线称为电阻的伏安特性曲线。

电阻元件的电压和电流关系曲线是通过坐标系原点的直线，如图 1-16b 所示，这类电阻称为线性电阻。可以看出线性电阻元件上的电压与电流是成正比的，即 $u = Ri$。直线的斜率即为该元件的电阻值。

如果伏安特性曲线不是直线，则称为非线性电阻。非线性电阻的阻值 R 不是常数，而是随电压和电流而变化的。这是由于材料的电阻率与温度有关，实际元件通过电流后会使温度上升而影响电阻的阻值。例如，40W 的白炽灯的灯丝电阻在不发光时阻值约为 100Ω，正常发光时，灯丝温度可达 2000℃ 以上，这时阻值超过 1000Ω。

严格地说，实际电阻都是非线性的，因为 R 都会随温度而变化，但某些电阻的阻值随温度变化较小，可以近似看作线性电阻。

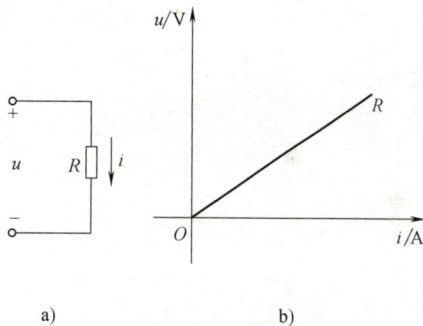

图 1-16　电阻的伏安特性曲线
a）电路　b）伏安特性曲线

1.3.2　电容元件

电容器（简称电容）是由两个彼此绝缘的金属极板，中间夹有绝缘材料（绝缘介质）构成的。绝缘材料的不同，构成电容器的种类也不同。电容器是一种储能元件，在电路中具有隔直流、通交流的作用，常用于滤波、去耦、旁路、级间耦合和信号调谐等方面。

1.3.2　电容元件

1. 电容器的种类

电容器按电容量是否可调节，分为固定电容器、可变电容器和半可变电容器。按是否有极性，分为有极性电容器和无极性电容器。按其介质材料不同，分为空气介质电容器、固体介质（云母、纸介、陶瓷、涤纶和聚苯乙烯等）电容器、电解电容器。按电容器的用途分为耦合电容器、旁路电容器、隔直电容器、滤波电容器等。

常见电容器外形如图 1-17 所示，电路符号如图 1-18 所示。

图 1-17　常见电容器外形

a）云母电容器　b）涤纶电容器　c）瓷片电容器　d）电解电容器
e）微调电容器　f）单联可变电容器　g）双联可变电容器　h）贴片电容器

图 1-18　电容器电路符号

a）固定电容器　b）电解电容器　c）微调电容器　d）可调电容器

2. 电容的容量

电容器的电容量是表示电容器储存电荷能力的物理量，但是一个电容器储存电荷多少还与加到它两端的电压有关，电压越高，电容器储存的电荷也越多。因此，把电容器所储存的电荷量 Q 与其两端的电压 U 之比，定义为电容器的电容量，简称电容，用 C 表示。即：

$$C = \frac{Q}{U} \tag{1-14}$$

在国际单位制中电荷量的单位是库仑（C），电压的单位是伏特（V），则电容的单位是法拉（F）。

实际应用中，电容常用的单位还有微法（μF）、纳法（nF）、皮法（pF）。它们的换算关系为：

$$1F = 10^6 \mu F = 10^9 nF = 10^{12} pF$$

在电容元件 C 上接入随时间变化的电压 u（即 $u_C = u$），那么电容上的电荷量 q 也将发生变化，在连接电容的电路中将会有变化的电流 i。根据电容量的定义：

$$q = Cu_C \tag{1-15}$$

在电路分析中，电容作为电路元件，常需要知道电流与电压的关系。由电流定义式：

$$i = \frac{\mathrm{d}q}{\mathrm{d}t}$$

可得：

$$i = C \frac{\mathrm{d}u_{\mathrm{C}}}{\mathrm{d}t} \tag{1-16}$$

式（1-16）说明电容电路中的电流与电压是"微分关系"，即电流的有无不取决于电压的数值，而要看电容上的电压是否随时间变化，即电容电流与电压的变化率成正比。从这个意义上说，电容也称"动态元件"。显然，若电容元件接到直流电源上，其电压 U 为常数，由于常数的微分等于零，所以稳定状态下直流电路中的电流为零，这就是电容的"隔直作用"，或者说电容在直流电路中相当于"开路"。

1.3.3　电感元件

电感器是用绝缘导线在绝缘骨架上绕制而成的线圈，所以也称电感线圈，是利用自感作用制作的元件。理想的电感器是一种储能元件，主要用来调谐、振荡、匹配、耦合和滤波等。在高频电路中，电感元件应用较多。变压器实质上也是电感器，它是利用互感作用制作的元件，在电路中常起到变压、耦合和匹配等作用。

1.3.3　电感元件

1. 电感分类

电感器种类很多，按电感形式分为固定电感和可变电感；按磁导体性质分为空心线圈、铁氧体线圈、铁心线圈、铜心线圈；按工作性质分为天线线圈、振荡线圈、扼流线圈、陷波线圈、偏转线圈；按绕线结构分为单层线圈、多层线圈、蜂房式线圈；按工作频率分为高频线圈、低频线圈。按结构特点分为磁心线圈、可变电感线圈、色码（色环）线圈、无磁心线圈等。

常见电感器外形如图 1-19 所示，线圈电感器电路符号如图 1-20 所示。

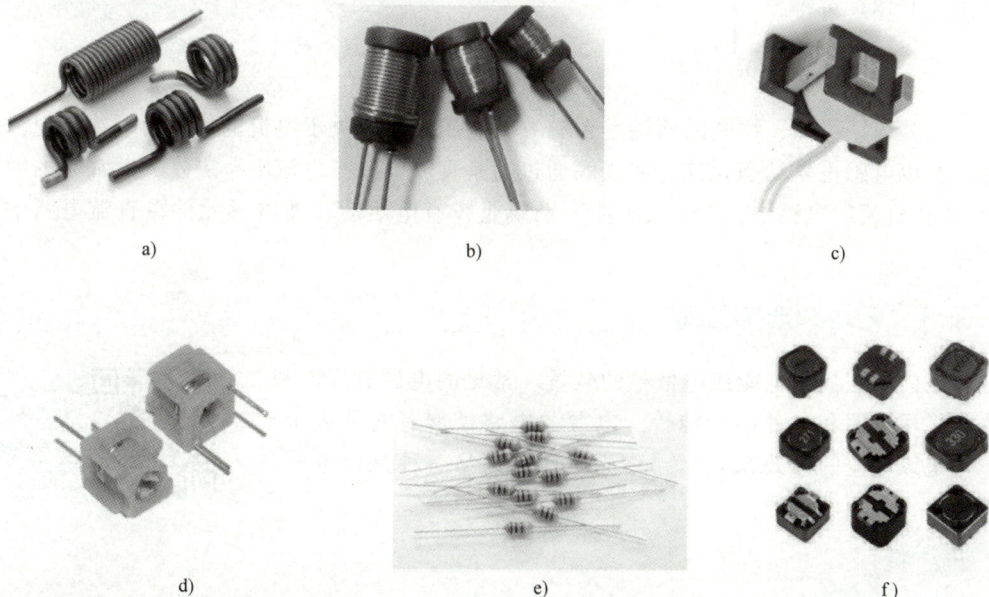

图 1-19　常见电感器外形

a）空心线圈　b）磁心线圈　c）铁心线圈　d）可调磁心线圈　e）色码（色环）线圈　f）贴片电感

2. 电感的计算

由物理学知识可知，线圈通以电流就会产生磁场。磁场的强弱可用磁感应强度 B 或用 B 与其垂直穿过面积 S 的乘积（称为磁通）（$\Phi = BS$）来表示。其磁场方向可用右手螺旋定则判别。

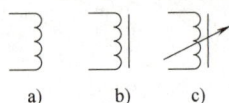

图 1-20　线圈电感器电路符号
a）一般符号　b）带铁心电感器　c）可调电感器

磁通 Φ 与线圈匝数 N 的乘积称为磁链（$\Psi = \Phi N$）。

由于磁场是电流产生的，则磁链与电流之间就有一定的函数关系。即：

$$\Psi = Li \quad 或 \quad L = \frac{\Psi}{i} \tag{1-17}$$

式中，Ψ 为磁链，单位为韦伯（Wb）；i 为电流，单位为安（A）；L 为自感，单位是亨（H）。

L 的常用单位还有毫亨（mH），微亨（μH）。它们之间的换算关系是：

$$1\text{H} = 10^3 \text{mH} = 10^6 \text{μH}$$

电感反映的是一个线圈在通过一定的电流 i 后所能产生磁链 Ψ 的能力，电感元件的磁链、电流关系曲线如图 1-21 所示。其中其关系曲线是通过坐标原点的直线的电感元件称为"线性电感"，如空心线圈；不是直线的则为"非线性电感"，如铁心线圈。

3. 电感元件上电压与电流关系

由物理学中的电磁感应定律可知：

$$u = \frac{\mathrm{d}\Psi}{\mathrm{d}t} \tag{1-18}$$

即电感线圈两端的感应电压 u 与磁通（或磁链）的变化率成正比，其方向可根据线圈的绕向用楞次定律判别。如果 Ψ 由通过线圈自身的电流产生，即 $\Psi = Li$ 代入式（1-18）可得：

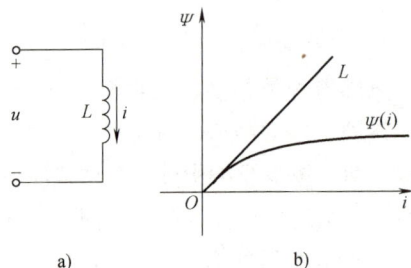

图 1-21　电感元件的磁链、电流关系曲线
a）电感电路　b）磁链、电流关系曲线

$$u = L\frac{\mathrm{d}i}{\mathrm{d}t} \tag{1-19}$$

由式（1-19）可知，线圈的两端是否有自感电压，不取决于电流的值，而取决于电流是否有变化，所以电感也是动态元件。如线圈通过的是直流电流，电流 I 为常数，而常数的微分是 0，就是说在直流的电路中，"电感元件"两端是没有电压的，即电感元件在直流电路中相当于"短路"。

1.3.4　电压源与电流源

电源是向电路提供电能或电信号的装置，常见的电源有发电机、蓄电池、稳压电源和各种信号源等。电源的电路模型有两种表示形式：一种是以电压的形式来表示，称为电压源；另一种是以电流的形式来表示，称为电流源。

1.3.4　电压源与电流源

1. 电压源

（1）理想电压源

理想电压源简称电压源，是从实际电源中抽象出来的一种理想电路元件。以电池为例，在

理想状态下电池本身没有能量损耗，这时电池的端电压（用 U_S 表示）是一个确定不变的数值。凡能够维持端电压为定值的二端元件称"电压源"，其电路符号如图 1-22a 所示。

电压源提供确定不变的电压，至于通过电压源的电流是多少，要取决于外接电路，可以是零（外电路断开）和无穷大（外电路短接）之间的任意值。图 1-22b 为电压源连接外电路时的电路，图 1-22c 绘出了直流电压源的电压与电流特性曲线（也称外特性曲线），它是一条平行于电流轴的直线，表明其端电压与电流大小无关。

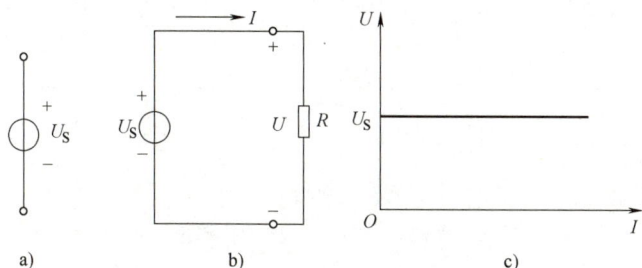

图 1-22 理想电压源
a）符号 b）理想电压源电路 c）理想电压源的外特性曲线

（2）实际电压源

实际电压源都是有内电阻（内电阻也称为电源的输出电阻）的。一个实际电压源，内部都有电压降，电路模型可以用电压源（U_S）与内电阻（R_S）的串联组合来表示，如图 1-23a 所示。

实际电压源的内电阻不为零，所接负载（R）两端获取的电压不是恒定不变的，而是随负载的变化而变化的。图 1-23b 为实际电压源连接外电路时的电路，图 1-23c 绘出了实际电压源的外特性曲线。

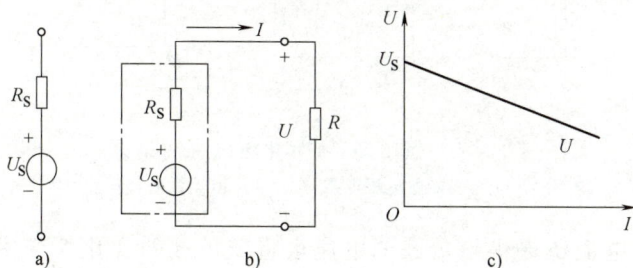

图 1-23 实际电压源
a）符号 b）实际电压源电路 c）电压源的外特性曲线

由图可见随着负载 R 的减小（即负载电流的增加）导致电源供出电压（U）的下降。这种实际电压源端电压随外接负载变化而变化的曲线称为实际电压源的外特性曲线。作为实际电压源总希望内电阻越小越好。

2. 电流源

（1）理想电流源

理想电流源向外输出定值电流（I_S），可以是直流，也可以是交流。常用的电源特性多与电压源较接近，而与电流源接近的较少。光电池、晶体管一类器件构成的电源，其工作特性在某一段与电流源十分接近。理想电流源的符号如图 1-24a 所示，箭头方向为其提供电流的方向。图 1-24b 为电流源连接外电路时的电路，图 1-24c 绘出了直流电流源的电压与电流关系曲线，它是一条平行于电压轴的直线，表明其输出电流为定值，与电压大小无关。

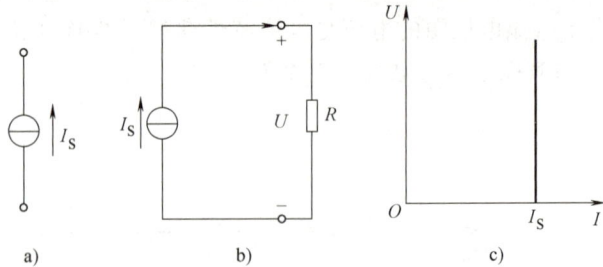

图 1-24　理想电流源
a）符号　b）电流源电路　c）理想电流源的外特性曲线

电流源向外输出定值电流（I_S），至于电流源两端的电压是多少，则取决于外接电路，可以是零（外电路短接）与无穷大（外电路断开）之间的任意值。

（2）实际电流源

与实际电压源对比，作为实际电流源内部也是有电阻的，因此，它的电路模型可以用电流源（I_S）与内电阻（分流电阻 R_S）的并联组合来表示，如图 1-25a 所示。图 1-25b 为实际电流源连接外电路时的电路，图 1-25c 绘出了实际电流源的外特性曲线。

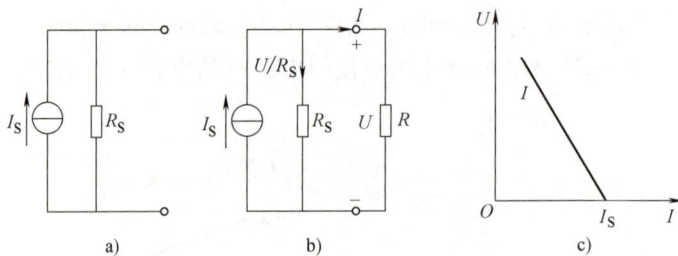

图 1-25　实际电流源
a）符号　b）实际电流源电路　c）实际电流源的外特性曲线

可见，一个实际电流源提供给负载的电流也将随负载的变化而变化。随负载 R 的增大（即负载两端电压 U 增大）导致电源供出电流的减小，作为实际电流源总希望内电阻越大越好，R_S 越大，越接近理想电流源特性。

思考与练习

1-3-1　什么是线性电阻？它的伏安特性有什么特点？
1-3-2　为什么电容在直流电路中相当于"开路"？
1-3-3　为什么电感在直流电路中相当于"短路"？
1-3-4　理想电压源有什么特点？它与实际电压源有什么区别？
1-3-5　理想电流源有什么特点？它与实际电流源有什么区别？
1-3-6　定性画出实际电压源与实际电流源的外特性曲线，并说明内电阻对伏安特性的影响。

1.4 电路的工作状态和电气设备的额定值

根据电源和负载连接的不同情况，电路可分为通路、开路和短路 3 种基本状态。下面以简单的直流电路为例，讨论不同电路状态的电流、电压和功率。

1.4.1 电路的工作状态

1. 有载状态

将图 1-26 所示的电路开关 S 合上，接通电源和负载，该电路为有载状态，或称为通路。通路时，电路特征如下。

1）当电源一定时，电路的电流取决于负载电阻。根据欧姆定律可求出电源向负载提供的电流为：

$$I = \frac{U_S}{R_S + R} \qquad (1\text{-}20)$$

图 1-26 电路通路状态

2）电源的端电压 U 和负载端电压相等，即：

$$U = U_S - R_S I = RI \qquad (1\text{-}21)$$

由于电源内阻的存在，所以电压 U 将随负载电流的增加而降低。

3）电源对外的输出功率（即负载获得的功率）等于理想电压源发出的功率减去内阻消耗的功率。

式（1-21）各项乘以电流 I，可得电路的功率平衡方程为：

$$UI = U_S I - R_S I^2$$

$$P = P_S - \Delta P \qquad (1\text{-}22)$$

式中，$P_S = U_S I$，P_S 为电源产生的功率；$\Delta P = R_S I^2$，ΔP 为电源内阻上损耗的功率；$P = UI$，P 为电源输出的功率。

2. 开路状态

将图 1-26 中的开关 S 断开时，电源和负载没有构成通路，称为电路的开路状态，如图 1-27 所示。此时电路特征如下：

1）电路开路时，断路两点的电阻等于无穷大，因此电路中电流 $I = 0$。

2）电源的端电压称为开路电压（用 U_{OC} 表示），即 $U_{OC} = U_S$。

3）因为 $I = 0$，所以电源的输出功率 P_S 和负载吸收的功率 P 都为零。

3. 短路状态

当电源两端由于工作不慎或负载的绝缘破损等原因而连在一起时，外电路的电阻可视为零，这种情况称为电路的短路状态，如图 1-28 所示。

电路的特征如下：

1）电路短路时，由于外电路电阻接近于零，而电源的内阻 R_S 很小。此时，通过电源的电流最大，称为短路电流（用 I_{SC} 表示），即：

$$I_{SC} = \frac{U_S}{R_S} \qquad (1\text{-}23)$$

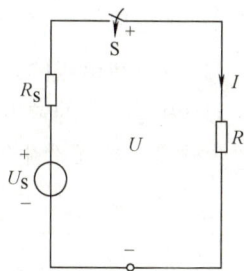

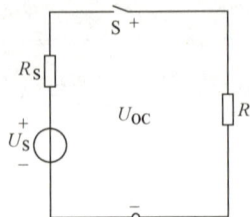

图 1-27 电路开路状态

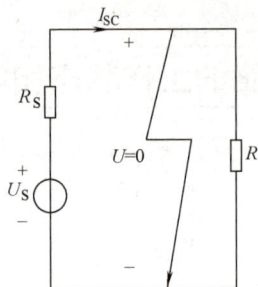

图 1-28 电路短路状态

2）电源和负载的端电压均等于零，即 $U=0$。

3）因为电源的端电压即负载的电压 $U=0$，所以电源对外的输出功率也为零，负载消耗的功率也为零，电源产生的功率全部被内阻消耗。其值为：

$$P_S = U_S I_{SC} = \frac{U_S^2}{R_S} = I_{SC}^2 R_S \qquad (1-24)$$

短路时，电源通过很大的电流，产生很大的功率全部被内阻消耗。这将使电源发热过甚，导致电源设备烧毁，可能引起火灾。为了避免短路事故引起的严重后果，通常在电路中接入熔断器或自动保护装置。但是，有时由于某种需要，可以将电路中的某一段短路，这种情况常称为"短接"。

1.4.2 电气设备的额定值

电气设备的额定值是综合考虑产品的可靠性、经济性和使用寿命等诸多因素，由制造厂商给定的。额定值往往标注在设备的铭牌上或写在设备的使用说明书中。

额定值是指电气设备在电路的正常运行状态下，能承受的电压、允许通过的电流以及它们吸收和产生功率的限额。常用的额定值有额定电压 U_N、额定电流 I_N 和额定功率 P_N 等。一个白炽灯上标明 220V、60W，这说明其额定电压为 220V，在此额定电压下消耗功率为 60W。

一般来说，电气设备在额定状态工作时是最经济合理和安全可靠的，并能保证电气设备有一定的使用寿命。

电气设备的额定值和实际值不一定相等。如上所述，220V、60W 的白炽灯接在 220V 的电源上时，由于电源电压的波动，其实际电压值稍高于或稍低于 220V，这样白炽灯的实际功率就不会正好等于其额定值 60W 了，额定电流也相应发生了改变。当电流等于额定电流时，称为满载状态；当电流小于额定电流时，称为轻载状态；当电流超过额定电流时，称为过载状态。

【例 1-4】 某一电阻 $R=10\Omega$，额定功率 $P_N=40W$。试问：1）当加在电阻两端电压为 30V 时，电阻能正常工作吗？2）若要使该电阻正常工作，外加电压不能超过多少伏？

解 1）根据欧姆定律，流过电阻的电流：

$$I = \frac{U}{R} = \frac{30V}{10\Omega} = 3A$$

此时电阻消耗的功率为：

$$P = UI = 30V \times 3A = 90W$$

由于 $P > P_N$，所以该电阻将被烧坏。

2）若要使该电阻正常工作，则根据：

$$P_{\mathrm{N}} = \frac{U^2}{R}$$

可得：

$$U = \sqrt{P_{\mathrm{N}} R} = \sqrt{40 \times 10}\ \mathrm{V} = 20\mathrm{V}$$

可见，若要使该电阻正常工作，则外加电压不能超过 20V。

思考与练习

1-4-1　什么是电路的开路状态、短路状态、空载状态、过载状态、满载状态？

1-4-2　电气设备的额定值的含义是什么？

1-4-3　一只内阻为 0.01Ω 的电流表可否接到 36V 的电源两端？为什么？

1.5　基尔霍夫定律

基尔霍夫定律是德国科学家基尔霍夫在 1845 年论证的。它包括基尔霍夫电流定律（KCL）和基尔霍夫电压定律（KVL）。基尔霍夫定律是电路分析和计算的基本定律。为便于学习，先介绍几个有关电路的概念。

1.5　基尔霍夫定律

1）支路。由一个或几个元器件串接而成的无分支电路称为支路。一条支路流过的同一电流，称为支路电流。图 1-29 所示电路中有 *dab*、*bcd* 和 *bd* 3 条支路，3 条支路电流分别为 I_1、I_2 和 I_3。

2）节点。3 条或 3 条以上支路的连接点称为节点。图 1-29 所示电路各有 *b*、*d* 两个节点。

3）回路。电路中由支路构成的闭合路径称为回路。图 1-29 所示电路中有 *abda*、*bcdb* 和 *abcda* 3 个回路。

图 1-29　电路名词定义用图

4）网孔。内部不含支路的回路称为网孔。网孔是最简单的回路。图 1-29 所示电路中有 *abda* 和 *bcdb* 两个网孔。

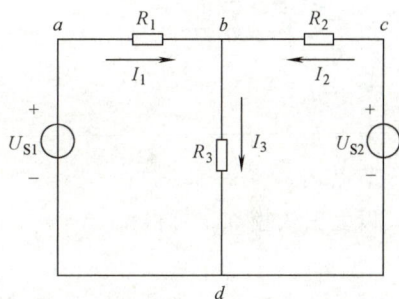

1.5.1　基尔霍夫电流定律

基尔霍夫电流定律（KCL）是用来确定连接在同一节点上的各支路电流之间的关系的。因为电流的连续性，电路中的任何一点（包括节点在内）均不能堆积电荷，所以，基尔霍夫电流定律可表述为：电路中的任一节点，在任一瞬时流入节点的电流之和等于流出该节点的电流之和。表达式为：

1.5.1　基尔霍夫电流定律

$$\sum I_{\mathrm{入}} = \sum I_{\mathrm{出}} \tag{1-25}$$

在图 1-29 所示电路中，对节点 *b* 可以写出：

$$I_1 + I_2 = I_3$$

或写成：

$$I_1 + I_2 - I_3 = 0$$

即：

$$\sum I = 0 \qquad\qquad (1\text{-}26)$$

因此，基尔霍夫电流定律的另一种描述为：在任一瞬时，电路任一节点上的所有支路电流的代数和等于零。

如果规定流入节点的电流为正，流出节点的电流就为负。例如，在图 1-30 所示的节点电流示意图中，对于节点 a 有：

$$I_1 + I_2 + I_3 - I_4 - I_5 = 0$$

有时候，为了电路分析方便，还可以将基尔霍夫电流定律应用于任一假想的闭合面，这一假想闭合面称为广义节点。在图 1-31 所示的广义节点电路示意图中，有如下结论。

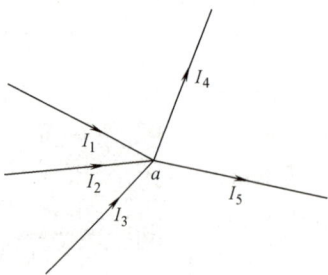

图 1-30 节点电流示意图

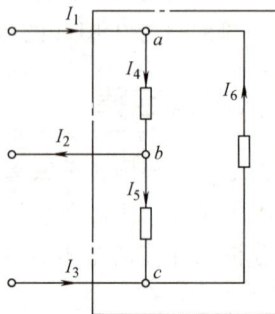

图 1-31 广义节点电路示意图

节点 a：$\qquad\qquad I_1 + I_6 = I_4$

节点 b：$\qquad\qquad I_2 + I_5 = I_4$

节点 c：$\qquad\qquad I_3 + I_5 = I_6$

以上三式相加，可得：

$$I_1 + I_3 = I_2$$

基尔霍夫电流定律可推广为通过电路中任一闭合面的各支路电流的代数和等于零。

【例 1-5】 图 1-32 为两个电气系统的连接，试确定两根导线中电流 I_1 和 I_2 的关系。

解 不论两个电气系统内部如何复杂，若用两根导线将它们连接起来，则两根导线中的电流必然存在 $I_1 = I_2$ 关系。这是因为可以将任一系统（如图中 A 系统）视为一个广义节点，根据基尔霍夫电流定律可以得到 $I_1 = I_2$。

【例 1-6】 在图 1-33 所示的电路中，$I_1 = 2\mathrm{A}$，$I_2 = 5\mathrm{A}$，$I_3 = -3\mathrm{A}$，求 I_4。

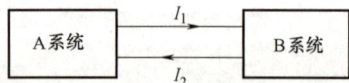

图 1-32 例 1-5 图

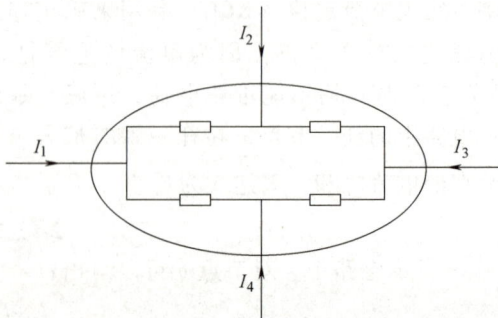

图 1-33 例 1-6 图

解 根据 KCL 的推广，图中封闭面内包括了 I_1、I_2、I_3、I_4 共 4 条支路，可列出方程：

$$I_1 + I_2 + I_3 + I_4 = 0$$

所以：$I_4 = -(I_1 + I_2 + I_3) = -(2 + 5 - 3)\,\text{A} = -4\text{A}$

经计算后得到的电流为负值，说明电流实际方向与图中参考方向相反。

1.5.2 基尔霍夫电压定律

基尔霍夫电压定律（KVL）表述为：在任一瞬时，沿电路中任一回路所有支路电压的代数和为零。因为该定律是针对电路的回路而言的，所以也称为回路电压定律。其表达式为：

$$\sum U = 0 \qquad\qquad (1\text{-}27)$$

在建立方程时，首先要选定回路的绕行方向，当回路中电压的参考方向与回路的绕行方向相同时，电压前取正号；当电压的参考方向与回路的绕行方向相反时，电压前取负号。

图 1-34 所示是某电路的一个回路，电压参考方向和回路绕行方向如图所示。则有：

$$U_{ab} + U_{bc} + U_{cd} + U_{da} = 0$$

$$-U_{S1} + I_1 R_1 + U_{S2} + I_2 R_2 + I_3 R_3 + I_4 R_4 = 0$$

基尔霍夫电压定律不仅适合于闭合回路，而且可以推广到任意未闭合回路，但列方程时，必须将开口处的电压也列入方程中。基尔霍夫电压定律推广示例如图 1-35 所示。ad 处开路，$abcda$ 不构成闭合回路，如果添上开路电压 U_{ad}，就可以形成一个"闭合"回路。此时，沿 $abcda$ 绕行一周，列出回路电压方程为：

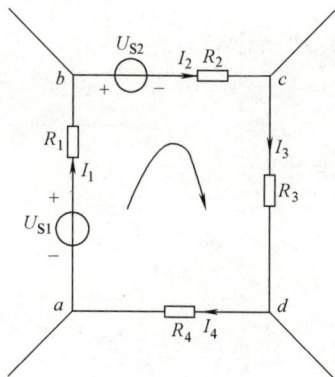

图 1-34 基尔霍夫电压定律示例

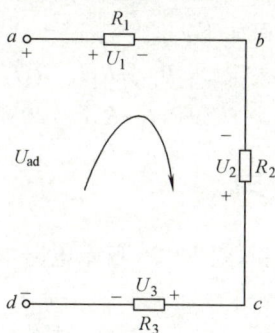

图 1-35 基尔霍夫电压定律推广示例

$$U_1 - U_2 + U_3 - U_{ad} = 0$$

整理得：

$$U_{ad} = U_1 - U_2 + U_3$$

利用 KVL 的推广，可以很方便地求出电路中任意两点间的电压。

【例 1-7】 在图 1-36 所示的电路中，$U_{S1} = 16\text{V}$，$U_{S2} = 4\text{V}$，$U_{S3} = 12\text{V}$，$R_2 = 2\Omega$，$R_3 = 7\Omega$，$I_{S4} = 2\text{A}$，试求电流 I_1、I_2、I_3。

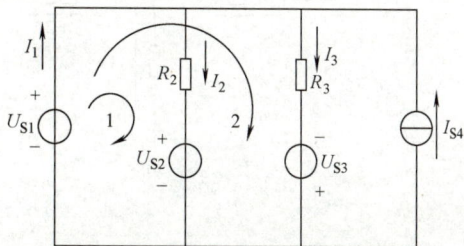

图 1-36 例 1-7 的图

解 选定回路1、回路2，并确定其绕行方向如图所示。

对回路1，根据 KVL 列电压方程得：

$$R_2 I_2 + U_{S2} - U_{S1} = 0$$

解得：

$$I_2 = \frac{U_{S1} - U_{S2}}{R_2} = \frac{16\text{V} - 4\text{V}}{2\Omega} = 6\text{A}$$

对回路2，根据 KVL 列电压方程得：

$$R_3 I_3 - U_{S3} - U_{S1} = 0$$

解得：

$$I_3 = \frac{U_{S1} + U_{S3}}{R_3} = \frac{16\text{V} + 12\text{V}}{7\Omega} = 4\text{A}$$

根据 KCL 列节点电流方程，可得：

$$I_1 - I_2 - I_3 + I_{S4} = 0$$

解得：

$$I_1 = I_2 + I_3 - I_{S4} = (6 + 4 - 2)\text{A} = 8\text{A}$$

【例 1-8】 如图 1-37 所示，已知 $I_1 = 2\text{A}$，$I_3 = 7\text{A}$，$U_{S1} = 10\text{V}$，$U_{S2} = 20\text{V}$，$R_1 = 4\Omega$，$R_2 = 6\Omega$，$R_3 = 10\Omega$，求 U_{CD}。

解 先求 I_2，由 KCL 可得：

$$I_1 + I_2 - I_3 = 0$$
$$I_2 = I_3 - I_1 = (7 - 2)\text{A} = 5\text{A}$$

选取开口电路的绕行方向及 U_{CD} 的参考方向如图 1-37 所示，可以列写方程如下：

$$U_{CD} + R_1 I_1 - R_2 I_2 + U_{S1} - U_{S2} = 0$$
$$U_{CD} = U_{S2} - U_{S1} - R_1 I_1 + R_2 I_2 = 20\text{V} - 10\text{V} - 4\Omega \times 2\text{A} + 6\Omega \times 5\text{A} = 32\text{V}$$

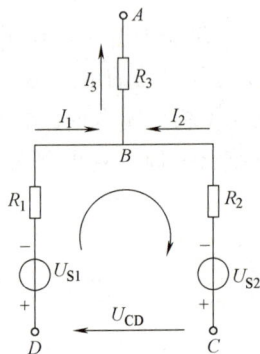

图 1-37 例 1-8 图

思考与练习

1-5-1 试求图 1-38 所示电路中的电流 I。

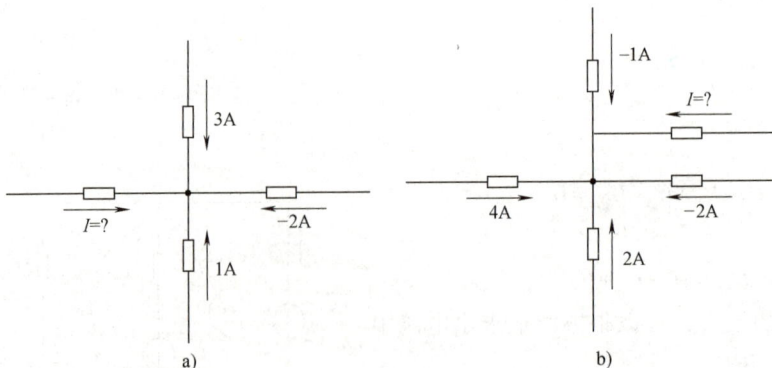

图 1-38 题 1-5-1 的图

1-5-2 在图 1-39 所示电路图中，如果 I_A、I_B、I_C 的参考方向如图中所设，那么这 3 个电流有无可能都为正值？

1-5-3　试写出图 1-40 所示电路中电压 U 的表达式。

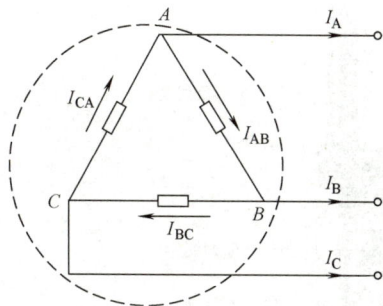

图 1-39　题 1-5-2 的图　　　　　　　　图 1-40　题 1-5-3 的图

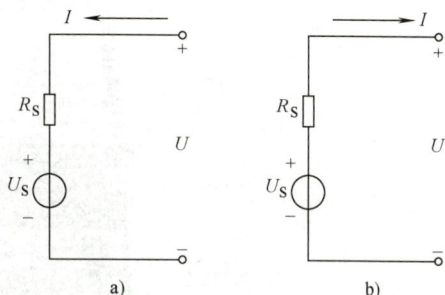

1.6 实训

1.6.1　实训 1　万用表的使用

1. 实训目的

1）熟悉万用表的结构。

2）掌握万用表测量电阻、电流、电压的方法。

2. 实训内容

万用表是一种多功能电工仪表，可测量交、直流电压、电流、直流电阻以及二极管、晶体管的参数等。万用表按其结构、原理不同，可分为模拟式万用表和数字式万用表两大类。

（1）指针式万用表

指针式万用表主要是磁电式万用表，其结构主要由表头（测量机构）、测量线路和转换开关组成。

表头：万用表的表头多采用高灵敏度的磁电系测量机构，表头的满刻度偏转电流一般为几微安到几十微安。满偏电流越小，灵敏度就越高，测量电压时的内阻就越大。一般万用表直流电压档内阻较大，而交流电压档内阻一般要低一些。

测量电路：万用表用一只表头能测量多种电学量并具有多种量限，关键是通过测量电路的变换，把被测量变换成磁电系表头所能测量的直流电流。测量线路是万用表的中心环节。

转换开关：转换开关是万用表选择不同测量种类和不同量程的切换元件。万用表用的转换开关都采用多刀多掷波段开关或专用转换开关。

万用表的形式有多种，面板结构也有所不同。现以 MF47 型万用表的面板图为例进行识读。

面板结构：MF47 型万用表的面板结构如图 1-41 所示，由指针、表盘、调零旋钮、表笔插孔等组成。

标度尺：MF47 型万用表表盘共有 8 个标度尺，如图 1-42 所示。从上到下，第 1 条是电阻标度尺（Ω），第 2 条是 10V 交流电压（ACV）专用标度尺，第 3 条是交直流电压和直流电流（mA）公用标度尺，第 4 条是电容（μF）标度尺，第 5 条是负载电压（稳压）、负载电流参数测量标度尺，第 6 条是晶体管直流放大倍数测量（h_{FE}）标度尺，第 7 条是电感测量（H）

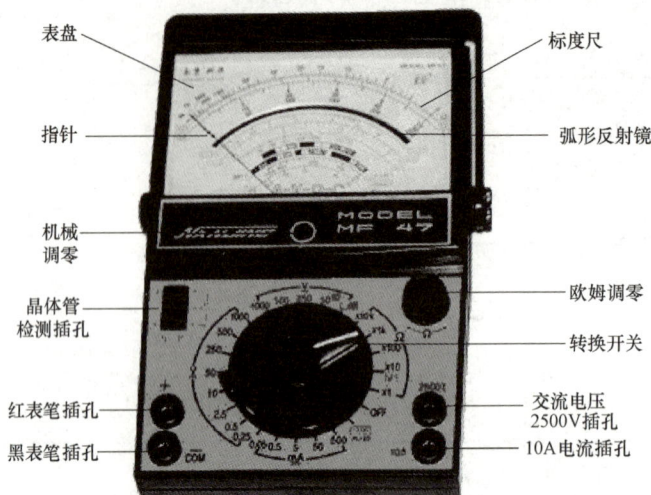

图 1-41　MF47 型万用表的面板结构

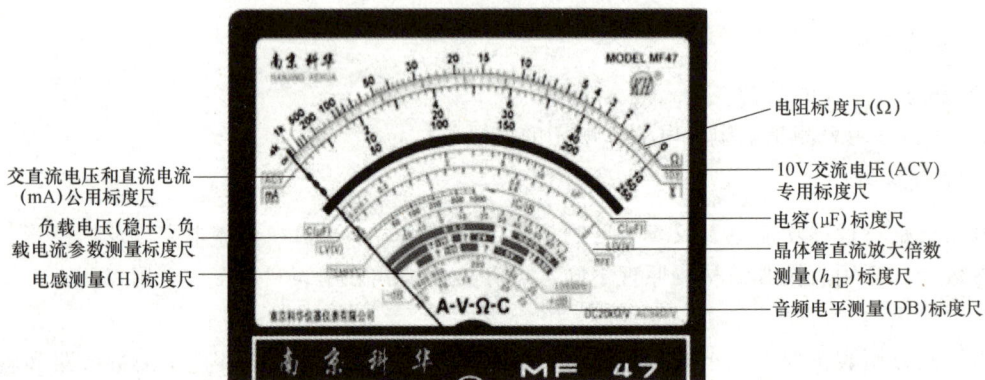

图 1-42　MF47 型万用表表盘标度尺

标度尺，第 8 条是音频电平测量（DB）标度尺。

> 💡 **注意**：指针式万用表表盘标度尺，有的是均匀的，如交直流电压、直流电流刻度；有的标度尺是不均匀的，如电阻刻度，两个刻度线之间代表的数值有时是不同的，读取数值时一定要分辨清楚。

1）指针万用表的机械调零。在使用万用表之前，应先进行"机械调零"，即在没有被测电学量时，使万用表指针指在零电压或零电流的位置上。使用前，要检查指针是否在零位，如果不在零位，可用螺钉旋具调整表头上的机械调零旋钮，使指针对准零刻度。

2）指针万用表测量电阻。指针万用表测量电阻的过程如下。

① 选择量程。测量电阻前，首先选择适当的量程。电阻量程分为×1Ω、×10Ω、×100Ω、×1kΩ、×10kΩ。将量程开关旋至合适的量程，为了提高测量准确度，所选择的量程应使指针尽可能靠近标度尺的中心位置。

② 欧姆调零。选择好量程后，对表针进行欧姆调零，方法是将两表笔搭接，调节欧姆调零旋钮，使指针在第一条欧姆刻度的零位上。如调不到零，说明万用表的电池电量不足，需更换电池。

③ 测量电阻。两表笔接入待测电阻，按第一条刻度读数，并乘以量程所指的倍数，即为待测电阻值。如用 $R \times 100\Omega$ 量程进行测量，指针指示为 18，则被测电阻 $R_X = 18 \times 100\Omega = 1800\Omega$。

测量电阻注意事项：

ⓐ 测量时，将万用表两表笔分别与被测电阻两端相连，不要用双手捏住表笔的金属部分和被测电阻，否则人体本身电阻会影响测量结果。

ⓑ 严禁在被测电路带电情况下测量电阻，如果电路中有电容，应先将其放电后再进行测量。

ⓒ 注意每次变换量程之后都要进行一次欧姆调零操作。

3）测交流电压。万用表测量交流电压的过程如下。

① 选择量程，选择适当的交流电压量程，MF47 型万用表有 5 个交流电压量程，为提醒使用者安全，用红色标志。

② 测量电压。将表笔并联待测电压两端，不用考虑相线或零线。

万用表测量交流电压注意事项：

万用表测量的电压值是交流电的有效值，如果需要测量高于 1000V 的交流电压，要把红表笔插入 2500V 插孔。

4）测量直流电压。测量直流电压与测量交流电压相似，都是将表笔并联待测电压两端。具体步骤如下。

① 选择合适直流电压量程。

② 测量电压。将红表笔插测电路正极，将黑表笔插测电路负极。如果指针反转，则说明表笔所接极性反了，应更正过来重测。

5）测量电流。

① 选择量程。将选择量程开关转到 "mA" 部分的最大量程，或根据被测电流的大约数值，选择适当的量程。

② 测量电流。将万用表串接在被测回路中，红表笔接电流的流入方向，黑表笔接电流的流出方向。若电源内阻和负载电阻都很小，应尽量选择较大的电流量程。

MF47 型万用表测量 500mA ~ 10A（5A）的直流电流时，应将旋转开关置于 500mA 档，红表笔插入 10A 插孔。

万用表测量电流注意事项：

ⓐ 在测量中，不能转动转换开关，特别是测量高电压和大电流时，严禁带电转换量程。

ⓑ 若不能确定被测量大约数值时，应先将档位开关旋转到最大量程，然后再按测量值选择适当的档位，使表针得到合适的偏转。所选档位应尽量使指针指示在标尺位置的 1/2 ~ 2/3 的区域（测量电阻时除外）。

ⓒ 测量电路中的电阻阻值时，应将被测电路的电源切断，如果电路中有电容器，应先将其放电后才能测量。切勿在电路带电的情况下测量电阻。

ⓓ 测量完毕后，最好将转换开关旋至交直流电压最大量程上，有空档的要放在空档上，防止再次使用时因疏忽未调节测量范围而将仪表烧坏。

（2）数字式万用表

数字式万用表是采用液晶显示器来指示测量数值的万用表，它具有显示直观、准确度高等优点。

以型号 DT9205A 数字万用表为例，说明数字式万用表的面板结构，如图 1-43 所示，从面板上看，数字式万用表由液晶显示屏、量程转换开关和表笔插孔等组成。

液晶显示屏：液晶显示屏直接以数字形式显示测量结果。

量程转换开关：量程转换开关位于表的中间，用来测量时选择项目和量程。由于最大显示数为 ±1999，不到满度 2000，所以量程档的首位数是 2，如 200Ω、2kΩ、2V······数字式万用表的量程也较指针式万用表要多，在 DT9205A 上，电阻量程从 200Ω 至 200MΩ 就有 7 档。除了直流电压、电流和交流电压及 h_{FE} 档外，还增加了指针表少见的交流电流和电容等测试档。

表笔插孔：表笔插孔有 4 个。标有"COM"字样的为公共插孔，通常插入黑表

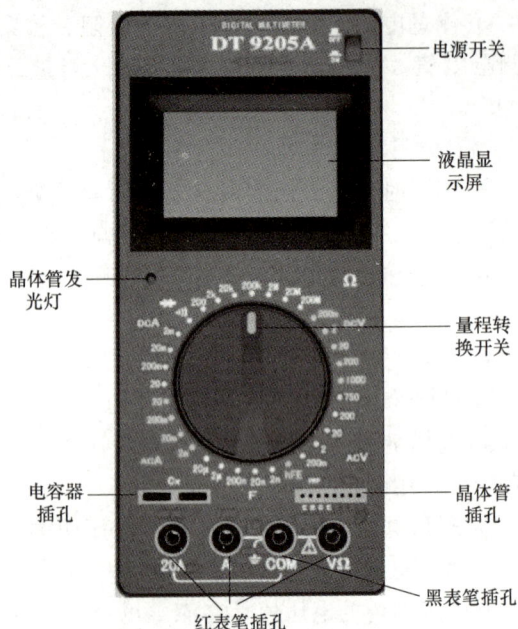

图 1-43　数字式万用表的面板结构

笔。标有"VΩ"字样的插孔插入红表笔，用于测量电阻值和交直流电压值。测量交直流电流有两个插孔，分别为"A"和"20A"，供不同量程选用，也插入红表笔。

用数字万用表测量电阻、电流、电压的方法与指针万用表的使用方法基本一致，下面予以说明。

1）交、直流电压的测量。数字万用表测量交直流电压的方法如下。

① 将电源开关置 ON 位置，选择量程。根据需要将量程开关拨至 DCV（直流）或 ACV（交流）范围内的合适量程。

② 测量电压。红表笔插入 V/Ω 孔，黑表笔插入 COM 孔，然后将两只表笔并接到被测点上，液晶显示器便直接显示被测点的电压。在测量仪器仪表的交流电压时，应当用黑表笔接触被测电压的低电位端（如信号发生器的公共接地端或机壳），从而减小测量误差。

2）交、直流电流的测量。数字万用表测量交直流电流时，将量程开关拨至 DCA（直流）或 ACA（交流）范围内的合适量程，红表笔插入 A 孔（≤200mA）或 20A 孔（>200mA），黑表笔插入 COM 孔，通过两只表笔将万用表串联在被测电路中；在测量直流电流时，数字万用表能自动转换或显示极性。

万用表使用完毕，应将红表笔从电流插孔中拔出，再插入电压插孔。

3）电阻的测量。数字万用表测量电阻时，所测电阻不乘倍率，直接按所选量程及单位读数。测量时，将量程开关拨至 Ω 范围内的合适量程，红表笔（正极）插入 Ω/V，黑表笔（负极）插入 COM 孔。

注意：如果被测电阻超出所选量程的最大值，万用表将显示过量程"1"，这时应选择更高的量程。对大于 1MΩ 的电阻，要等待几秒钟稳定后再读数。当检查内部电路阻抗时，要保证被测电路电源切断，所有电容放电。

1.6.2　实训 2　基尔霍夫定律的验证

1. 实训目的

1）验证基尔霍夫电流定律和电压定律。

2）掌握电压、电流的测定方法。

2. 实训电路

基尔霍夫定律验证电路如图 1-44 所示。

3. 仿真验证

（1）基尔霍夫电流定律（KCL）仿真验证

1）在 Multisim 10 软件环境中，按图 1-44 所示电路绘制电路图并设置各元件参数。

2）先任意设定 3 条支路电流的参考方向，将万用表串联接入电路中，注意万用表接入的"＋""－"极性，如图 1-45 所示。

3）将万用表设置为电流表，打开仿真开关，即可得到 R_1、R_2、R_3 各支路电流的数据 I_1、I_2、I_3，如图 1-46a～c 所示。将各电流的数据记入表 1-1 中。

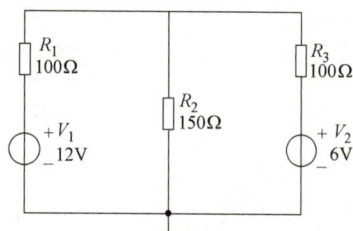

图 1-44　基尔霍夫定律验证电路

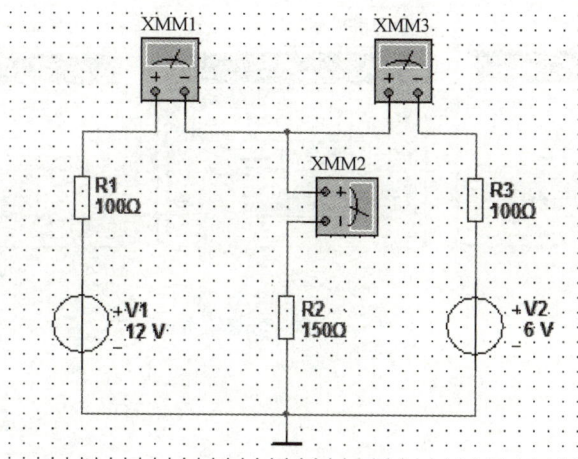

图 1-45　将万用表串联接入电路

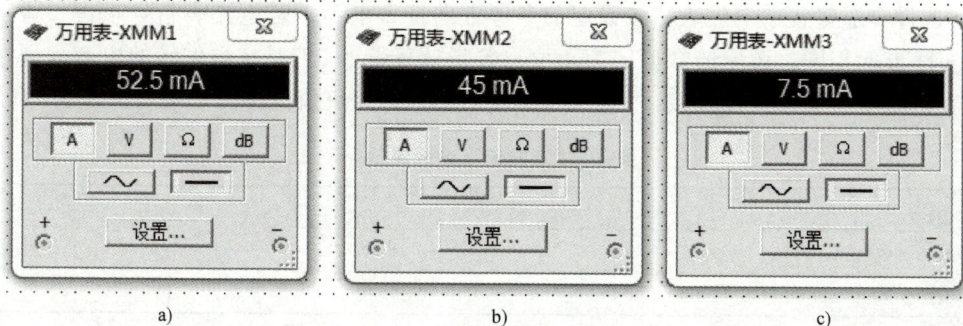

图 1-46　KCL 仿真结果

a）I_1　b）I_2　c）I_3

（2）基尔霍夫电压定律（KVL）仿真验证

1）将万用表并联接入电路中，如图 1-47 所示，注意万用表接入的"+""-"极性。

2）将万用表设置为电压表，打开仿真开关，即可得到 R_1、R_2、R_3 支路电压的数据 U_1、U_2、U_3，如图 1-48a~c 所示。将各电流的数据记入表 1-2 中。

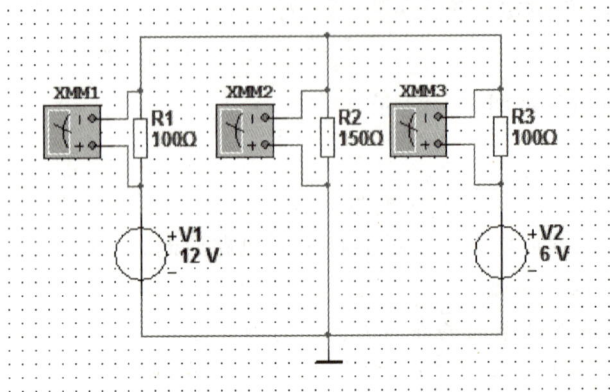

图 1-47　万用表并联接入电路

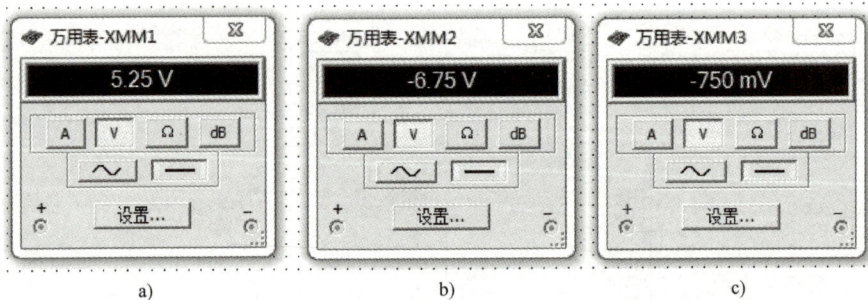

图 1-48　KVL 仿真结果

a）U_1　b）U_2　c）U_3

4. 实验验证

1）先将两直流电压源的输出分别调节为 12V 和 6V，关闭电源后。按图 1-45 所示电路搭接实验电路。

2）选择合适量程的电流表，按设定的参考方向接入电路，若电流表指针正偏，说明参考方向与实际方向相同，读取的数值记为正值；若指针反偏，（若是单向偏转的电流表要迅速断开电路，将表重新调换极性连接，使表针正偏。）结果记为负值。将测量结果记入表 1-1 中。

表 1-1　支路电流的测量数据

电流/A	I_1	I_2	I_3	I_2+I_3
仿真测试数据				
真实测试数据				

3）选择合适量程的电压表，分别并联到 100Ω、150Ω 和 100Ω 电阻两端，测出它们的电压值。将测量结果记入表 1-2 中。

表 1-2　支路电压的测量数据

电压/V	U_1	U_2	U_3	网孔电压之和
仿真测试数据				
真实测试数据				

5. 问题思考

1）仿真实验中，电流表、电压表显示负值应如何理解？
2）仿真实验数据及实际操作实验数据产生误差的原因各是什么？

1.7　习题

1. 在图 1-49 所示电路中，5 个元器件代表电源或负载。通过实验测得电流和电压为 $I_1 = -4A$、$I_2 = 6A$、$I_3 = 10A$、$U_1 = 140V$、$U_2 = -90V$、$U_3 = 60V$、$U_4 = -80V$、$U_5 = 30V$，试求：

1）各电流的实际方向和各电压的实际极性。
2）判断哪些元器件是电源，哪些元器件是负载。
3）计算各元器件的功率。电源发出的功率和负载取用的功率是否平衡？

2. 求图 1-50 所示电路的各理想电流源的端电压、功率及各电阻上消耗的功率。

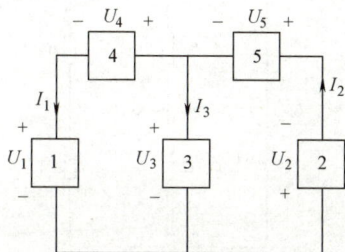

图 1-49　题 1 的图

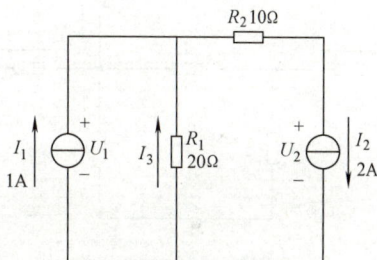

图 1-50　题 2 的图

3. 一个 220V/40W 的白炽灯，若误接在 110V 电源上，则功率为多少？若误接在 380V 电源上，则功率为多少？是否安全？

4. 某电度表标有 "220V、5A" 的字标，这只电度表最多能带 220V、100W 的白炽灯多少盏？这些灯每天使用 3h，1 个月用多少度电？（1 个月以 30 天计）

5. 在图 1-51 所示电路中，当选择 O 点和 A 点为参考点时，求各点的电位。

6. 在图 1-52 所示电路中，已知 $R_2 = R_4$，$U_{AD} = 15V$，$U_{CE} = 10V$，试计算 U_{AB}。

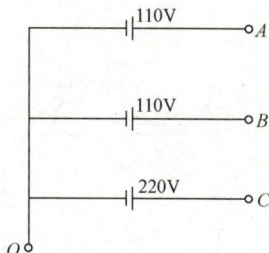

图 1-51　题 5 的图

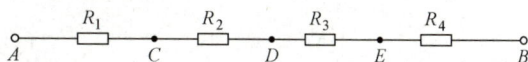

图 1-52　题 6 的图

7. 试计算图 1-53 所示电路中的待求量。

8. 在图 1-54 所示的电路中，已知 $U_1 = U_2 = U_4 = 5V$，求 U_3 和 U_{CA}。

a)

b)

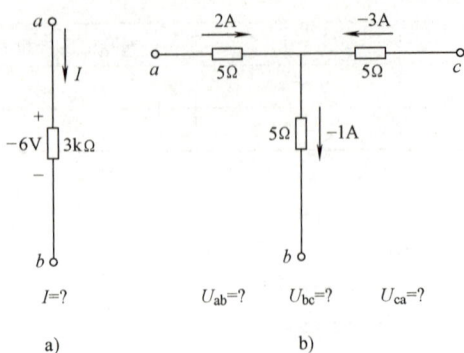

图 1-53　题 7 的图

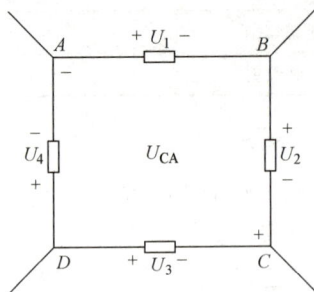

图 1-54　题 8 的图

9. 在图 1-55 所示的电路中，$R_1 = 5\Omega$、$R_2 = 15\Omega$、$U_S = 100V$、$I_1 = 5A$、$I_2 = 2A$。如 R_2 两端的电压 $U = 30V$，求电阻 R_3。

10. 已知电路如图 1-56 所示，$U_S = 10V$，$R_1 = R_4 = 2\Omega$，$R_2 = R_3 = 3\Omega$，试求 U_A、U_B 和 U_{AB}。

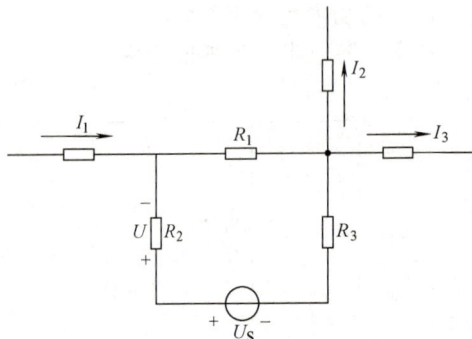

图 1-55　题 9 的图

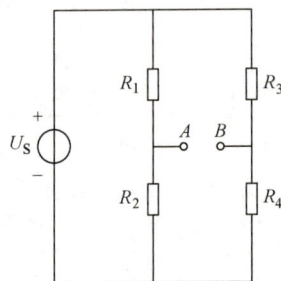

图 1-56　题 10 的图

11. 已知电路如图 1-57 所示，$R_1 = 2k\Omega$、$R_2 = 15k\Omega$、$R_3 = 51k\Omega$，$U_{S1} = 15V$、$U_{S2} = 6V$，试求在 S 开关断开和闭合后，A 点的电位和电流 I_1 和 I_2。

12. 电路如图 1-58 所示，已知 $U_S = 10V$，$R_S = 10\Omega$，$R = 10\Omega$，试问当开关 S 分别处于 1、2、3 位置时，电流表和电压表的读数分别是多少？

13. 电路如图 1-59 所示，已知 $R_1 = 1\Omega$，$R_2 = 2\Omega$，$R_3 = 3\Omega$，$R_4 = 4\Omega$，$U_{S1} = 20V$，$U_{S2} = 4V$，$U_{S3} = 5V$，试求电路的电流 I 和电压 U_{AB}、U_{BC}。

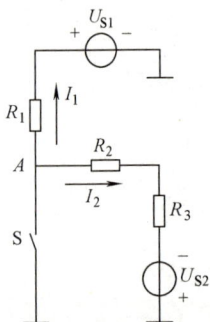

图 1-57　题 11 的图

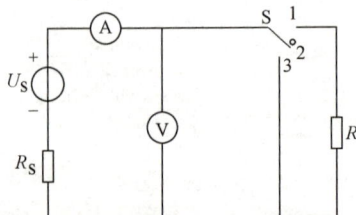

图 1-58　题 12 的图

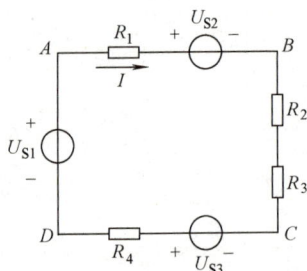

图 1-59　题 13 的图

第2章　电路的分析方法

学习目标

- 掌握电阻及电源等效变换分析电路的方法。
- 熟练应用支路电流法分析计算电路。
- 掌握应用叠加原理分析线性电路的方法。
- 掌握应用戴维南定理分析和计算电路方法。

在实际电路中，电路的结构形式有很多，按连接方式不同可分为简单电路和复杂电路。简单的直流电路，只要运用欧姆定律和电阻连接形式的变换，就能对它们进行分析和计算。而复杂电路的分析与计算，则需要采用本章介绍的电路分析方法才能完成。

本章以直流电路为例介绍几种复杂电路的分析方法，包括等效变换法、支路电流法、叠加定理、戴维南定理等，这些都是分析电路的基本方法。

2.1 等效变换法

等效电路在分析电路时经常要用到，是一个十分重要的概念。通过等效变换可以将一个结构复杂的电路用一个结构简单的电路替换，使电路的分析和计算变得简便，这种分析方法称为等效变换法。

2.1.1　电阻串、并联电路的等效变换

1. 电阻串联电路的等效变换

两个或两个以上电阻依次相连、中间无分支的连接方式叫电阻的串联。图 2-1a 所示为 R_1、R_2、R_3 相串联的电路，图 2-1b 为其等效电路。

（1）串联电路的性质

1）串联电路中，流过每个电阻的电流都相等，即：

$$I = I_1 = I_2 = I_3 = \cdots = I_n \tag{2-1}$$

2）串联电路两端的总电压等于各电阻两端的电压之和：

$$U = U_1 + U_2 + U_3 + \cdots + U_n \tag{2-2}$$

3）串联电路的等效电阻（即总电阻）等于各串联电阻之和，即：

$$R = R_1 + R_2 + R_3 + \cdots + R_n \tag{2-3}$$

4）串联电路的总功率等于各串联电阻功率之和，即：

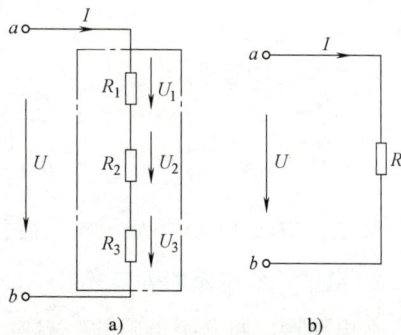

图 2-1　串联电路的等效变换
a）串联电路　b）等效电路

$$P = P_1 + P_2 + P_3 + \cdots + P_n = (R_1 + R_2 + R_3 + \cdots + R_n)I^2 \qquad (2\text{-}4)$$

在电路分析中，"等效"是一个非常重要的概念。所谓"等效"是对外部电路而言的，即不管电路内部的结构和参数如何，对外部电路而言效果相同，具有相同的伏安特性，也就是电路的工作状态不变。图 2-1a 所示电路中点画线框内电阻的串联电路变换为图 2-1b 后，电路得到了简化，而点画线框外部电路的工作状态没有改变，电流、电压、功率都和变换之前完全相同，只要 $R = R_1 + R_2 + R_3$，则有 $U = IR$，$P = I^2 R$。

（2）串联电路的分压作用

在图 2-1a 的电阻串联电路中，流过各电阻的电流相等，因此各电阻上的电压分别为：

$$U_1 = IR_1 = \frac{U}{R}R_1 = \frac{R_1}{R}U$$

$$U_2 = IR_2 = \frac{U}{R}R_2 = \frac{R_2}{R}U$$

$$U_3 = IR_3 = \frac{U}{R}R_3 = \frac{R_3}{R}U$$

在串联电路中，电压的分配与电阻成正比，即电阻值越大的电阻所分配到的电压越大；反之电压越小。各电阻上消耗的功率与其电阻阻值成正比。

（3）串联电路的应用

1）利用小电阻的串联来获得较大阻值的电阻。

2）利用串联电阻构成分压器，可使一个电源供给几种不同的电压，或从信号源中取出一定数值的信号电压。

3）利用串联电阻的方法，限制和调节电路中电流的大小。

4）利用串联电阻来扩大电压表的量程，以便测量较高的电压等。

【例 2-1】　假设有一个表头，如图 2-2 所示，电阻 R_g = 1000Ω，满偏电流 I_g = 100μA，要把它改装成量程是 3V 的电压表，应该串联多大的电阻？

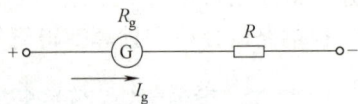

图 2-2　例 2-1 图

解　电表指针偏转到满刻度时它两端的电压为：

$$U_g = I_g R_g = 0.1\text{V}$$

这是它能承受的最大电压，现在要让它测量最大为 3V 的电压，则分压电阻必须分 2.9V 的电压，由于串联电路中电压与电阻成正比，即：

$$\frac{U_g}{U_R} = \frac{R_g}{R}$$

则：

$$R = \frac{U_R}{U_g}R_g = \frac{2.9}{0.1} \times 1000\Omega = 29\text{k}\Omega$$

可见，串联 29kΩ 的分压电阻后，就把这个表头改装成了量程为 3V 的电压表。

2. 电阻并联电路的等效变换

在电路中，将几个电阻的一端连在一起，另一端也连在一起，这种连接方法称为电阻的并联，图 2-3a 所示为 3 个电阻的并联电路，图 2-3b 为其等效电路。

（1）电阻并联电路的特点。

1）在并联电路中，加在各电阻两端的电压为同一电压，因此各电阻上的电压相等，即：

$$U = U_1 = U_2 = U_3 = \cdots = U_n \quad (2\text{-}5)$$

2）在并联电路中，外加的总电流等于各个电阻中的电流之和，即：

$$I = I_1 + I_2 + I_3 + \cdots + I_n \quad (2\text{-}6)$$

3）并联电路的等效电阻（即总电阻）的倒数等于各并联电阻的倒数之和，即：

$$\frac{1}{R} = \frac{1}{R_1} + \frac{1}{R_2} + \frac{1}{R_3} + \cdots + \frac{1}{R_n} \quad (2\text{-}7)$$

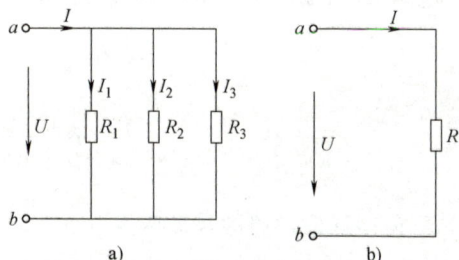

图 2-3　并联电路的等效变换
a）并联电路　b）等效电路

4）并联电路消耗的功率的总和等于相并联各电阻消耗功率之和，即：

$$P = P_1 + P_2 + P_3 + \cdots + P_n = \frac{U^2}{R_1} + \frac{U^2}{R_2} + \frac{U^2}{R_3} + \cdots + \frac{U^2}{R_n} \quad (2\text{-}8)$$

（2）并联电路的分流作用

在图 2-3a 的电阻并联电路中，加在各电阻上的电压相等，因此各电阻中的电流分别为：

$$I_1 = \frac{U}{R_1} = I\frac{R}{R_1}$$

$$I_2 = \frac{U}{R_2} = I\frac{R}{R_2}$$

$$I_3 = \frac{U}{R_3} = I\frac{R}{R_3}$$

当两个电阻并联时，I_1 和 I_2 分别为：

$$I_1 = \frac{R_2}{R_1 + R_2}I$$

$$I_2 = \frac{R_1}{R_1 + R_2}I$$

在并联电路中，电流的分配与电阻成反比，即阻值越大的电阻所分配到的电流越小，反之电流越大。

（3）电阻并联的应用

1）凡是工作电压相同的负载几乎全是并联，这样做可使任何一个负载的工作情况不受其他负载的影响。

2）用并联电阻来获得某一较小电阻。

3）在电工测量中，广泛应用并联电阻的方法来扩大电流表的量程。

【例 2-2】　有一只电流表，它的最大量程 $I_g = 100\mu A$，其内阻 $r_g = 1k\Omega$，若将其改装成最大量程为 $1100\mu A$ 的电流表，应如何处理？

解　原电流表最大量程只有 $100\mu A$，用它直接测量 $1100\mu A$ 的电流显然是不行的，必须并联一个电阻进行分流以扩大量程，如图 2-4 所示。

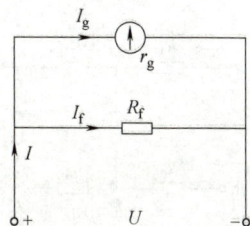

图 2-4　扩大电流量程

流过分流电阻 R_f 的电流为：

$$I_f = I - I_g = (1100 - 100)\mu A = 1mA$$

电阻 R_f 两端的电压与原电流表的电压 U_g 相等，因此：

$$U_f = U_g = I_g r_g = 100 \times 10^{-6}\,A \times 1 \times 10^3\,\Omega = 0.1\,V$$

$$R_f = \frac{U_f}{I_f} = \frac{0.1\,V}{1 \times 10^{-3}\,A} = 100\Omega$$

3. 电阻混联电路的等效变换

实际应用的电路大多包含串联电路和并联电路，既有电阻的串联又有电阻的并联的电路叫电阻的混联电路，如图 2-5a 所示。

混联电路的串联部分具有串联的性质，并联部分具有并联的性质。计算混联电路的等效电阻时，一般采用电阻逐步合并的方法，关键在于认清总电流的输入端与输出端以及公共连接端点，由此来分清各电阻的连接关系；再根据串、并联电路的基本性质，对电路进行等效简化，画出等效电路图；最后，计算出电路的总电阻。

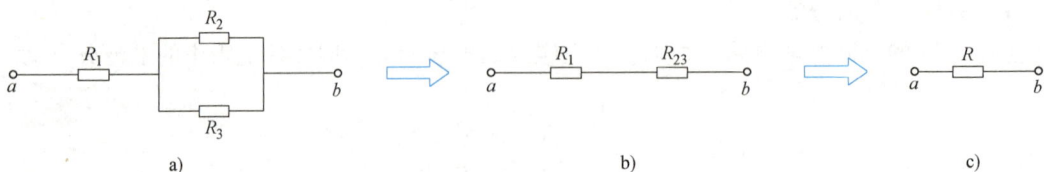

图 2-5　混联电路

计算混联电路的等效电阻的步骤大致如下：

1）将电路整理和化简成容易看清的串联或并联关系。

2）根据简化的电路进行计算。

图 2-5a 中电阻 R_2 和 R_3 并联后与电阻 R_1 串联，图 2-5b 为电阻 R_2 和 R_3 并联后的等效电路，图 2-5c 为混联电路的等效电路，其等效电阻为

$$R = R_1 + \frac{R_2 R_3}{R_2 + R_3}$$

【例 2-3】　图 2-6 所示的电路中，试画出其等效电路。

解　本题可以利用电流的流向及电流的分、合，画出等效电路图。

先将图 2-6 所示的电路根据电流的流向进行整理。总电流通过电阻 R_1，后在 C 点分成两路，一路经 R_7 到 D 点，另一路经 R_3 到 E 点后又分成两路，一路经 R_8 到 F 点，另一路经 R_5、R_9、R_6 也到 F 点，电流汇合后经 R_4 到 D 点，与经 R_7 到 D 点的电流汇合成总电流通过 R_2，故画出等效电路如图 2-7 所示。

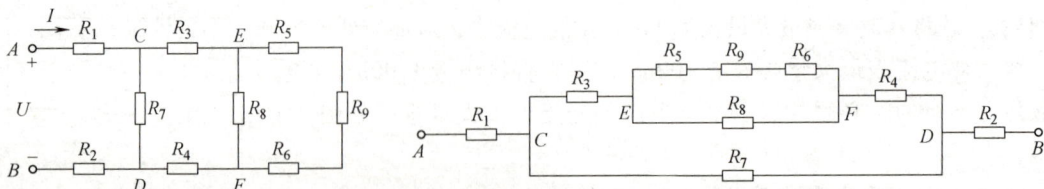

图 2-6　例 2-3 图

图 2-7　等效电路

【例 2-4】 电路如图 2-8a 所示，求电源输出电流 I 的大小。

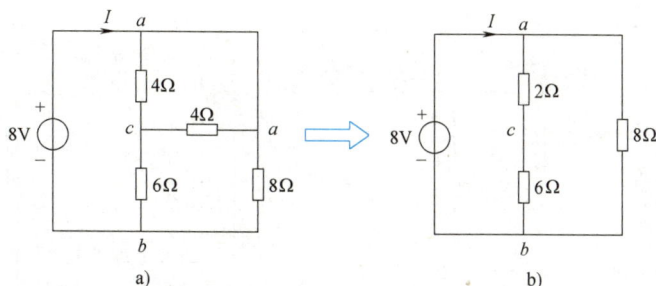

图 2-8 例 2-4 图

解 要求出 I 的大小，可以先求电路 a、b 两端的等效电阻 R_{ab}，为了判断电阻的串、并联关系，可以先将电路中的各节点标出，本例中对各电阻的连接来说，可标出 3 个节点 a、b、c，根据节点 a、c 间的连接关系可知为两个 4Ω 的电阻并联，其阻值为 2Ω，由此可得图 2-8b 所示电路。这时，a、b 两端的等效电阻为：

$$R_{ab} = \frac{(2+6)\times 8}{(2+6)+8}\Omega = 4\Omega$$

因此，电路中的电流为：

$$I = \frac{8\text{V}}{4\Omega} = 2\text{A}$$

2.1.2 电压源与电流源的等效变换

1. 电压源与电流源的等效变换

在电路分析和计算中，实际电压源与实际电流源这两种模型是能够等效互换的。所谓等效即变换前后对负载而言端口处的伏安关系不变，也就是对电源的外电路而言，它的端电压 (U) 和提供的电流 (I) 无论其大小、方向及它们之间的关系都保持不变。

实际电压源电路和实际电流源电路等效变换如图 2-9 所示。

在图 2-9a 所示的实际电压源电路中，假如用 U 表示电源端电压，I 表示负载电流，可得出如下关系：

$$U = U_S - R_S I \tag{2-9}$$

在图 2-9b 所示的实际电流源电路中，由于负载 R 与 R'_S 并联，因此，端电压 U 就等于 R'_S 上的电压，即：

$$U = (I_S - I)R'_S$$
$$U = I_S R'_S - I R'_S \tag{2-10}$$

根据等效的概念，对外接负载来说这两个电源提供的电压和电流完全相同，所以：
比较式（2-9）与式（2-10）：

$$\begin{cases} U = I_S R'_S - I R'_S \\ U = U_S - R_S I \end{cases}$$

可得：

$$U_S = I_S R'_S, \quad R_S = R'_S \tag{2-11}$$

因此，一个恒压源 U_S 与内阻 R_S 串联的电路可以等效为一个恒流源 I_S 与内阻 R_S 并联的电路，如图 2-10 所示。

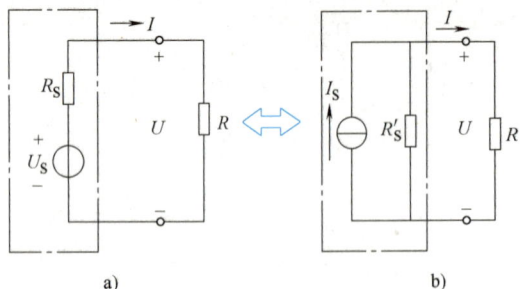

图 2-9　电压源电路与电流源电路
a) 电压源电路　b) 电流源电路

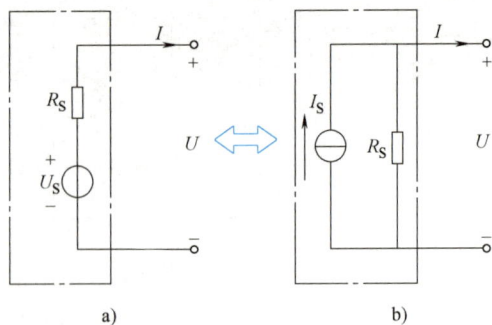

图 2-10　电压源与电流源的等效变换
a) 实际电压源　b) 实际电流源

注意:

1) 在电压源和电流源等效过程中，两种电路模型的极性必须一致，即电流源流出电流的一端与电压源正极性端对应。

2) 电压源与电流源的等效关系是对外电路而言的，对电源内部，则是不等效的。

在图 2-10 所示电路中，当电压源开路时，电流为零，电源内阻 R_S 上不消耗功率，但当电流源开路时，电源内部仍有电流，内阻 R_S 上有功率消耗。当电压源、电流源短路时也是这样的，电源内部消耗的功率不一样。所以，电压源与电流源的等效关系是对外电路而言的。

3) 理想电压源与理想电流源之间没有等效关系，不能等效变换。因为对理想电压源讲，其短路电流为无穷大；对理想电流源讲，其开路电压为无穷大，都不能得到有效数值，故两者之间不存在等效变换条件。

【例 2-5】 如图 2-11 所示，已知 $U_S = 8\text{V}$，$R_S = 2\Omega$。试将电压源等效变换为电流源。

解　根据电压源和电流源的等效变换关系，可得出等效电流源的电流为:

$$I_S = \frac{U_S}{R_S} = \frac{8}{2}\text{A} = 4\text{A}$$

故将电压源等效变换为图 2-12 所示的电流源，电流源的电流方向向上。

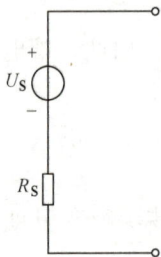

图 2-11　例 2-5 的图

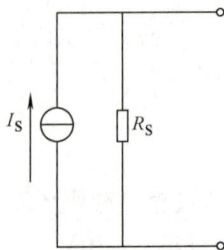

图 2-12　例 2-5 的等效变换

2. 电源的等效合并

在直流电路中，如果有多个电源，且电源以串联或并联的方式连接，则可以采用电源等效变换法来分析电路。基本思路是，先对电路中不同电源的电源类型进行等效变换，即将电压源变为电流源，或者将电流源变为电压源，然后合并电源，使多电源电路变为单电源电路，从而使接下来的电路分析变得简单。

电源有电流源和电压源两种，连接方式有串联和并联两种，两者两两组合有6种可能：电压源与电压源串联、电压源与电流源串联、电流源与电流源串联、电流源与电流源并联、电流源与电压源并联以及电压源与电压源并联。

电源等效合并的原则是，合并前后，对外部的供电效果不变，即对外部的负载来说，负载两端的电压和流过负载的电流不变。串联的电源可以合并等效为电压源；并联的电源可以合并等效为电流源。

（1）电压源与电压源串联

根据电源等效合并原则，电压源串联可以合并等效为一个电压源，如图 2-13 所示的两个串联的电压源可以等效合并为一个电压源。其等效电路中的 $R_S = R_{S1} + R_{S2}$，$U_S = U_{S1} + U_{S2}$。

这里需要注意合并前电压源参考方向与合并后电压源参考方向的关系。合并前各电压源的电压，如果其参考方向与合并后电压源的电压参考方向一致，就在其符号前取 "+"，如果不一致，就在其符号前取负号 "-"，然后求和，就得到合并后电压源的电压。

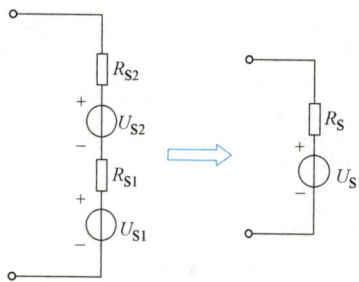

图 2-13　电压源与电压源串联合并过程

（2）电压源与电流源串联

电源的串联合并，需要先将所有电源等效变换为电压源，然后根据电压源的串联合并关系计算，这里，需要将电流源变换为电压源，然后再与电压源合并得到一个等效电压源。整个合并过程等效结果如图 2-14 所示。

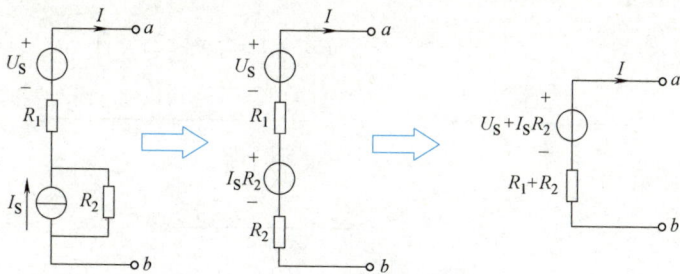

图 2-14　电压源与电流源串联合并过程

（3）电流源与电流源串联

这里，需要将电流源等效变换为电压源，然后根据电压源的串联合并公式计算，合并得到一个电压源。整个合并过程及等效结果如图 2-15 所示。

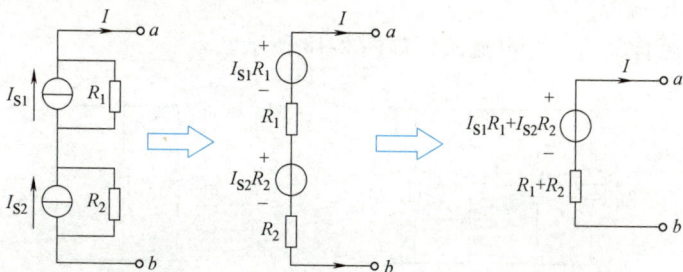

图 2-15　电流源与电流源串联合并过程

（4）电压源与电流源并联

电源的并联合并，需要先将所有电源等效变换为电流源，然后根据电流源的并联合并公式计算。这里，需要将电压源变换为电流源，然后与电流源合并，得到一个电流源。整个合并过程及等效结果如图 2-16 所示。

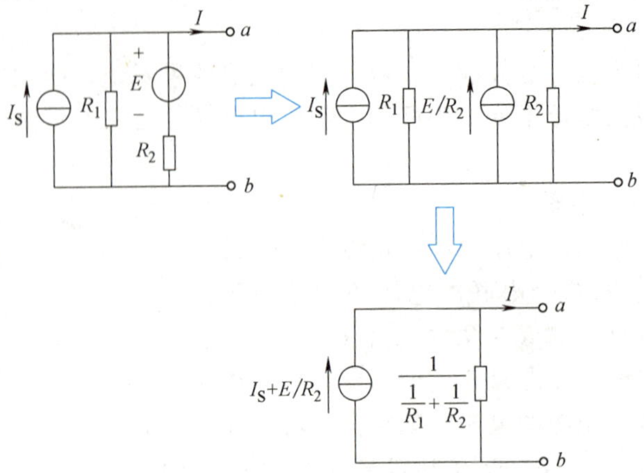

图 2-16　电压源与电流源并联过程

（5）电压源与电压源并联

这里，需要将电压源等效变换为电流源，然后根据电流源的并联合并公式计算，合并得到一个电流源。整个合并过程及等效结果如图 2-17 所示。

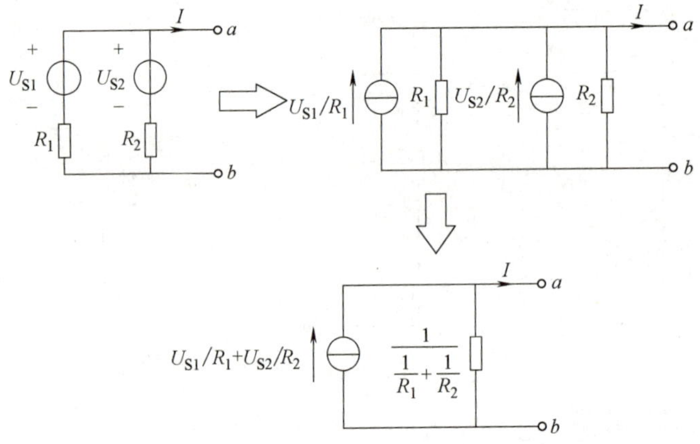

图 2-17　电压源与电压源并联合并过程

（6）电流源与电流源并联

电流源与电流源合并为一个电流源，如图 2-18 所示。

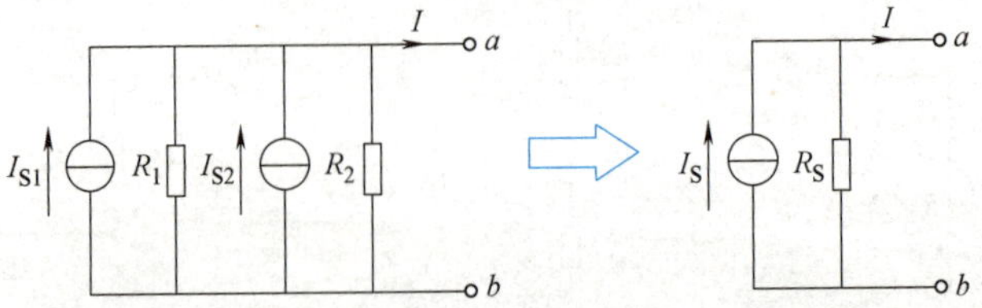

图 2-18　电流源与电流源并联合并过程

电流源并联合并后的 R_S 和 I_S 如下：

$$I_S = I_{S1} + I_{S2}, \quad \frac{1}{R_S} = \frac{1}{R_1} + \frac{1}{R_2}$$

这里，同样需要注意合并前后电源电流参考方向要一致，即流向一致。

3. 特殊电源模型的处理

（1）理想电压源与其他元件并联

理想电压源与其他元件并联。理想电压源与其他元件（理想电流源、电阻或实际电压源）并联，如图 2-19 所示，由于理想电压源端电压为定值，与其并联的元件对端电压不起作用，而理想电流源流出的电流取决于外电路。因此图 2-19a、b、c 所示电路均可等效为图 2-19d 所示电路。

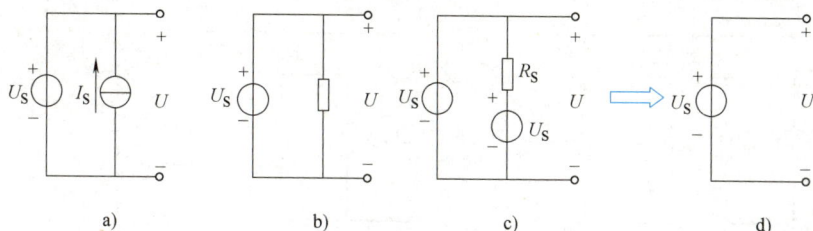

图 2-19　理想电压源与其他元件并联

注意：由于理想电压源端电压为定值，因此，不同输出电压值的理想电压源之间不能并联。

（2）理想电流源与其他元件串联

理想电流源与其他元件（理想电压源、电阻、实际电流源）串联如图 2-20 所示，由于理想电流源输出电流为定值，与其串联的元件对输出电流不起作用，而理想电流源的端电压取决于外电路。因此，图 2-20a、b、c 所示电路均可等效为图 2-20d 所示电路。

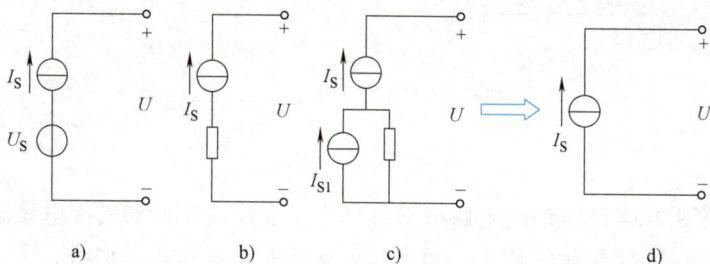

图 2-20　理想电流源与其他元件串联

注意：由于理想电流源输出电流为定值，因此不同输出电流值的理想电流源之间不能串联。输出电流不为零的理想电流源不能开路，因为是没有意义的。

【例 2-6】　如图 2-21 所示，用电源等效变换法求流过负载的电流 I。

解　1）由于 6Ω 电阻与电流源是串联形式，所以对于电流源来说，6Ω 电阻为多余元件，可去掉，可得到电路如图 2-22b 所示。

2）图 2-22b 所示 6Ω 电阻与 12V 电压源串联，可等效为一个 2A 的电流源，得到电路如图

2-22c 所示。

3）图 2-22c 所示的两个电流源可等效为一个 12A 的电流源，得到电路如图 2-22d 所示。

4）将图 2-22d 所示电流源等效为一个 72V 的电压源，得到电路如图 2-22e 所示。

5）根据图 2-22e 可得：

$$I = \frac{72}{6+12}A = 4A$$

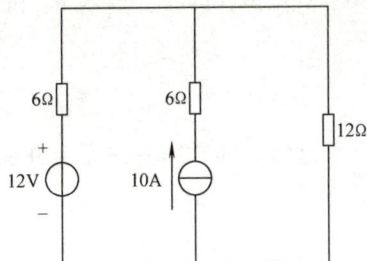

图 2-21　例 2-6 的图

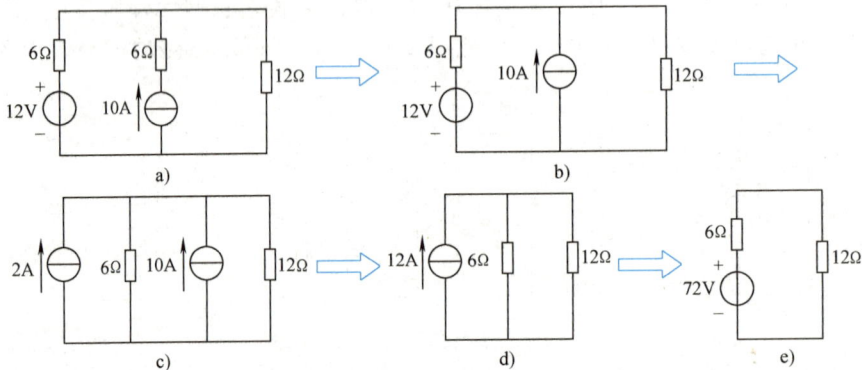

图 2-22　例 2-6 的电源等效变换过程

思考与练习

2-1-1　如图 2-23 所示电路，求 R_{ab}。

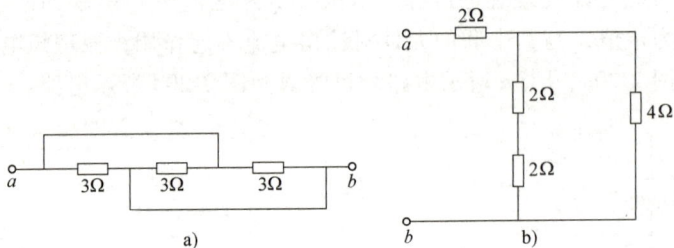

图 2-23　题 2-1-1 图

2-1-2　能否用图 2-24 所示的两电路模型分别表示实际电压源和实际电流源？

2-1-3　根据图 2-25 所示伏安特性，画出其表示的实际电压源模型图。

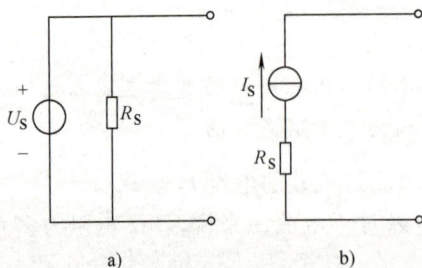

图 2-24　题 2-1-2 的图

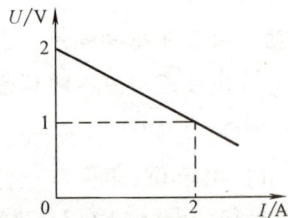

图 2-25　题 2-1-3 的图

2-1-4　图 2-26 所示各电路中的电流 I 和电压 U 是多少？

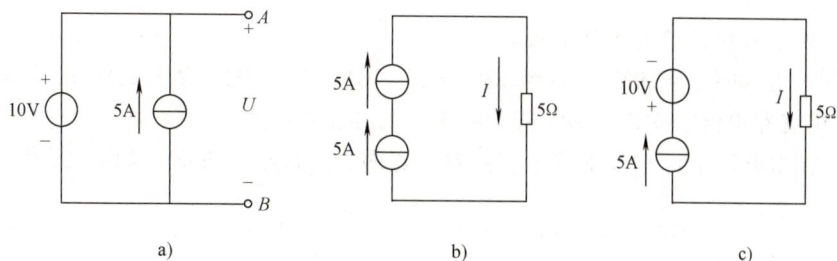

图 2-26　题 2-1-4 的图

2.2 支路电流法

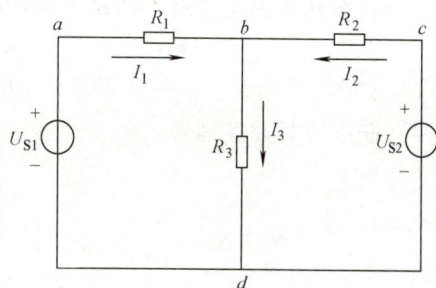

1. 支路电流法的定义

支路电流法是以支路电流为变量，根据基尔霍夫电流定律（KCL）和基尔霍夫电压定律（KVL），列出节点电流方程和回路电压方程，求解支路电流的方法。支路电流法是分析电路最基本的方法之一。

2. 支路电流法的解题步骤

下面以图 2-27 所示电路为例，介绍支路电流法的解题步骤。

1）确定支路数，标出支路电流的参考方向。

图中有 3 条支路，各支路电流参考方向如图 2-27 所示。

2）确定节点个数，列出节点电流方程式。

图中有 b、d 两个节点，利用基尔霍夫电流定律列出节点方程如下。

图 2-27　支路电流法

节点 b：
$$I_1+I_2-I_3=0$$
节点 d：
$$-I_1-I_2+I_3=0$$

这两个节点电流方程只差一个负号，故只有一个方程是独立的，即有一个独立节点。

一般来说，如果电路有 n 个节点，那么它能列出 $n-1$ 个独立节点的电流方程。

3）确定回路数，列出回路电压方程。

电路中有 3 个回路，根据基尔霍夫电压定律可列出如下方程。

回路 $abda$ 的电压方程为：
$$I_1R_1+I_3R_3-U_{S1}=0$$
回路 $bcdb$ 的电压方程为：
$$-I_2R_2-I_3R_3+U_{S2}=0$$
回路 $acda$ 的电压方程为：
$$I_1R_1-I_2R_2-U_{S1}+U_{S2}=0$$

在上面 3 个回路电压方程中，任何一个方程都可以由另外两个导出，故只有两个独立方程，也称为有两个独立回路。

在选择回路时，若包含其他回路电压方程未用过的新支路，则列出的方程是独立的。一般直观的办法是按网孔列电压方程。

可见，对于 n 个节点 b 条支路的电路，可列出（$n-1$）个独立节点电流方程，（$b-n+1$）个独立回路电压方程。

4）联立独立方程，求解支路电流。

【例 2-7】 已知 $U_{S1}=10\text{V}$，$U_{S2}=12\text{V}$，$U_{S3}=10\text{V}$，$R_1=3\Omega$，$R_2=1\Omega$，$R_3=2\Omega$，$R_4=2\Omega$，$R_5=4\Omega$。试用支路电流法求图 2-28a 所示电路中的各支路电流。

解 1）在电路图上标出各支路电流的参考方向，选取绕行方向，如图 2-28b 所示。

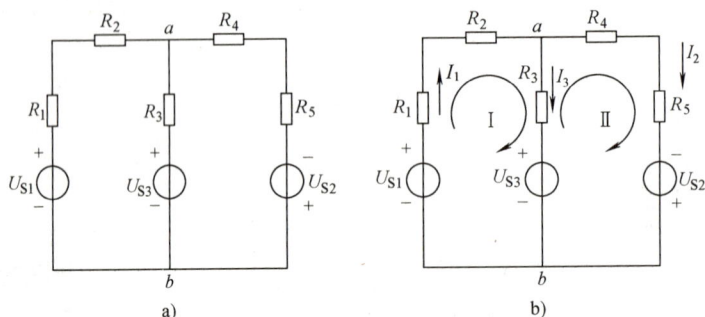

图 2-28　例 2-7 的图

2）选节点 a 为独立节点，列 KCL 方程，即：
$$-I_1+I_2+I_3=0$$

3）选网孔为独立回路，回路方向如图，列 KVL 方程，即：
$$4I_1+2I_3=10-10$$
$$6I_2-2I_3=12+10$$

4）联立方程并整理得：
$$\begin{cases} -I_1+I_2+I_3=0 \\ 2I_1+I_3=0 \\ 3I_2-I_3=11 \end{cases}$$

5）解方程得：
$$I_1=1\text{A}, \quad I_2=3\text{A}, \quad I_3=-2\text{A}$$

I_3 是负值，说明电阻上的实际电流方向与所选参考方向相反。

思考与练习

2-2-1　电路如图 2-29 所示，已知 $R_1=3\Omega$，$R_2=6\Omega$，$U_S=9\text{V}$，$I_S=6\text{A}$，求各支路的电流 I_1 和 I_2。

2-2-2　电路如图 2-30 所示，求各支路的电流 I_1、I_2 和 I_3。

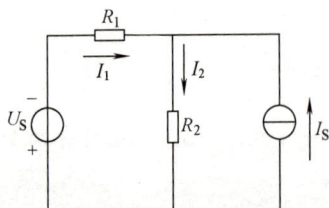

图 2-29　题 2-2-1 的图

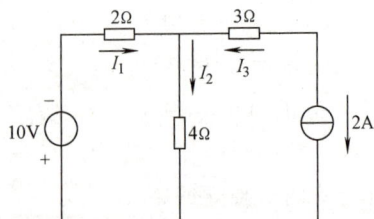

图 2-30　题 2-2-2 的图

2.3 叠加定理

叠加定理是线性电路的一个基本定理，它体现了线性电路的基本性质，是分析线性电路的基础。

1. 线性电路

线性电路是由线性元器件组成的电路。线性元器件是指元器件参数不随外加电压及通过其中的电流而变化，即电压和电流成正比。如电阻元件。

2. 叠加定理

叠加定理指出：在线性电路中，当有几个电源共同作用时，在任一支路上所产生的电流（或电压）等于各个电源单独作用时在该支路所产生的电流（或电压）的代数和。

某一电源单独作用，就是假设除去其余的电源，即理想电压源短路，理想电压源电压为零；理想电流源断路，理想电流源的电流为零。但如果电源有内阻的应保留在原处。

3. 叠加定理的应用

叠加定理的应用可以用图 2-31 所示电路来说明。

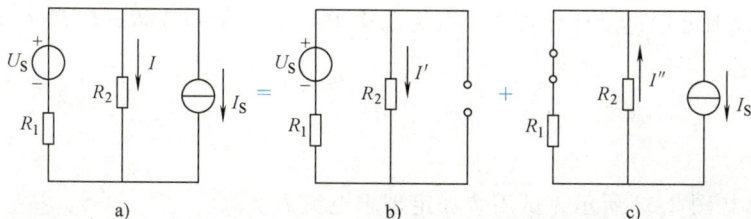

图 2-31　叠加定理

1）当电压源单独作用时，电流源不作用，就在该电流源处用开路代替，如图 2-31b 所示。在 U_S 单独作用下，R_2 支路的电流为：

$$I' = \frac{U_\mathrm{S}}{R_1 + R_2}$$

2）当电流源单独作用时，电压源不作用，在该电压源处用短路代替；如图 2-31c 所示。在 I_S 单独作用下，R_2 支路的电流为：

$$I'' = \frac{R_1}{R_1 + R_2} I_\mathrm{S}$$

3）求电源共同作用下，R_2 支路电流的代数和。可得：

$$I = I' - I'' = \frac{U_\mathrm{S}}{R_1 + R_2} - \frac{R_1}{R_1 + R_2} I_\mathrm{S}$$

对 I' 取正号，是因为它的参考方向与 I 的参考方向一致；对 I'' 取负号，是因为它的参考方向与 I 的参考方向相反。

【例 2-8】　电路如图 2-32 所示，试用叠加定理求 I。

解　4A 电流源单独作用时，由图 2-32b 可得：

$$I' = 4 \times \frac{10}{10 + 10} \mathrm{A} = 2\mathrm{A}$$

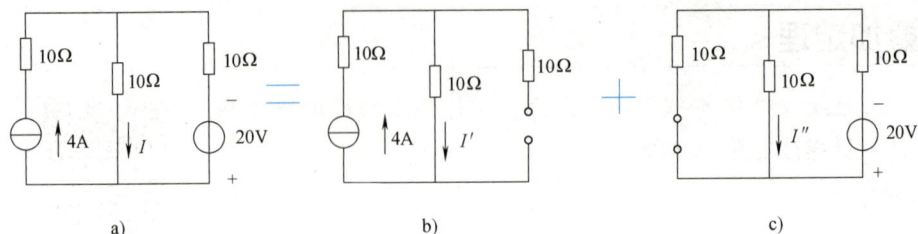

图 2-32　例 2-8 的图

20V 电压源单独作用时，由图 2-32c 可得：

$$I'' = \frac{-20}{10+10}A = -1A$$

根据叠加定理可得电流 I：

$$I = I' + I'' = 2 + (-1)A = 1A$$

4. 使用叠加定理时的注意事项

1）只能用来计算线性电路的电流和电压，对非线性电路，叠加定理不适用。

2）叠加时要注意电流和电压的参考方向，求其代数和。

3）不能用叠加定理直接计算功率。因为功率 $P = I^2 R = (I' + I'')^2 R \neq I'^2 R + I''^2 R$，所以对功率不能进行叠加。

思考与练习

2-3-1　电路如图 2-33 所示，试用叠加定理求电流 I。

2-3-2　电路如图 2-34 所示，试用叠加定理求电压 U。

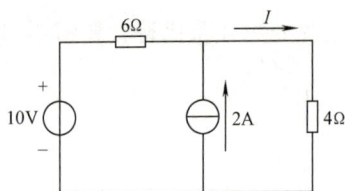

图 2-33　题 2-3-1 的图

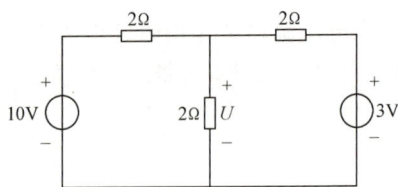

图 2-34　题 2-3-2 的图

2.4　戴维南定理

1. 二端网络

对于一个复杂的电路，有时只需计算其中某一条支路的电流或电压，此时可将这条支路单独划出，而把其余部分看作一个有源二端网络。

所谓有源二端网络，就是指具有两个出线端且内含独立电源的部分电路。不含独立电源的二端网络则称为无源二端网络。

2. 戴维南定理

将线性有源二端网络等效为电压源模型的方法叫作戴维南定理。可表述如下：任何一个线

性有源二端网络对外电路的作用都可以变换为一个电压源模型，该电压源模型的理想电压源电压 U_S 等于线性有源二端网络的开路电压 U_{OC}，电压源模型的内电阻 R_S 等于相应的线性无源二端网络的等效电阻 R_0。戴维南定理如图 2-35 所示。

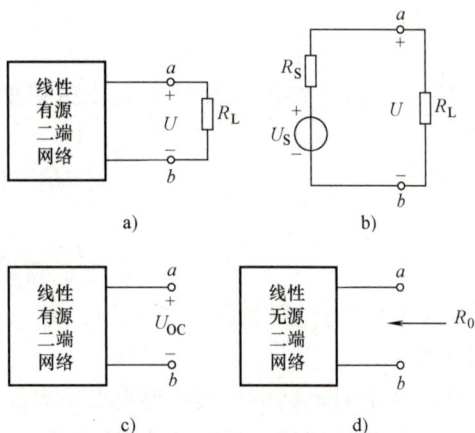

所谓无源二端网络的等效电阻是将有源二端网络中所有的理想电源（理想电压源和理想电流源）均除去时的网络入端电阻。

除源的方法是：除去理想电压源，即 $U_S = 0$，把理想电压源所在处短路；除去理想电流源，即 $I_S = 0$，把理想电流源所在处开路。

图 2-35　戴维南定理

将有源二端网络变换为电压源模型后，一个复杂的电路就变为一个简单的电路，就可以直接用全电路的欧姆定律来求解该电路的电流和端电压。

由图 2-35a 可见，待求支路中的电流为：

$$I = \frac{U_S}{R_S + R_L}$$

其端电压为：

$$U = U_S - R_S I$$

3. 戴维南定理应用的一般步骤

1）明确电路中待求支路和有源二端网络。

2）移开待求支路，求出有源二端网络的开路电压 U_{OC}。

3）求出无源二端网络的电阻，即网络内的电压源短路，电流源断路。

4）将有源二端网络等效为电压源模型，接入待求支路，根据全电路欧姆定律求待求电流。

【例 2-9】　如图 2-36 所示，已知 $U_{S1} = 14\text{V}$，$U_{S2} = 9\text{V}$，$R_1 = 20\Omega$，$R_2 = 5\Omega$，$R_3 = 6\Omega$，求 R_3 电阻上的电流。

解　1）在图 2-36a 所示电路中，R_3 所在支路为待求支路，其余部分为二端网络。

2）求有源二端网络的开路电压 U_{OC}。

先求二端网络内的电流，如图 2-36b 所示。

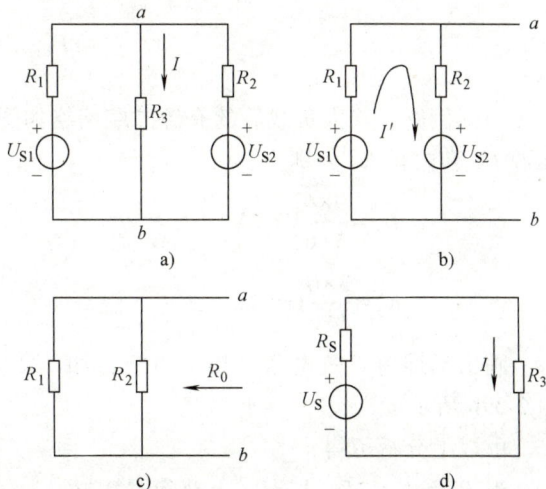

$$I' = \frac{U_{S1} - U_{S2}}{R_1 + R_2} = \frac{14-9}{20+5}\text{A} = 0.2\text{A}$$

$$U_{OC} = U_{S1} - I'R_1 = (14 - 20 \times 0.2)\text{V} = 10\text{V}$$

3）求无源二端网络的电阻 R_0，如图 2-36c 所示。

图 2-36　例 2-9 的图

$$R_0 = \frac{R_1 R_2}{R_1 + R_2} = \frac{20 \times 5}{20 + 5}\Omega = 4\Omega$$

4）将有源二端网络等效为电压源模型，如图 2-36d 所示，根据全电路欧姆定律求待求电流。

$$U_S = U_{OC}, \quad R_0 = R_S$$

$$I = \frac{U_S}{R_0 + R_3} = \frac{10}{4 + 6}A = 1A$$

【例 2-10】 电路如图 2-37 所示，R_L 可调，求 R_L 为何值时，它吸收的功率最大？并计算其最大功率。

解 先分析电路中负载获得最大功率的条件。

根据戴维南定理，对于负载 R_L 来说，图 2-37 的电路可等效为 2-38 所示的电路。U_S 为电压源模型的理想电压源电压，R_S 为电压源模型的内阻，R_L 为负载电阻。从图中可得负载功率为：

$$P_L = I^2 R_L = \left(\frac{U_S}{R_S + R_L}\right)^2 R_L \tag{2-12}$$

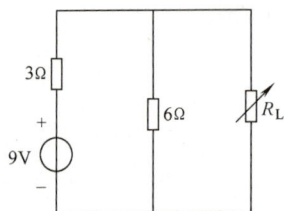

图 2-37 例 2-10 的图

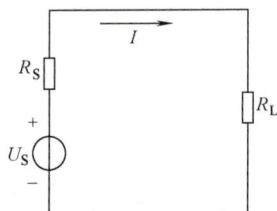

图 2-38 负载最大功率条件

由数学推导，可得出负载获得最大功率的条件为：

$$R_L = R_S$$

即当负载电阻等于电源内阻时，负载获得的功率最大。负载获得的最大功率为：

$$P_{Lmax} = \frac{U_S^2}{4R_S} \tag{2-13}$$

回到例题，移去负载后的有源二端网络如图 2-39a 所示。将其变换为电压源模型，理想电压源 U_S 和内阻 R_S 分别为：

$$U_S = \frac{9 \times 6}{3 + 6}V = 6V$$

$$R_S = \frac{3 \times 6}{3 + 6}\Omega = 2\Omega$$

画出戴维南等效电路并接上负载，如图 2-39b 所示。

由以上分析可得：

当 $R_L = R_S = 2\Omega$ 时，R_L 上获得最大功率，最大功率为：

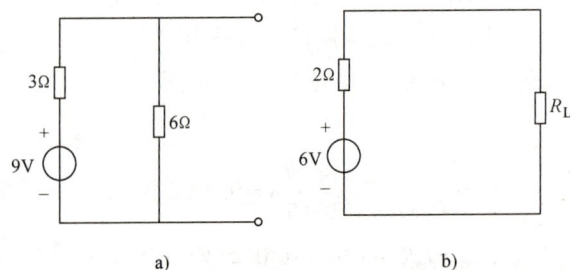

a)

b)

图 2-39 例 2-10 的戴维南等效电路图

$$P_{\text{Lmax}} = \frac{U_{\text{S}}^2}{4R_{\text{S}}} = \frac{6 \times 6}{4 \times 2} \text{W} = 4.5 \text{W}$$

思考与练习

2-4-1　电路如图 2-40 所示，试用戴维南定理求电路电流 I。

2-4-2　电路如图 2-41 所示，试用戴维南定理求电路电压 U。

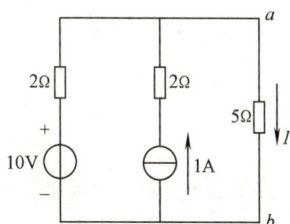

图 2-40　题 2-4-1 的图

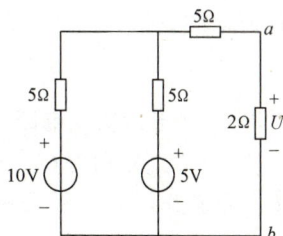

图 2-41　题 2-4-2 的图

2.5　实训

2.5.1　实训 1　验证叠加原理

1. 实训目的

1）验证叠加原理的正确性，加深对叠加原理的理解。

2）掌握支路电流、电压的测量方法。

2. 实训原理

在线性电路中，有几个电源共同作用时，在任一支路所产生的电流（或电压）等于各个电源单独作用时在该支路所产生的电流（或电压）的代数和。

3. 仿真验证

1）绘制仿真电路图，设置各元件参数，开关按键分别用键盘上的<A><B>键控制，如图 2-42 所示。

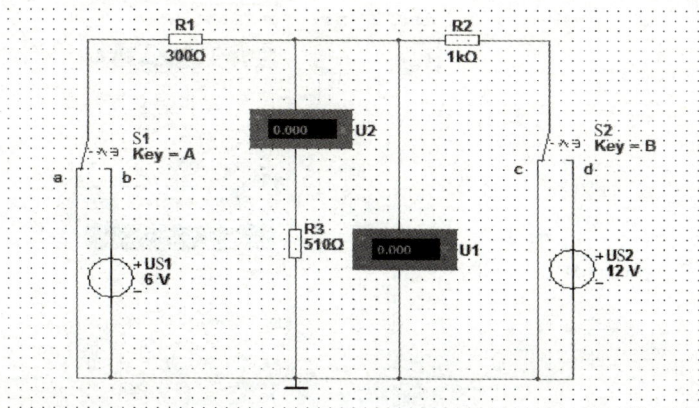

图 2-42　叠加原理验证仿真电路

2）按下键盘<A>键，控制开关 S_1 连接 b 端，U_{S1} 电源接入电路，此时电路是电源 U_{S1} 单独作用。按下仿真开关，观察 R_3 支路上电流表的数值及电压表的指示数值并记录。

3）再按一下键盘<A>键，控制开关 S_1 连接 a 端，U_{S1} 电源断开与电路的连接，再按下键盘<B>键，电源 U_{S2} 单独接入电路，按下仿真开关，观察 R_3 支路上电流表的数值及电压表指示数值并记录。

4）再按一下键盘<A>键，控制开关 S_1 连接 b 端，U_{S1} 电源与电路的连接，此时电路接入了电源 U_{S1} 和 U_{S2}，按下仿真开关，观察 R_3 支路上电流表的数值及电压表指示数值并记录。

5）比较记录的数据，验证是否符合叠加原理。

4. 实验验证

1）参考图 2-42 连接实验电路。

2）调节 U_{S1}、U_{S2} 分别为 6V、12V。

3）当 U_{S1} 单独作用时，测量并记录 R_3 支路上电流表的数值及电压表的数据。

4）当 U_{S2} 单独作用时，测量并记录 R_3 支路上电流表的数值及电压表的数据。

5）当 U_{S1}、U_{S2} 共同作用时，测量并记录 R_3 支路上电流表的数值及电压表的数据。

2.5.2 实训2 验证戴维南定理

1. 实训目的

1）验证戴维南定理的正确性，加深对该定理的理解。

2）掌握含源二端网络的开路电压和等效电阻的测定方法，并了解各种测量方法的特点。

2. 实训电路

戴维南定理实训电路如图 2-43 所示。

3. 仿真验证

（1）测量 R_3 支路的电压和电流

戴维南定理仿真验证电路如图 2-44 所示，将 R_3 支路作为待求支路，在 R_3 支路接入两个万用表，双击万用表图标，在弹出的面板上分别选择 "A" 和 "V" 按钮，启动仿真开关，测得 R_3 支路的电压为 6V，电流约为 1A。

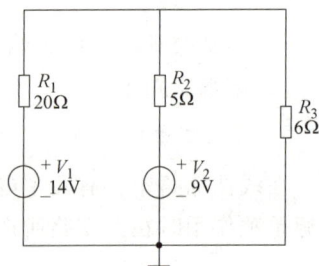

图 2-43 戴维南定理实训电路

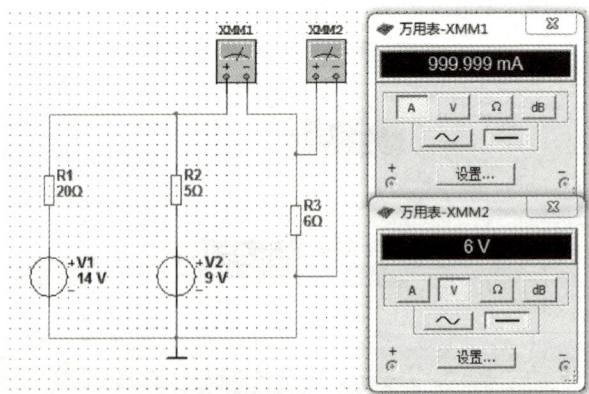

图 2-44 测量 R_3 支路的电压和电流

（2）求开路电压

断开 R_3 支路，在端口处接入万用表，双击万用表图标，在弹出的面板上选择"V"按钮，启动仿真开关，测出二端网络开路电压为 10V，如图 2-45 所示。

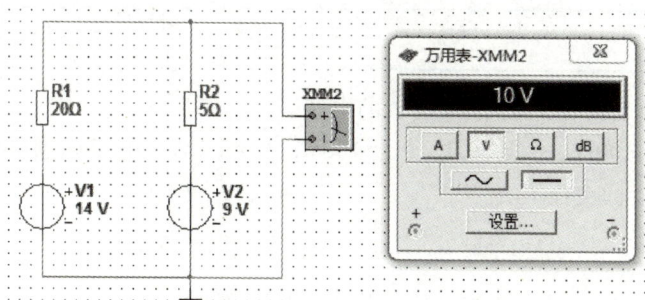

图 2-45 测二端网络开路电压

（3）求等效电阻

求等效电阻时，将电压源做短路处理，电路等效电阻如图 2-46 所示。接入万用表，双击万用表图标，在弹出的面板上选择"Ω"按钮，启动仿真开关，测出二端网络等效电阻为 4Ω。

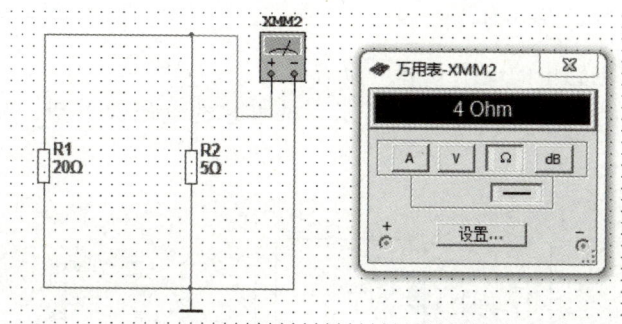

图 2-46 测出二端网络等效电阻

（4）验证电路等效性

根据求出的开路电压和等效电阻，在 Multisim 10 工作区创建如图 2-47 所示电路。接入万用表，双击万用表图标，在弹出的面板上分别选择"A"和"V"按钮，测量流过 6Ω 电阻的电流和电压，其结果与图 2-44 所示的电路仿真结果相同。

4. 实验验证

按图 2-44 所示连接电路，仿照仿真操作步骤，在实验室完成戴维南定理的验证实验。

5. 实验操作注意事项

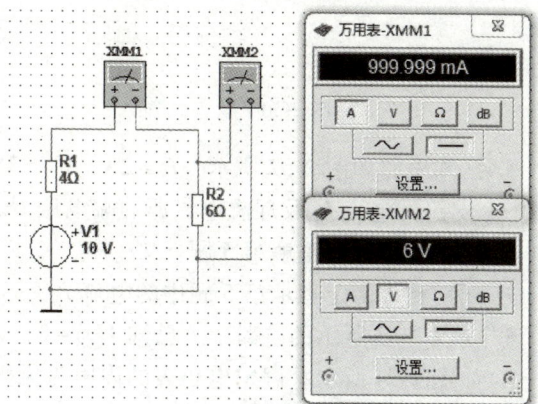

图 2-47 验证电路等效性

1）测量时注意电流表量程的更换。

2）在用万用表欧姆档直接测定二端网络的等效电阻时，所有独立电源都应置零。电流源置零，就是把电流源从电路中断开；电压源置零，就是把电压源先从电路中断开，再用短路线连接该处电路。切不可将电压源直接短接。

3）改接电路时，要先关掉电源。

2.6 习题

1. 利用电源等效变换化简图 2-48 所示的电路。

2. 已知 $R_1 = R_2 = 100\Omega$，$R_3 = 50\Omega$，$U_S = 100V$，$I_S = 0.5A$，电路如图 2-49 所示，试用电源等效变换求电阻 R_3 上的电流 I。

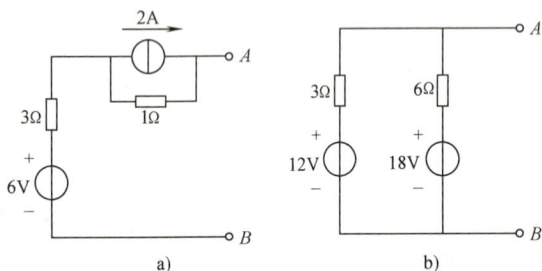

图 2-48 题 1 的图

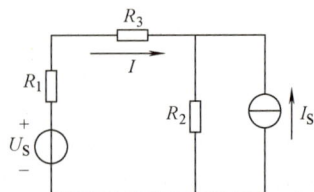

图 2-49 题 2 的图

3. 求图 2-50 所示电路中的电压 U 和电流 I。

4. 某实际电源的伏安特性如图 2-51 所示，试求它的电压源模型，并将其等效为电流源模型。

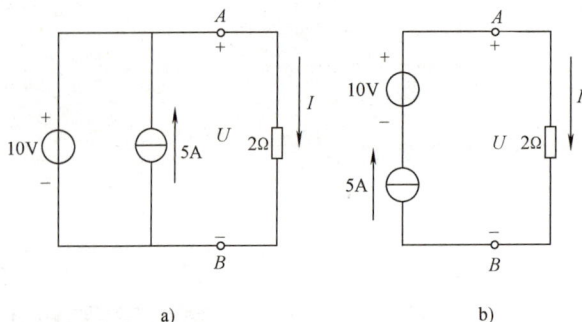

图 2-50 题 3 的图

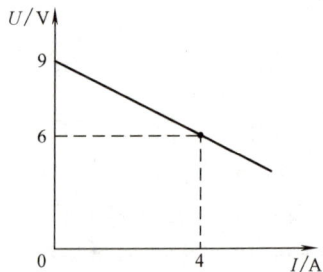

图 2-51 题 4 的图

5. 已知电路如图 2-52 所示，$I_S = 2A$，$U_S = 2V$，$R_1 = 3\Omega$，$R_2 = R_3 = 2\Omega$，试用支路电流法求通过 R_3 支路的电流 I_3 及理想电流源的端电压 U。

6. 试用叠加定理重解第 5 题。

7. 试用戴维南定理求第 5 题中的电流 I_3。

8. 在图 2-53 所示的电路中，已知 $U_{AB} = 0$，试用叠加定理求 U_S 的值。

9. 如图 2-54 所示，假定电压表的内阻为无限大，电流表的内阻为零。当开关 S 处在位置 1 时，电压表的读数为 10V；当 S 处于位置 2 时，电流表的读数为 5mA。试问当 S 处在位置 3 时，电压表和电流表的读数各为多少？

10. 在图 2-55 所示电路中，各电源的大小和方向均未知，每个电阻阻值均为 6Ω，又知道当 $R = 6\Omega$ 时，电流 $I = 5A$。今欲使 R 支路的电流 $I = 3A$，则 R 应为多大？

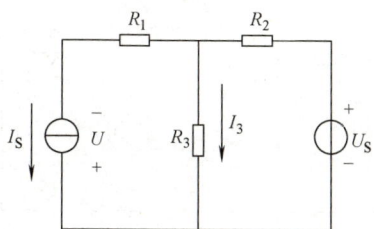

图 2-52 题 5 的图

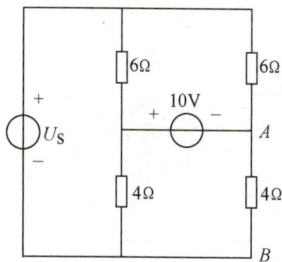

图 2-53 题 8 的图

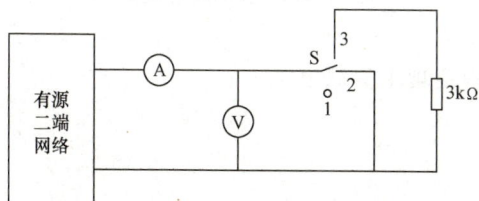

图 2-54 题 9 的图

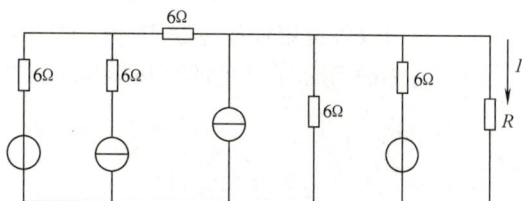

图 2-55 题 10 的图

11. 如图 2-56 所示，已知 $R_1 = 5\Omega$ 时获得的功率最大，试问电阻 R 应为多大？

12. 如图 2-57 所示，当电路线性负载时，U 的最大值和 I 最大值分别是多少？

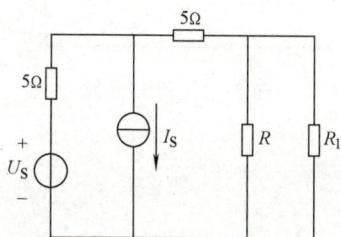

图 2-56 题 11 的图

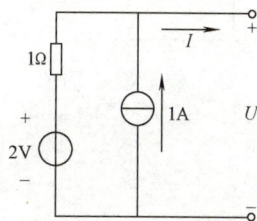

图 2-57 题 12 的图

13. 电路如图 2-58 所示，试求电压 U。

14. 电路如图 2-59 所示，试求电压 U。

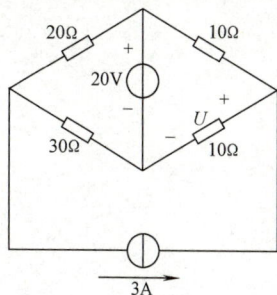

图 2-58 题 13 的图

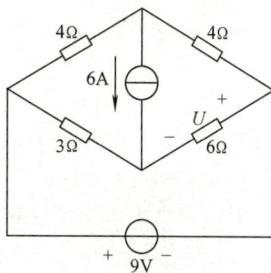

图 2-59 题 14 的图

15. 如图 2-60 所示，已知 $R_1 = R_2 = R_3 = R_4 = 1\Omega$，$U_S = 1V$，$I_S = 2A$，试计算电路中的电流 I_3。

16. 如图 2-61 所示，已知 $R_1 = 0.6\Omega$，$R_2 = 6\Omega$，$R_3 = 4\Omega$，$R_4 = 1\Omega$，$R_5 = 0.2\Omega$，$U_{S1} = 15V$，$U_{S2} = 2V$。试计算电路中电压 U_4。

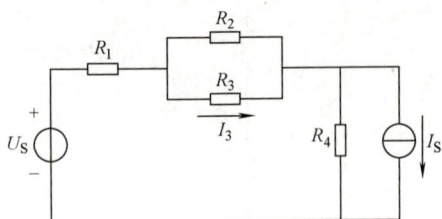

图 2-60　题 15 的图

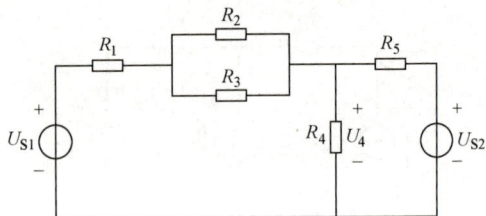

图 2-61　题 16 的图

17. 试用电压源和电流源等效变换的方法计算图 2-62 中通过 2Ω 电阻的电流 I。

18. 应用戴维南定理计算题 17 中 2Ω 电阻的电流 I。

19. 图 2-63 所示是常见的分压电路，试用戴维南定理求负载电流 I_L。

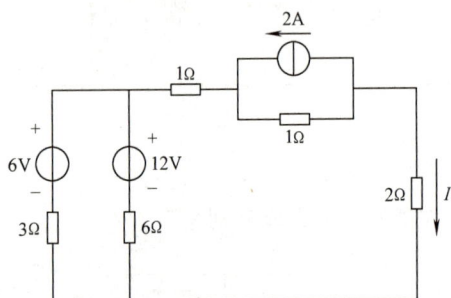

图 2-62　题 17 的图

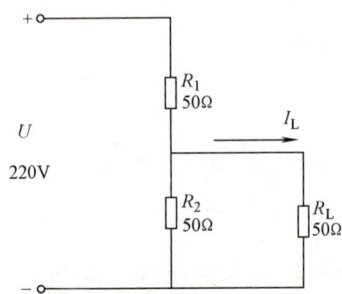

图 2-63　题 19 的图

第3章　单相交流电路

学习目标

- 理解正弦交流电的概念，掌握正弦量的三要素。
- 掌握正弦量的矢量表示法及电路的矢量图。
- 掌握电路3种基本元器件的电压、电流及功率关系。
- 掌握 RLC 串联电路特点及分析规律。
- 掌握阻抗串、并联电路的分析和计算方法。
- 熟悉功率因数的提高方法，理解串、并联谐振的特点。

3.1　正弦交流电的基本概念

在生产和日常生活中，交流电比直流电具有更广泛的应用。这主要是因为从电能的产生、输送和使用上，交流电比直流电更优越。交流发电机比直流发电机结构简单、效率高、价格低和维护方便。现代的电能几乎都是以交流电的形式产生的。利用变压器可实现交流电压的升高和降低，具有输送经济、控制方便和使用安全的特点。

3.1　正弦交流电的基本概念

3.1.1　正弦交流电

当一个直流理想电压源 U_S 作用于电路时，电路中的电压 U 和电流 I 都不随时间变化，如图 3-1a 所示。电压的大小和极性、电流的大小和方向不随时间变化，统称为直流电量。

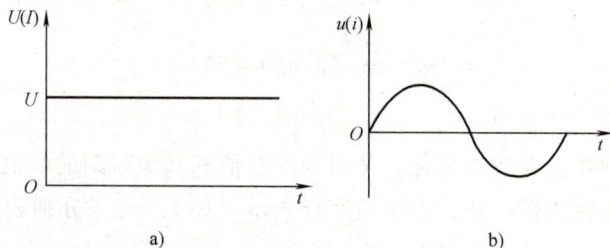

图 3-1　直流电量与正弦电量示意图
a）直流电量　b）正弦电量

如果一个正弦交流电压源 U_S 作用于线性电路，电路中的电压 u 和电流 i 随时间按正弦规律变化，如图 3-1b 所示。这种随时间按正弦规律周期性变化的电压和电流称为正弦电量（简称正弦量）。随时间按正弦规律变化的交流电称为正弦交流电。

3.1.2 正弦量的三要素

正弦量的特征表现在其变化的快慢、大小及初始值 3 个方面，而它们分别由频率（或周期）、幅值（或有效值）和初相位来确定。因此，频率、幅值和初相位就称为正弦量的三要素。

下面以电流为例介绍正弦量的基本特征。依据正弦量的概念，设某电路中正弦电流 i 在选定参考方向下的瞬时值表达式为：

$$i = I_m \sin(\omega t + \varphi) \tag{3-1}$$

正弦电流波形图如图 3-2 所示。

1. 频率与周期

正弦量变化一次所需的时间（秒）称为周期 T，如图 3-2 所示。每秒变化的次数为频率 f，它的单位是赫兹（Hz）。

频率和周期互为倒数，即：

$$f = \frac{1}{T} \quad 或 \quad T = \frac{1}{f} \tag{3-2}$$

在我国和大多数国家都采用 50Hz（有些国家如美国、日本等采用 60Hz）作为电力标准频率。这种频率在工业上应用广泛，习惯上称为工频。常用的交流电动机和照明负载都用这种频率。

正弦量变化的快慢除用周期和频率表示外，还用角频率来表示。它的单位是弧度每秒（rad/s）。角频率是指交流电在 1s 内变化的电角度。正弦量每经过一个周期 T，对应的角度变化了 2π 弧度，所以：

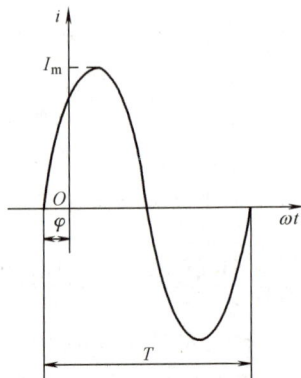

图 3-2 正弦电流波形图

$$\omega = 2\pi f = \frac{2\pi}{T} \tag{3-3}$$

【例 3-1】 求出我国工频 50Hz 交流电的周期 T 和角频率 ω。

解 由式（3-2）可得：

$$T = \frac{1}{f} = \frac{1}{50}s = 0.02s$$

$$\omega = 2\pi f = 2\pi \times 50 \text{rad/s} \approx 314 \text{rad/s}$$

2. 瞬时值、最大值和有效值

正弦交流电随时间按正弦规律变化，某时刻的数值和其他时刻的数值不一定相同。把任意时刻正弦交流电的数值称为瞬时值，用小写字母表示，如 i、u、e 分别表示电流、电压及电动势的瞬时值。瞬时值有正有负，也可能为零。

最大的瞬时值称为最大值（也叫幅值、峰值）。用带下标"m"的大写字母表示。如 I_m、U_m、E_m 分别表示电流、电压及电动势的最大值。最大值虽然有正有负，但习惯上最大值都以绝对值表示。

正弦电流、电压和电动势的大小常用有效值来表示。为了便于区分，用大写字母 I、U、E 分别表示电流、电压及电动势的有效值。

有效值是根据电流的热效应定义的，即某一交流电流 i 与另一直流电流 I 在相同时间内通

过一只相同电阻 R 时，所产生的热量如果相等，那么这个直流电流 I 的数值就定义为交流电的电流的有效值。

设交流电流在一个周期内通过某一电阻 R 所产生的热量为：

$$Q_{AC} = \int_0^T i^2 R dt$$

某一直流电 I 在相同时间内通过同一电阻 R 所产生的热量为：

$$Q_{DC} = I^2 RT$$

若两者相等，则：

$$I^2 RT = \int_0^T i^2 R dt$$

由上式，得：

$$I = \sqrt{\frac{1}{T}\int_0^T i^2 dt} \tag{3-4}$$

这就是交流电的有效值。

由此可知，交流电的有效值就是它的方均根值。

设 $i = I_m \sin\omega t$，代入式（3-4），得：

$$I = \sqrt{\frac{1}{T}\int_0^T (I_m \sin\omega t)^2 dt} = I_m/\sqrt{2} \approx 0.707 I_m$$

$$I = I_m/\sqrt{2} \approx 0.707 I_m \tag{3-5}$$

同理，交流电压的有效值为：

$$U = U_m/\sqrt{2} \approx 0.707 U_m \tag{3-6}$$

交流电电动势的有效值为：

$$E = E_m/\sqrt{2} \approx 0.707 E_m \tag{3-7}$$

由此可见，交流电的有效值是它最大值的 0.707 倍。

通常所讲的交流电压或电流的大小（如交流电压 220V）指的就是它的有效值。交流电机和电器的铭牌上所标的额定电压和额定电流都是指有效值，一般的交流电压表和电流表的读数也是指有效值。

【例 3-2】　已知 $u = U_m \sin\omega t$，式中 $U_m = 310$V，$f = 50$Hz。求电压有效值 U 和 $t = 0.1$s 时的瞬时值。

解　由电压最大值和有效值的关系得：

$$U = U_m/\sqrt{2} \approx 0.707 U_m = 0.707 \times 310\text{V} = 220\text{V}$$

$$u = U_m \sin\omega t = 310\sin(2\pi \times 50 \times 0.1) = 0$$

3. 初相位

交流电是时间的函数，在不同的时刻有不同的值。由正弦交流电的一般表达式（以电流为例）$i = I_m \sin(\omega t + \varphi)$ 可知，在不同的时刻，$(\omega t + \varphi)$ 也不同，$(\omega t + \varphi)$ 代表了正弦交流电变化的进程，称为相位角（简称相位）。

$t = 0$ 时的相位角称为初相位角（简称初相位）。式（3-1）中的 φ 就是这个电流的初相角。规定初相角的绝对值不能超过 π。

由式（3-1）及波形图可以看出，正弦量的最大值（有效值）反映正弦量的大小，角频率

（频率、周期）反映正弦量变化的快慢，初相角反映分析正弦量的初始位置。因此，当正弦交流电的最大值（有效值）、角频率（频率、周期）和初相角确定时，正弦交流电才能被确定。也就是说，这 3 个量是正弦交流电必不可少的要素，因此称其为正弦交流电的三要素。只有这三个要素确定之后，才能确定正弦量。

【例 3-3】　某正弦电压的最大值 $U_m = 310V$，初相位 $\varphi_u = 30°$；某正弦电流的最大值 $I_m = 28.2A$，初相位 $\varphi_i = -60°$。它们的频率均为 50Hz，试分别写出电压、电流的瞬时值表达式，并画出波形图。

解　电压瞬时值表达式为：

$$u = U_m \sin(\omega t + \varphi_u)$$
$$= 310 \sin(2\pi f t + \varphi_u)$$
$$= 310 \sin(314t + 30°)$$

电流瞬时值表达式为：

$$i = I_m \sin(\omega t + \varphi_i)$$
$$= 28.2 \sin(314t - 60°)$$

电压和电流的波形图如图 3-3 所示。

【例 3-4】　某交流电压 $u = 310 \sin(314t + 30°)$ V，试写出它的最大值、角频率和初相位，并求有效值和 $t = 0.1s$ 时的瞬时值。

解　由 $u = 310 \sin(314t + 30°)$ V，得：

$$U_m = 310V, \omega = 314 \text{rad/s}, \varphi = 30°$$
$$U = 0.707 U_m = 0.707 \times 310V \approx 220V$$
$$u = 310 \sin(314 \times 0.1 + 30°)$$
$$= 310 \sin(10\pi + 30°)$$
$$\approx 155V$$

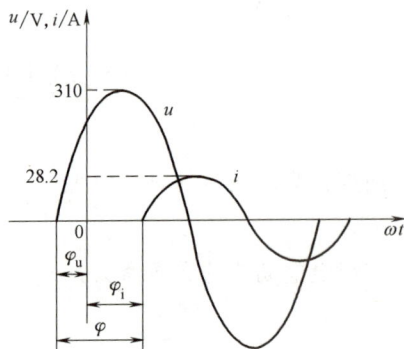

图 3-3　电压和电流的波形图

3.1.3　相位差

在一个正弦交流电路中，电压 u 和电流 i 的频率是相同的，但初相不一定相同，如图 3-4 所示。图中 u 和 i 的波形可用下式表示为：

$$u = U_m \sin(\omega t + \varphi_u)$$
$$i = I_m \sin(\omega t + \varphi_i)$$

它们的初相位分别为 φ_u 和 φ_i。

两个同频率正弦量的相位角之差或初相位角之差，称为相位差，用 φ 表示。图 3-4 中电压 u 和电流 i 的相位差为：

$$\varphi = \varphi_u - \varphi_i \qquad (3-8)$$

由图 3-4 的正弦波形可见，因为 u 和 i 的初相位不同，所以它们的变化步调不一致，即不是同时到达正的幅值或零值。图中，$\varphi_u > \varphi_i$，所以 u 较 i 先到达正的幅值。这时，有：

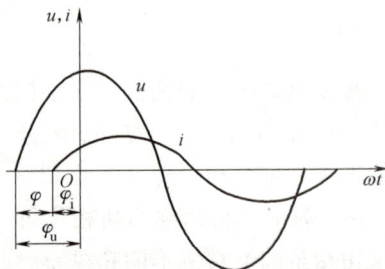

图 3-4　u 和 i 的初相位不等

$$\varphi = \varphi_u - \varphi_i > 0$$

说明在相位上 u 比 i 超前 φ 角，或者说 i 比 u 滞后 φ 角。

同理：

$$\varphi = \varphi_u - \varphi_i < 0$$

说明在相位上 u 比 i 滞后 φ 角，或者说 i 比 u 超前 φ 角。

$$\varphi = \varphi_u - \varphi_i = 0$$

说明 u 和 i 相位相同，或称同相位或同相，如图 3-5 所示。

$$\varphi = \varphi_u - \varphi_i = \pm\pi$$

说明 u 和 i 相位相反，或称反相位或反相，如图 3-6 所示。

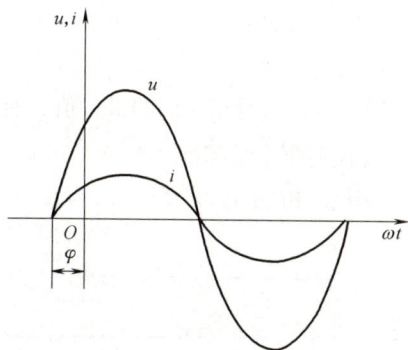

图 3-5　u 和 i 同相位　　　　　　图 3-6　u 和 i 反相位

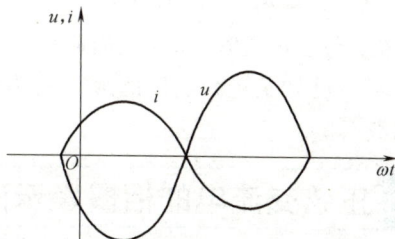

当两个同频率的正弦交流电计时起点（$t=0$）改变时，它们的相位和初相位也随之变化，但是两者的相位差始终不变。在分析计算时，一般也只需考虑它们的相位差，并不在意它们各自的初相位。为了简单起见，可令其中一个正弦量为参考正弦量，即把计时起点选在使得这个正弦量的初相位为零，其他正弦量的初相位则可由它们与参考正弦量的相位差推出。

如例 3-3 题中所表达的 u 和 i，当选 i 为参考量时，即令 i 的初相 $\varphi_i = 0$，则 u 的初相为 $\varphi_u = 90° - 0° = 90°$。

这时电流和电压的表达式分别为：

$$i = 28.2\sin\omega t$$
$$u = 310\sin(\omega t + 90°)$$

当选取 u 为参考正弦量时，即令 u 的初相 $\varphi_u = 0$，则 i 的初相 $\varphi_i = -90° - 0° = -90°$。

这时电流和电压的表达式分别为：

$$u = 310\sin\omega t$$
$$i = 28.2\sin(\omega t - 90°)$$

【例 3-5】　已知正弦电压 u 和电流 i_1、i_2 的瞬时值表达式分别为：

$$u = 100\sin(\omega t - 40°)\ \text{V}$$
$$i_1 = 8\sin(\omega t + 45°)\ \text{A}$$
$$i_2 = 10\sin(\omega t - 30°)\ \text{A}$$

试以电压为参考量，重新写出电压和电流的瞬时值表达式。

解　若以电压 u 为参考量，则电压的表达式为：

$$u = 100\sin\omega t$$

由于 i_1 与 u 的相位差为：

$$\varphi_1 = 45° - (-40°) = 85°$$

所以电流 i_1 的瞬时值表达式为：

$$i_1 = 8\sin(\omega t + 85°)\ \text{A}$$

由于 i_2 与 u 的相位差为：

$$\varphi_2 = -30° - (-40°) = 10°$$

所以电流 i_2 的瞬时值表达式为：

$$i_2 = 10\sin(\omega t + 10°)\ \text{A}$$

思考与练习

3-1-1 已知 $u_1 = 310\sin(314t+30°)\text{V}$，$u_2 = 380\sin(314t-60°)\ \text{V}$，试写出它们的最大值、有效值、相位、初相位、角频率、频率、周期及两正弦量的相位差，并说明哪个量超前。

3-1-2 已知某正弦电压的最大值为 310V，频率为 50Hz，初相位为 45°，试写出函数式，并画出波形图。

3.2 正弦交流电的相量表示法

一个正弦量可以用三角函数形式表示，也可以用波形图表示。但在分析和计算交流电路时，经常遇到同频率正弦量的加、减运算，而直接应用三角函数式或波形来运算却很麻烦。因此，有必要寻找使正弦量运算更简便的方法。下面介绍的正弦量相量表示法将为分析、计算正弦交流电路带来极大方便。

3.2.1 正弦量的旋转相量表示

设有一正弦量 $i = I_m\sin(\omega t + \varphi)$，它可以用一个旋转相量来表示。在直角坐标系中绘制一有向线段，其长度等于该正弦量的最大值 I_m，相量与横轴正向的夹角等于正弦量的初相角 φ，该相量沿逆时针方向旋转，其旋转的角速度等于该正弦量的角频率 ω。那么这个旋转相量任一瞬时在纵轴上的投影，就是该正弦函数 i 在该瞬时的数值。正弦量用旋转相量表示，如图 3-7 所示。

当 $\omega t = 0$ 时，相量在纵轴上的投影为 $i_0 = I_m\sin\varphi$；当 $\omega t = \omega t_1$ 时，相量在纵轴上的投影为 $i_1 = I_m\sin(\omega t_1 + \varphi_1)$，以此类推。这个旋转相量

图 3-7 正弦量用旋转相量表示

具备了正弦量的三要素，说明正弦量可以用一个旋转相量来表示。

对于一个正弦量可以找到一个与其对应的旋转相量，反之，一个旋转相量也有一个对应的正弦量。它们之间有着一一对应关系。但正弦量和旋转相量不是相等关系。正弦量是时间的函数，而旋转相量则不是，因而不能说旋转相量就是正弦量。

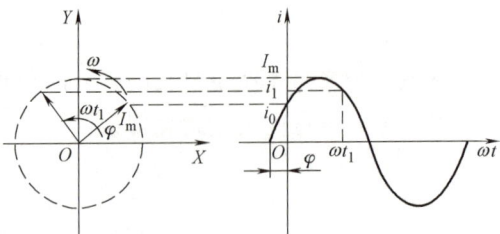

3.2.2　复数及复数的运算

1. 复数

在图 3-8 所示的直角坐标系上，以横轴为实轴，单位为 +1，纵轴为虚轴，单位为 +j。j = $\sqrt{-1}$ 称为虚数单位（注：数学中虚数单位用 i 表示，而电路中用 i 表示电流，为避免混淆而改用 j）。

实轴和虚轴构成的平面称为复平面。复平面上任何一点对应一个复数，同样一个复数对应复平面上的一个点。复数的一般式为：

$$A = a + jb \tag{3-9}$$

式中，a 称为复数的实部，b 称为复数的虚部，式（3-9）称为复数的直角坐标式，又称为复数的代数表达式。

复数也可以用复平面上的有向线段来表示，如图 3-8 中的有向线段 A，它的长度 r 称为复数的模，它与实轴之间的夹角 φ 称为复数辐角，它在实轴和虚轴上的投影分别为复数的实部 a 和虚部 b。由图可得：

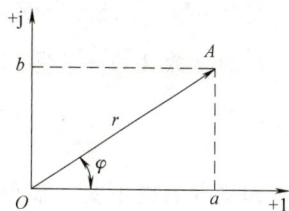

$$a = r\cos\varphi$$

$$b = r\sin\varphi$$

$$\varphi = \arctan\frac{b}{a}$$

图 3-8　复平面上的复数

因此，式（3-9）又可写成：

$$A = r\cos\varphi + jr\sin\varphi \tag{3-10}$$

此式称为复数的三角式。

根据欧拉公式：

$$e^{j\varphi} = \cos\varphi + j\sin\varphi$$

复数 A 还可写成指数形式，即：

$$A = re^{j\varphi} \tag{3-11}$$

为了简便，工程上又常写成极坐标形式：

$$A = r\underline{/-\varphi} \tag{3-12}$$

2. 复数的运算

1）复数的加减。如果需要进行复数相加（或相减），就要先把复数化为代数形式。设有两个复数：

$$A_1 = a_1 + jb_1$$

$$A_2 = a_2 + jb_2$$

则有：

$$\begin{aligned} A_1 \pm A_2 &= (a_1 + jb_1) \pm (a_2 + jb_2) \\ &= (a_1 \pm a_2) + j(b_1 \pm b_2) \end{aligned} \tag{3-13}$$

即复数的加减运算就是把它们的实部和虚部分别相加减。

2）复数的乘除。复数的乘除运算，一般采用指数形式或极坐标形式。设有两个复数：

$$A_1 = a_1 + jb_1 = r_1 e^{j\varphi_1} = r_1 \underline{/\varphi_1}$$

$$A_2 = a_2 + jb_2 = r_2 e^{j\varphi_2} = r_2 \underline{/\varphi_2}$$

$$A_1 A_2 = r_1 r_2 e^{j(\varphi_1 + \varphi_2)} = r_1 r_2 \underline{/(\varphi_1 + \varphi_2)} \tag{3-14}$$

$$\frac{A_1}{A_2} = \frac{r_1}{r_2} e^{j(\varphi_1 - \varphi_2)} = \frac{r_1}{r_2} \underline{/(\varphi_1 - \varphi_2)} \tag{3-15}$$

即复数相乘时，将模相乘，指数相加或辐角相加；复数相除时，将模相除，指数相减或辐角相减。

3）旋转因子。

复数 $e^{j\varphi} = \underline{/\varphi}$ 是一个模等于1、辐角等于 φ 的复数。

任意复数 $A = r_1 e^{j\varphi_1}$ 乘以 $e^{j\varphi}$ 得：

$$A e^{j\varphi} = r_1 e^{j(\varphi_1 + \varphi)} = r_1 \underline{/(\varphi_1 + \varphi)} \tag{3-16}$$

即复数的模不变，辐角变化了 φ 角，此时复数相量按逆时针方向旋转了角。因此称 $e^{j\varphi}$ 为旋转因子。

使用最多的旋转因子是 $e^{j90°} = j$ 和 $e^{-j90°} = -j$。任何一个复数乘以 j（或除以 j），相当于将该复数相量按逆时针（顺时针）旋转 90°。而乘以 -j（或除以 -j）相当于将该复数相量按顺时针（逆时针）旋转 90°。

3.2.3 正弦量的相量表示法

1. 正弦量的相量

由上所述，正弦量可以用相量表示，相量又可以用复数表示，因而，正弦量必然可以用复数表示。用复数表示正弦量的方法称为正弦量的相量表示法。

在直角坐标中，绕原点不断旋转的相量可以表示正弦交流电。用旋转相量的长度表示正弦量的最大值；旋转相量的旋转角速度表示正弦量的角频率；用旋转相量的初始位置与横轴的夹角表示正弦量的初相位。通常规定，按逆时针方向而成的角度为正值。旋转相量用最大值符号 U_m 或 I_m 表示。

为了和一般的复数相区别，规定用大写字母上面加黑点"·"表示。

例如，正弦电流 $i = I_m \sin(\omega t + \varphi)$ 的相量表示为：

$$\dot{I}_m = I_m \underline{/\varphi}$$

$\dot{I}_m$ 称为最大值相量。

正弦交流电的大小通常用有效值来计量，通常使相量的模等于正弦量的有效值，这样正弦电流 $i = I_m \sin(\omega t + \varphi)$ 就可表示为：

$$\dot{I} = I \underline{/\varphi} \tag{3-17}$$

$\dot{I}$ 称为有效值相量，如图3-9所示。

【例3-6】 已知交流电压 $u_1 = 220\sqrt{2}\sin 314t$ V，$u_2 = 380\sqrt{2}\sin(314t - 60°)$ V，试写出它们的相量式。

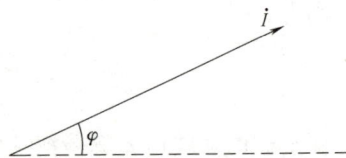

图 3-9 电流的有效值相量

解　$\dot{U}_1 = 220\underline{/0°}\,\text{V}$，$\dot{U}_2 = 380\underline{/-60°}\,\text{V}$

【例 3-7】　已知电压相量 $\dot{U} = 110\underline{/30°}\,\text{V}$，电流相量 $\dot{I} = 36\underline{/-30°}\,\text{A}$，它们的角频率 $\omega = 314\text{rad/s}$。试写出它们对应的解析式。

解　$u = 110\sqrt{2}\sin(314t+30°)\,\text{V}$，$i = 36\sqrt{2}\sin(314t-30°)\,\text{A}$

2. 相量图

当研究多个同频率正弦交流电的关系时，可按各正弦量的大小和初相，用相量画在同一坐标的复平面上，称为相量图。图 3-4 所示的电流和电压两正弦量波形图可用图 3-10 所示的相量图表示。

绘制相量图时要注意：

1）只有同频率的正弦量才能画在一个相量图上，不同频率的正弦量不能画在一个相量图上，否则无法比较和计算。

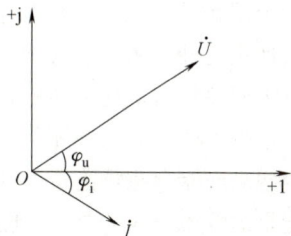

图 3-10　相量图

2）在同一相量图上，相同单位的相量，要用相同的尺寸比例绘制。

3）绘制相量图时，可以取最大值，也可用有效值（因为有效值已被广泛使用）画出。有效值的相量用大写字母表示。绘制有效值相量图时，相量的长度等于有效值。

4）正弦交流电用相量表示以后，对于同频率正弦量的加、减运算就可以按相量的加、减运算法则进行，也可以用相量合成的平行四边形法则进行。

【例 3-8】　已知 $i_1 = 4\sqrt{2}\sin(\omega t+60°)\,\text{A}$，$i_2 = 3\sqrt{2}\sin(\omega t-30°)\,\text{A}$，求 i_1+i_2。

解　先将 i_1 和 i_2 写成相量式：

$$\dot{I}_1 = 4\underline{/60°}$$

$$\dot{I}_2 = 3\underline{/-30°}$$

画出相量图如图 3-11 所示，然后用平行四边形法则求总电流 i 的相量。由于 $\dot{I}_1$ 与 $\dot{I}_2$ 夹角为 90°，所以有：

$$I = \sqrt{I_1^2+I_2^2} = \sqrt{3^2+4^2}\,\text{A} = 5\text{A}$$

初相位 φ 为：

$$\varphi = \arctan\frac{4}{3}-30° = 23.1°$$

所以：

$$\dot{I} = 5\underline{/23.1°}$$

总电流的瞬时值表达式为：

$$i = 5\sqrt{2}\sin(\omega t+23.1°)\,\text{A}$$

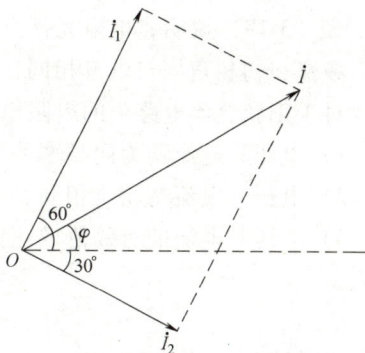

图 3-11　例 3-8 的相量图

思考与练习

3-2-1　正弦电压分别为 $u_1 = 220\sqrt{2}\sin(314t+45°)\,\text{V}$，$u_2 = 110\sqrt{2}\sin(314t-45°)\,\text{V}$，求 $\dot{U} = \dot{U}_1+\dot{U}_2$，并写出 u 的瞬时值表达式。

3-2-2 同频率的正弦电流 i_1、i_2 的有效值分别为 30A、40A。问：①当 i_1、i_2 的相位差为多少时，i_1+i_2 的有效值为 70A？②当 i_1、i_2 的相位差为多少时，i_1+i_2 的有效值为 10A？③当 i_1、i_2 的相位差为 90°时，i_1+i_2 的有效值为多少？

3.3 单一参数电路元件的交流电路

电阻元件、电感元件与电容元件都是组成电路模型的理想元件。所谓理想元件，就是突出元件的主要电磁性质，而忽略其次要因素。如电阻元件具有消耗电能的性质（电阻性），其他的电磁性质（如电感性、电容性等）忽略不计。同样，对电感元件，突出其通过电流要产生磁场而储存磁场能量的性质（电感性）；对电容元件，突出其加上电压要产生电场而储存电场能量的性质（电容性）。电路的参数不同，其性质就不同，其中能量的转换关系也不同。

3.3.1 纯电阻电路

在交流电路中，电阻起主要作用，电感 L 和电容 C 均可忽略不计的电路称为纯电阻电路。白炽灯、电炉、电热（暖）器等都可认为是纯电阻电路。

1. 电压与电流的关系

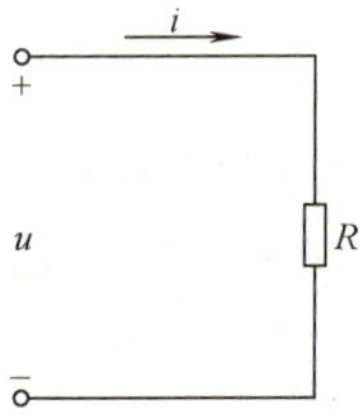

图 3-12 所示为一电阻元件的交流电路，由于元件为线性元件，所以电路中电压和电流在图示正方向下服从欧姆定律，即：

$$u = iR$$

为了分析方便，假设电流 i 的初相等于零。则：

$$i = I_m \sin\omega t \tag{3-18}$$

并以此为参考相量，故：

$$u = iR = I_m R\sin\omega t = U_m \sin\omega t \tag{3-19}$$

图 3-12 电阻电路

式（3-19）说明，电阻元件上的电压也按正弦规律变化，它的最大值与电流的最大值成正比，频率和初相角均与电流相同，其波形如图 3-14a 所示。

对于正弦交流电路中的电阻电路（又称纯电阻电路），一般结论为：

1) 电压、电流均为同频率的正弦量。
2) 电压与电流初相位相同，即两者同相。
3) 电压与电流的有效值成正比。

$$U_m = I_m R$$
$$U = IR$$

上述结论可用相量形式表示为：

$$\dot{U} = \dot{I}R \tag{3-20}$$

式（3-20）是电阻元件欧姆定律的相量形式，电压和电流的相量图如图 3-13 所示。

图 3-13 电阻电路中电压和电流的相量图

2. 功率关系

在任一瞬间，电压的瞬时值 u 与电流瞬时值 i 的乘积，称为瞬时功率，用小写字母 p 表示，即：

$$p = p_R = ui = \sqrt{2}\,U\sqrt{2}\,I\sin^2\omega t = UI(1-\cos2\omega t) \quad (3\text{-}21)$$

由式（3-21）可知，瞬时功率由两部分组成，第一部分是常量 UI，第二部分是幅值为 UI、角频率为 2ω（即随时间而变化）的交变量 $UI\cos2\omega t$。p 随时间而变化的功率波形图波形如图 3-14b 所示。

在电阻交流电路中，由于 u 与 i 是同相位的，所以瞬时功率总是正的。这表明具有电阻元件的交流电路总是从电源取用电能，它在一个周期内取用的电能为：

$$W = \int_0^T p\,\mathrm{d}t$$

这相当于在图 3-14b 中功率波形与横轴所包围的那块面积。

通常衡量元器件消耗的功率，可取瞬时功率在一个周期内的平均值，称为平均功率或有功功率，用大写字母 P 来表示。那么，在电阻元件上消耗的平均功率为：

$$P = \frac{1}{T}\int_0^T p\,\mathrm{d}t = \frac{1}{T}\int_0^T UI(1-\cos2\omega t)\ \mathrm{d}t = UI = I^2 R = \frac{U^2}{R} \quad (3\text{-}22)$$

可见有功功率不随时间变化，这与直流电路中计算电阻元件的功率在形式上是一样的。但式（3-22）中的 U 和 I 均表示正弦电压、电流的有效值。

【例 3-9】　电路中电阻 $R = 2\Omega$，正弦电压 $u = 10\sin(314t-60°)$ V，试求通过电阻的电流的相量式。

解　电压相量为：

$$\dot{U} = U\underline{/\varphi} = \frac{10}{\sqrt{2}}\underline{/-60°}\mathrm{V} = 7.07\underline{/-60°}\mathrm{V}$$

电流的相量为：

$$\dot{I} = \frac{\dot{U}}{R} = \frac{7.07\underline{/-60°}}{2}\mathrm{A} = 3.54\underline{/-60°}\mathrm{A}$$

【例 3-10】　一个电阻接在 $\dot{U} = 220\underline{/0°}$ V 的电源上，消耗的功率是 200W，求电阻值和通过电阻的电流的相量式。

解　由 $P = \dfrac{U^2}{R} = \dfrac{220^2}{R} = 200\mathrm{W}$，得：

$$R = 242\Omega$$

$$\dot{I} = \frac{\dot{U}}{R} = \frac{220\underline{/0°}}{242}\mathrm{A} = 0.91\underline{/0°}\mathrm{A}$$

3.3.2　纯电感电路

在图 3-15 所示的交流电路中，线圈的电阻忽略不计，这种电路可称为纯电感电路。

1. 电压与电流的关系

在图 3-15 所示的电感电路中，线性电感元件中的自感电动势为：

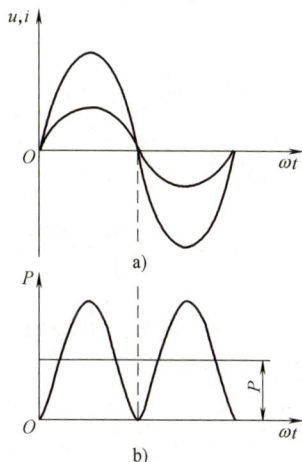

图 3-14　电阻电路波形图
a）电压电流波形图　b）功率波形图

$$e_{\mathrm{L}} = -L\frac{\mathrm{d}i}{\mathrm{d}t}$$

设流入的交流电流为:

$$i = I_{\mathrm{m}}\sin\omega t$$

根据 KVL 得:

$$u = -e_{\mathrm{L}} = L\frac{\mathrm{d}i}{\mathrm{d}t} = L\frac{\mathrm{d}I_{\mathrm{m}}\sin\omega t}{\mathrm{d}t} = I_{\mathrm{m}}\omega L\cos\omega t = U_{\mathrm{m}}\sin\left(\omega t + \frac{\pi}{2}\right) \qquad (3\text{-}23)$$

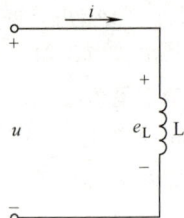

图 3-15　电感电路

式（3-23）说明，电感电压也是正弦量，且与电流同频率，但在相位上电压超前电流90°。在大小关系上:

$$U_{\mathrm{m}} = I_{\mathrm{m}}\omega L$$
$$U = I\omega L \qquad (3\text{-}24)$$

由上式可知，当 ω 为一定时，电感两端的电压有效值正比于电流。当 $\omega = 0$ 时，电感电压恒为零，即电感元件在直流电路中相当于短路；当 ω 趋于 ∞ 时，电感元件的作用相当于开路。电感电路波形图如图 3-16 所示。

由上述讨论，可得出关于电感元件的一般结论。

1）电感元件中的电压和电流均为同频率的正弦量。

2）电感元件的电压超前于电流90°。其波形如图 3-16a 所示。

3）电压与电流的有效值关系为:

$$I = \frac{U}{\omega L}$$

令:

$$X_{\mathrm{L}} = \omega L = 2\pi fL$$

则:

$$I = \frac{U}{X_{\mathrm{L}}} \qquad (3\text{-}25)$$

图 3-16　电感电路波形图
a）电流、电压波形图　b）功率波形图

从式（3-25）可知，当电压一定时，X_{L} 越大，电流越小。可见 X_{L} 具有阻碍电流的性质，所以称 X_{L} 为电感电抗，简称为感抗。

当 ω 的单位用弧度/秒（rad/s）、L 的单位用亨利（H）（简称为亨）表示时，X_{L} 的单位为欧姆（Ω）（简称为欧）。

若用相量形式来表示，则:

$$\dot{U} = \mathrm{j}X_{\mathrm{L}}\,\dot{I} \quad \text{或} \quad \dot{I} = -\mathrm{j}\frac{\dot{U}}{X_{\mathrm{L}}} \qquad (3\text{-}26)$$

式（3-26）中的 $\mathrm{j}X_{\mathrm{L}}$ 可视为电感参数的复数形式，该式说明了电压、电流的有效值之比等于感抗，同时也说明了电压超前于电流90°的相位关系。

电感电路相量图如图 3-17 所示。

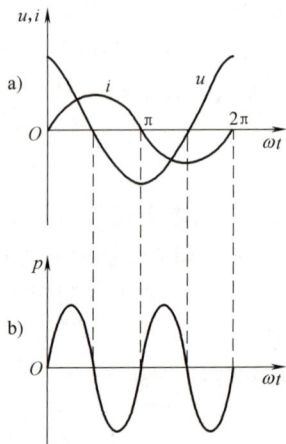

2. 功率关系

电感交流电路中的瞬时功率关系为：

$$p = ui = U_{\mathrm{m}}\sin\left(\omega t + \frac{\pi}{2}\right)I_{\mathrm{m}}\sin\omega t$$

$$= U_{\mathrm{m}}I_{\mathrm{m}}\cos\omega t\sin\omega t$$

$$= UI\sin 2\omega t \qquad (3\text{-}27)$$

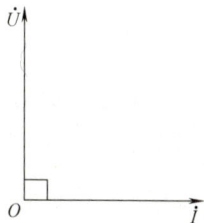

图 3-17　电感电路相量图

可见，电感电路中的瞬时功率是幅值为 UI、以 2ω 为角频率随时间而变化的正弦量，其功率波形图如图 3-16b 所示。电感电路中的瞬时功率正负交替变化的原因，是因为电感线圈是一个储能元件，当电流增加时，线圈中磁场能量增加，它从电源取用能量，其功率为正。当电流减小时，线圈中磁场能量也减小，由于电路中没有耗能元件，磁场释放的能量全部回送给电源，所以 p 为负值。也就是说，虽然电路中有电压，也有电流，但从一周的整体效果来看，它既不消耗电能，又不输出电能。这一点可以从平均功率得到验证。

$$P = \frac{1}{T}\int_0^T p\mathrm{d}t = \frac{1}{T}\int_0^T UI\sin 2\omega t\mathrm{d}t = 0$$

上式说明，在电感元件的交流电路中，没有任何能量消耗，只有电源与电感元件之间的能量交换，其能量交换的规模用无功功率 Q 来衡量，它的大小等于瞬时功率的幅值。即：

$$Q_{\mathrm{L}} = UI = I^2 X_{\mathrm{L}} \qquad (3\text{-}28)$$

无功功率的计量单位为乏（var）或千乏（kvar）。

需要注意的是，无功功率并非无用功率，例如后面将要讨论的变压器、交流电动机等电气设备需要依靠磁场传递能量，而其中电感性负载与电源之间的能量互换规模就得用无功功率来描述。

【例 3-11】　已知 1H 的电感线圈接在 10V 的工频电源上，求：1）线圈的感抗；2）设电压的初相位为零，求电流；3）无功功率。

解　1）感抗：

$$X_{\mathrm{L}} = \omega L = 2\pi fL = 2\pi \times 50 \times 1\Omega \approx 314\Omega$$

2）设电压初相位为 0°，则电流为：

$$\dot{I}_{\mathrm{L}} = \frac{\dot{U}_{\mathrm{L}}}{\mathrm{j}X_{\mathrm{L}}} = \frac{10\underline{/0°}}{\mathrm{j}314}\mathrm{A} = 0.032\underline{/-90°}\mathrm{A}$$

3）无功功率：

$$Q_{\mathrm{L}} = U_{\mathrm{L}}I_{\mathrm{L}} = 10 \times 0.032\mathrm{var} = 0.32\mathrm{var}$$

3.3.3　纯电容电路

1. 电压与电流的关系

线性电容元件在图 3-18 所示的关联方向条件下，有：

$$i_{\mathrm{C}} = C\frac{\mathrm{d}u_{\mathrm{C}}}{\mathrm{d}t}$$

假定 $u_{\mathrm{C}} = U_{\mathrm{m}}\sin\omega t$，则：

$$i_{\mathrm{C}} = C\frac{\mathrm{d}u_{\mathrm{C}}}{\mathrm{d}t} = C\frac{\mathrm{d}U_{\mathrm{m}}\sin\omega t}{\mathrm{d}t} = U_{\mathrm{m}}\omega C\cos\omega t = U_{\mathrm{m}}\omega C\sin\left(\omega t + \frac{\pi}{2}\right) \qquad (3\text{-}29)$$

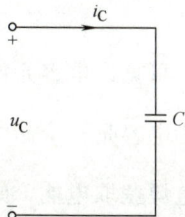

图 3-18　电容电路

式（3-29）说明，在电容两端加上正弦交流电压后，电容中的电流也是同频率的正弦量，但在相位上超前于电压 90°，或者说电压落后于电流 90°。电容电路波形图如图 3-20 所示，对应的电流电压及功率波形分别如图 3-20a 和图 3-20b 所示。

根据式（3-29）令：

$$I_m = U_m \omega C$$
$$I = U \omega C \tag{3-30}$$

令 $X_C = \dfrac{1}{\omega C}$，则：

$$I = \frac{U}{X_C} \tag{3-31}$$

X_C 称为容抗，它反比于通过电容元件的电流的频率和电容元件的电容量。当 ω 的单位用弧度/秒（rad/s）、电容 C 的单位用法拉（F）（简称法）表示时，X_C 的单位为欧姆（Ω）。

当电容元件加上直流电压时（$\omega = 0$）时，电容电流恒为零，相当于开路元件，也就是说电容元件有隔断直流电的作用。当电容元件被施加一定频率的交流电压时，由于电压的变化，电容极板上的电荷也发生增减，电荷的增减使得电容中有交变的电流流过，ω 越高，电容极板上的电荷变化也就越快，电流也就越大，当 ω 趋于 ∞ 时，电容元件可用短路来替代。

据此，可得出电容元件电压与电流关系的结论如下：

1）电容元件两端的电压及流过电容中的电流均为同频率的正弦量。

2）电容元件上电压滞后于电流 90° 的相位角。

3）电压与电流的有效值关系为：

$$I = \frac{U}{X_C}$$

电容元件上电压电流关系得相量形式为：

$$\dot{I} = j\frac{\dot{U}}{X_C} \quad \text{或} \quad \dot{U} = -jX_C \dot{I} \tag{3-32}$$

电容电路相量图如图 3-19 所示。

在式（3-32）中，$-jX_C$ 可以看作电容参数的复数形式。

2. 功率关系

电容元件交流电路的瞬时功率为：

$$\begin{aligned} p = ui &= U_m \sin\left(\omega t + \frac{\pi}{2}\right) I_m \sin\omega t \\ &= U_m I_m \cos\omega t \sin\omega t \\ &= UI \sin 2\omega t \end{aligned} \tag{3-33}$$

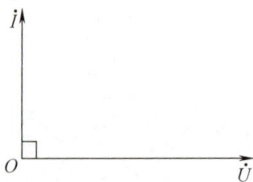

图 3-19　电容电路相量图

可见，电容元件中的瞬时功率是幅值为 UI、以 2ω 为角频率随时间而变化的交变量。这是因为电容是一个储能元件，当电容电压增高时，电容中的电场能量 $\left(W_C = \dfrac{1}{2}Cu^2\right)$ 将增加；它将从电源获取电能，则 $p > 0$；当电容电压降低时，电容中电场能量减小，而将剩余的能量送回给电源，则 $p < 0$。其能量变化的波形如图 3-20 所示。

电容元件在交流电路中的平均功率为：

$$P = \frac{1}{T}\int_0^T p\,\mathrm{d}t = \frac{1}{T}\int_0^T UI\sin2\omega t\,\mathrm{d}t = 0$$

与电感元件一样，电容元件也不消耗任何能量，在电容元件与电源之间只有能量变换，其互换的规模与电感电路一样，用无功功率 Q 来表示，该值等于瞬时功率的幅值，即：

$$Q_C = UI = I^2 X_C$$

为了同电感元件电路的无功功率相比较，同样设通入电容元件的电流为：

$$i = I_m\sin\omega t$$

则：

$$u = U_m\sin(\omega t - 90°)$$

于是得出瞬时功率：

$$p = ui = -UI\sin2\omega t$$

由此可见，电容元件电路的无功功率为：

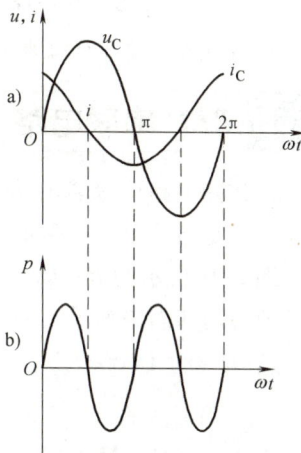

图 3-20　电容电路波形图
a）电流、电压波形图　b）功率波形图

$$Q = -UI = -X_C I^2 \tag{3-34}$$

即电容性无功功率取负值，而电感性无功功率取正值，以示区别。

【例 3-12】　某电容元件的电压和电流取关联参考方向，已知 $\dot{I} = 4\ \underline{/120°}$ A，$\dot{U} = 220\ \underline{/30°}$ V，$f = 50\mathrm{Hz}$。求：1）在工频下的电容 C；2）当电路中电源频率为 $f' = 100\mathrm{Hz}$ 时，求电流。

解　1）由已知条件有　　　　$X_C = \dfrac{U}{I} = \dfrac{220}{4}\Omega = 55\Omega$

所以电容：

$$C = \frac{1}{2\pi f X_C} \approx \frac{1}{2\times3.14\times50\times55}\mathrm{F} = 58\mu\mathrm{F}$$

2）电容的容抗：

$$X_C = \frac{1}{2\pi f' C} \approx \frac{1}{2\times3.14\times100\times58\times10^{-6}}\Omega \approx 27.5\Omega$$

$$\dot{I} = \frac{\dot{U}}{-\mathrm{j}X_C} = \frac{220\ \underline{/30°}}{27.5\ \underline{/-90°}}\mathrm{A} = 8\ \underline{/120°}\mathrm{A}$$

$$\omega = 2\pi f' \approx 2\times3.14\times100\,\mathrm{rad/s} = 628\,\mathrm{rad/s}$$

所以

$$i = 8\sqrt{2}\sin(628t + 120°)\ \mathrm{A}$$

思考与练习

3-3-1　已知 $R = 10\Omega$ 的理想电阻，被接在一交流电压 $u = 100\sqrt{2}\sin(314t - 60°)$ V 上，试写出通过该电阻的电流瞬时值表达式，并计算其消耗的功率。

3-3-2　某线圈的电感 $L = 255\mathrm{mH}$，电阻忽略不计，已知线圈两端电压 $u = 220\sqrt{2}\sin(314t + 60°)$ V，试计算线圈的感抗，写出通过线圈电流的瞬时值表达式并计算无功功率。

3-3-3 容量 $C = 0.1\mu F$ 的纯电容接于频率 $f = 50Hz$ 的交流电路中，已知电流为 $i = 10\sqrt{2}\sin 314t A$，试计算电容的容抗，并写出电容两端电压的瞬时值表达式，并计算无功功率。

3.4 *RLC* 串联电路

在实际电路中经常有多种元器件，而几种元器件的串联形式是最简单，也是最基本的电路模型。

图 3-21 所示为 R、L、C 串联电路，电压 u 和电流 i 的参考方向如图中所示。

1. *RLC* 串联电路电压电流关系

（1）瞬时关系

由于电路是串联的，所以流过 R、L、C 三个元件的电流完全相同，于是：

$$u = u_R + u_L + u_C = iR + L\frac{di}{dt} + \frac{1}{C}\int i \, dt$$

设 $\qquad\qquad i = \sqrt{2}I\sin\omega t$

则：

$$u = \sqrt{2}IR\sin\omega t + \sqrt{2}I\omega L\sin(\omega t + 90°) + \sqrt{2}I\frac{1}{\omega C}\sin(\omega t - 90°)$$

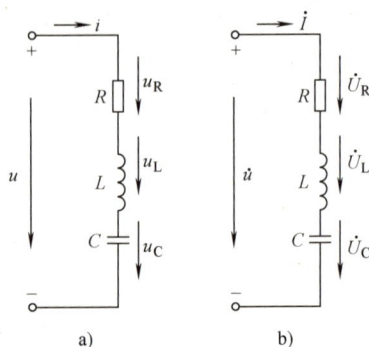

图 3-21 R、L、C 串联电路
a）瞬时关系 b）相量关系

（2）相量关系

$$\dot{U} = \dot{U}_R + \dot{U}_L + \dot{U}_C$$

设 $\dot{I} = I \underline{/0°}$ 为参考相量，则：

$$\dot{U}_R = \dot{I}R, \dot{U}_L = \dot{I}(jX_L), \dot{U}_C = \dot{I}(-jX_C)$$

$$\dot{U} = \dot{I}R + \dot{I}(jX_L) + \dot{I}(-jX_C) = \dot{I}[R + j(X_L - X_C)] = \dot{I}(R + jX) = \dot{I}Z$$

$$\dot{U} = \dot{I}Z \qquad\qquad (3\text{-}35)$$

式中，$Z = R + jX$ 称为复阻抗。$X = X_L - X_C$ 称为电抗。

复阻抗是一个复数，它的实部是电阻，虚部是电抗。复阻抗的模就是阻抗的大小，复阻抗的辐角就是电压和电流的相位差 φ。

式 $\dot{U} = \dot{I}Z$ 与直流电路的欧姆定律有相似形式，称为正弦交流电路的欧姆定律相量式。

2. 电压三角形与阻抗三角形

由 $Z = R + jX = R + j(X_L - X_C)$，得：

$$|Z| = \sqrt{R^2 + (X_L - X_C)^2} \qquad\qquad (3\text{-}36)$$

$$\varphi = \varphi_u - \varphi_i = \arctan\frac{X_L - X_C}{R} \qquad\qquad (3\text{-}37)$$

由 R、X 和复阻抗的模 $|Z|$ 构成的阻抗三角形，如图 3-22 所示。辐角 φ 称为阻抗角。

由阻抗三角形：

$$X = X_L - X_C$$

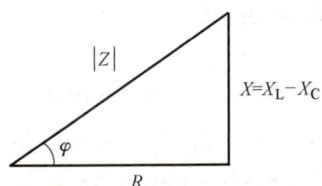

图 3-22 阻抗三角形

$$X = |Z|\sin\varphi$$
$$R = |Z|\cos\varphi$$

由 $\dot{U} = \dot{I}Z$：

$$Z = \frac{\dot{U}}{\dot{I}} = \frac{U\angle\varphi_u}{I\angle\varphi_i} = |Z|\angle(\varphi_u - \varphi_i) = |Z|\angle\varphi$$

$$|Z| = \frac{U}{I}$$

$$\varphi = \varphi_u - \varphi_i$$

可见，复阻抗的模 $|Z|$ 等于电压的有效值与电流的有效值之比。辐角 φ 等于电压与电流的相位差。

由 $\dot{U} = \dot{I}Z$ 可画出如图 3-23 所示的电压三角形。

$$U_X = U\sin\varphi$$
$$U_R = U\cos\varphi$$
$$U = \sqrt{U_R^2 + (U_L - U_C)^2} \tag{3-38}$$

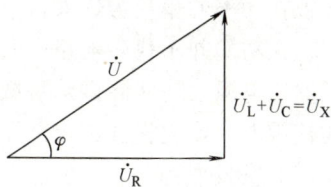

图 3-23　电压三角形

显然，电压三角形是阻抗三角形各边乘以 $\dot{I}$ 而得，因此这两个三角形是相似三角形。但要注意的是，电压三角形的各边是相量，而阻抗三角形的各边不是相量。电压与电流的相位差 φ 就是复阻抗的阻抗角。

$$\varphi = \arctan\frac{U_X}{U_R} = \arctan\frac{U_L - U_C}{U_R} = \arctan\frac{X}{R} = \arctan\frac{X_L - X_C}{R} \tag{3-39}$$

3. 电路参数与电路性质关系

由式（3-39）可以看出，当电流频率一定时，电路的性质（电压与电流的相位差）由电路参数决定（R、L、C）。电路参数与电路性质的关系如下。

1）若 $X_L > X_C$，即 $\varphi > 0$，则表示电压 u 超前电流 i 一个 φ 角，电感的作用大于电容的作用，这种电路称为感性电路。

2）若 $X_L < X_C$，即 $\varphi < 0$，则表示电压 u 滞后电流 i 一个 φ 角，电感的作用小于电容的作用，这种电路称为容性电路。

3）若 $X_L = X_C$，即 $\varphi = 0$，则表示电压 u 与电流 i 同相位，电感的作用与电容的作用互相抵消，这种电路称为电阻性电路，又称为串联谐振。

4. *RLC* 串联电路的功率

（1）瞬时功率和平均功率

RLC 串联电路所吸收的瞬时功率为：

$$p = ui = (u_R + u_L + u_C)i = u_R i + u_L i + u_C i = p_R + p_L + p_C$$

由于电感和电容不消耗能量，所以电路所消耗的功率就是电阻所消耗的功率。电路在一周内的平均功率为：

$$P = \frac{1}{T}\int_0^T (u_R i + u_L i + u_C i)\,dt = \frac{1}{T}\int_0^T u_R i\,dt = U_R I = I^2 R = \frac{U^2}{R}$$

由电压三角形可知：

$$U_{R} = U\cos\varphi$$

所以：

$$P = UI\lambda \qquad (3\text{-}40)$$

式中，$\lambda = \cos\varphi$ 为功率因数。平均功率 P 又称为有功功率。

使用上式时应注意的是，$P \neq \dfrac{U^2}{R}$，而是 $P = \dfrac{U_R^2}{R}$；$P \neq UI$，而是 $P = U_R I = UI\cos\varphi$。

（2）视在功率

电路中电压和电流有效值的乘积称为视在功率，即：

$$S = UI \qquad (3\text{-}41)$$

视在功率的单位为伏安（V·A），工程上常用千伏安（kV·A）表示。

视在功率并不代表电路中实际消耗的功率，它常用于标称电源设备的容量。因为发电机、变压器等电源设备实际供给负载的功率要由实际运行中负载的性质和大小来定，所以在电源设备的铭牌上只能先根据额定电压、额定电流标出视在功率以供选用。

（3）无功功率

在 RLC 串联电路中，由于 L 与 C 的电流、电压相位相反，所以电感与电容的瞬时功率符号也始终相反，即当电感吸收能量时，电容正在释放能量；反之亦然。两者能量相互补偿的差值才是与电源交换的能量，故电路的无功功率应为：

$$Q = Q_L - Q_C = U_L I - U_C I = (U_L - U_C) I = U_X I = X I^2 = \frac{U_X^2}{X}$$

由电压三角形可知：

$$U_X = U\sin\varphi$$
$$Q = UI\sin\varphi \qquad (3\text{-}42)$$

（4）功率三角形

由 $P = UI\cos\varphi$、$Q = UI\sin\varphi$ 及 $S = UI$ 可知，有功功率 P、无功功率 Q 和视在功率 S 也可组成一个直角三角形，称为功率三角形，如图 3-24 所示。显然：

$$S = \sqrt{P^2 + Q^2} \qquad (3\text{-}43)$$
$$\varphi = \arctan \frac{Q}{P} \qquad (3\text{-}44)$$

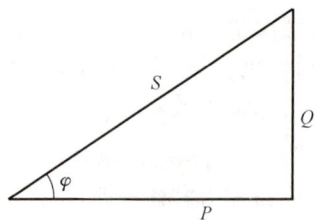

图 3-24 功率三角形

功率三角形也可由阻抗三角形各边乘以 I^2 而得，因此功率三角形、电压三角形、阻抗三角形是相似三角形。

思考与练习

3-4-1 在 RLC 串联电路中，调节其中的电容，使其电容量增大，试问电路性质变化趋势如何？

3-4-2 在 RLC 串联电路中，已知复阻抗为 10Ω，电阻为 6Ω，感抗为 20Ω，试问容抗的大小有几种可能？其值各为多少？

3-4-3 在 RLC 串联电路中，已知 $R = X_L = X_C = 10\Omega$，$I = 1\text{A}$，求电路两端电压的有效值是多少？

3.5 复阻抗的串并联

在正弦交流电路中，任意一个由 R、L、C 构成的无源二端网络，其两端的电压相量和电流相量之比为二端网络的复阻抗，复阻抗用大写 Z 表示。无源二端网络如图 3-25 所示，其复阻抗为：

$$Z = \frac{\dot{U}}{\dot{I}}$$

根据这个定义，电阻的复阻抗为 R，电感的复阻抗为 $j\omega L$，电容的复阻抗为 $-j\dfrac{1}{\omega C}$，RLC 串联的复阻抗为 $Z = R + j(X_\text{L} - X_\text{C})$ 等。

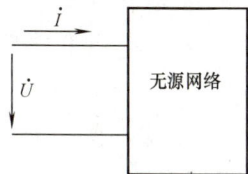

图 3-25 无源二端网络

3.5.1 复阻抗的串联

图 3-26 所示为已知复阻抗 Z_1、Z_2 的串联电路。

1. 等效复阻抗

令 Z_1、Z_2 串联的等效复阻抗为 Z，则：

$$Z = \frac{\dot{U}}{\dot{I}} = \frac{\dot{U}_1 + \dot{U}_2}{\dot{I}} = \frac{\dot{U}_1}{\dot{I}} + \frac{\dot{U}_2}{\dot{I}} = Z_1 + Z_2$$

即两个复阻抗串联的等效复阻抗等于两个串联的复阻抗的和。

由此推论：

几个复阻抗串联的等效复阻抗等于这几个复阻抗的和。

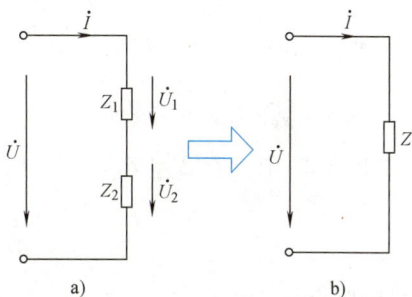

图 3-26 复阻抗的串联电路
a) 两个复阻抗串联 b) 等效复阻抗

$$Z = Z_1 + Z_2 + \cdots + Z_n \tag{3-45}$$

需要注意的是，复阻抗是复数，求等效复阻抗的运算一般情况下是复数运算。串联复阻抗的模一般不等于个复阻抗模相加，即 $|Z| \neq |Z_1| + |Z_2|$。

2. 复阻抗串联的分压关系

在图 3-26 中，若已知 Z_1、Z_2、$\dot{U}$，则：

$$\dot{U}_1 = \dot{I} Z_1 = \frac{\dot{U}}{Z} Z_1 = \dot{U} \frac{Z_1}{Z_1 + Z_2}$$

同理：

$$\dot{U}_2 = \dot{U} \frac{Z_2}{Z_1 + Z_2}$$

这就是复阻抗串联的分压关系。

由此推论：

n 个复阻抗的串联分压关系为：

$$\dot{U}_\text{K} = \dot{U} \frac{Z_\text{K}}{Z_1 + Z_2 + \cdots + Z_n} \tag{3-46}$$

3.5.2 复阻抗的并联

图 3-27 所示为已知复阻抗 Z_1、Z_2 的并联电路。

1. 等效复阻抗

令 Z_1、Z_2 并联的等效复阻抗为 Z，则：

$$\frac{1}{Z} = \frac{\dot{I}}{\dot{U}} = \frac{\dot{I}_1 + \dot{I}_2}{\dot{U}} = \frac{\dot{I}_1}{\dot{U}} + \frac{\dot{I}_2}{\dot{U}} = \frac{1}{Z_1} + \frac{1}{Z_2}$$

由此推论：

n 个复阻抗的并联等效复阻抗的倒数等于并联的各个复阻抗的倒数和，即：

$$\frac{1}{Z} = \frac{1}{Z_1} + \frac{1}{Z_2} + \cdots + \frac{1}{Z_n} \tag{3-47}$$

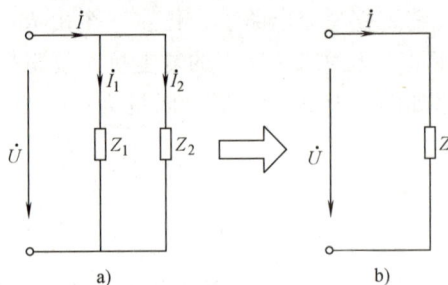

图 3-27 复阻抗的并联电路
a) 两个复阻抗并联 b) 等效复阻抗

需要注意的是，在复数运算中，一般 $\dfrac{1}{|Z|} \neq \dfrac{1}{|Z_1|} + \dfrac{1}{|Z_2|} + \cdots + \dfrac{1}{|Z_n|}$。

2. 复阻抗并联的分流关系

在图 3-27 中，若已知 Z_1、Z_2、$\dot{I}$，则：

$$\dot{I}_1 = \frac{\dot{U}}{Z_1} = \dot{I}\frac{Z}{Z_1} = \dot{I}\frac{Z_2}{Z_1 + Z_2}$$

同理可得：

$$\dot{I}_2 = \dot{I}\frac{Z_1}{Z_1 + Z_2} \tag{3-48}$$

这就是复阻抗并联的分流关系。

【例 3-13】 有一 RC 并联电路，已知 $R = 1\text{k}\Omega$，$C = 1\mu\text{F}$，$\omega = 1000\text{rad/s}$，求等效复阻抗。

解 容抗 $X_C = \dfrac{1}{\omega C} = \dfrac{1}{1000 \times 10^{-6}}\Omega = 1\text{k}\Omega$

$$Z = \frac{Z_1 Z_2}{Z_1 + Z_2} = \frac{R(-jX_C)}{R - jX_C} = \frac{-j}{1-j}\Omega \approx 0.707\underline{/-45°}\text{k}\Omega$$

思考与练习

3-5-1 电路如图 3-28 所示，已知 $R = 1\Omega$，$X_C = X_L = 1\Omega$，试计算电路的阻抗 Z_{ab}。

3-5-2 电路如图 3-29 所示，电流表 A_1、A_2 的读数分别为 6A 和 8A，试判断在下列情况

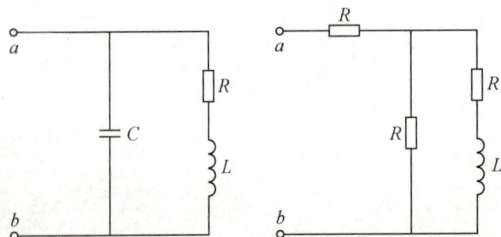

图 3-28 题 3-5-1 的图

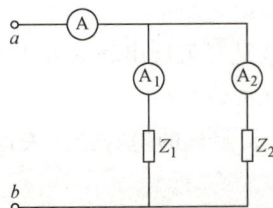

图 3-29 题 3-5-2 的图

中，Z_1、Z_2 各为何种参数？

1）电流表 A 的读数为 10A。

2）电流表 A 的读数为 14A。

3）电流表 A 的读数为 2A。

3.6 功率因数的提高

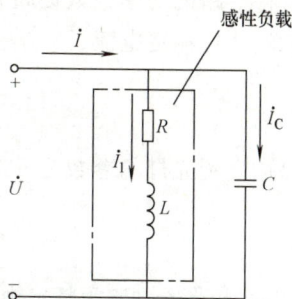

1. 提高功率因数的意义

在交流电路中，有功功率 $P=UI\cos\varphi$。式中 $\cos\varphi$ 为电路的功率因数。前面曾提到，功率因数仅取决于电路（负载）的参数，对电阻性负载（如白炽灯、电阻炉等）来说，由于电压、电流同相，所以其功率因数为 1。除此之外，功率因数均为 $0\sim1$。在生产实际中，用电设备大多属于电感性负载，如电动机、电磁开关、感应炉、荧光灯等。它们的功率因数比较低，交流异步电动机在轻载运行时，功率因数一般为 $0.2\sim0.3$，在额定负载运行时，功率因数在 0.8 左右。

当电压与电流之间有相位差（即功率因数不等于 1）时，电路中发生能量互换，出现无功功率 $Q=UI\sin\varphi$。这样就会引起两个问题：一个问题是使发电设备的容量不能被充分利用；另一个问题是使输电线路效率降低。

发电机（或变压器）有一定的额定容量，如 $S_N=U_NI_N$，发电机的电压和电流不容许超过额定值，故发电机（或变压器）可提供的有功功率为 $P=UI\cos\varphi$。负载的功率因数 $\cos\varphi$ 越大，发电机可提供的有功功率越大，其容量就可以得到充分利用。如果功率因数 $\cos\varphi$ 很小，发电机发出的有功功率就很小，其容量就不能得到充分发挥。因为无功功率会增大，所以电路中发电机与负载之间进行能量互换的规模就会增大。例如对于 $1000kV\cdot A$ 的发电机，当 $\cos\varphi=0.9$ 时，能发出 900kW 的有功功率；而当 $\cos\varphi=0.6$ 时，则只能发出 600kW 的有功功率。

当发电机的输出电压和有功功率一定时，$I=\dfrac{P}{U\cos\varphi}$，即发电机通过输电线路向负载提供的电流 I 与功率因数 $\cos\varphi$ 成反比，显然，功率因数越大，所损耗的功率也就越小，输电效率也就越高。

2. 提高功率因数的方法

提高功率因数的常用办法是在电感性负载的两端并联电容器，其电路如图 3-30 所示，这种电容器称为补偿电容。

设负载的端电压为 $\dot U$，在未并联电容时，感性负载中的电流为：

$$\dot I_1=\frac{\dot U}{Z_1}=\frac{\dot U}{R+jX_L}=\frac{\dot U}{|Z_1|\underline{/\varphi_1}}=\frac{\dot U}{|Z_1|}\underline{/\varphi_1}$$

当并联上电容后，$\dot I_1$ 不变，而电容支路的电流为：

$$\dot I_C=-\frac{\dot U}{jX_C}=j\frac{\dot U}{X_C}$$

故电路电流为：

$$\dot I=\dot I_1+\dot I_C$$

图 3-30 并联电容以提高功率因数

提高功率因数的相量图如图 3-31 所示。

3. 注意事项

采用并联电容器提高功率因数，需要注意以下几点：

1）在并联电容器以后，不应影响原来负载的正常工作。所谓提高功率因数，是指提高电源或电网的功率因数，不是指提高负载的功率因数。

2）电容器本身不消耗功率。

3）在并联电容器以后，提高了功率因数，减少了电源与负载之间的能量互换。这时电感性负载所需的无功功率，大部分或全部都是由电容器就地供给的，就是说能量的互换主要（或完全）发生在电感性负载与电容器之间，因而使发电机容量能得到充分利用。

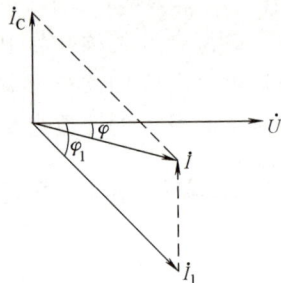

图 3-31 提高功率因数的相量图

4. 并联电容的选取

设未并联电容时电源提供的无功功率，即感性负载所需的无功功率为：

$$Q = UI_1 \sin\varphi_1 = UI_1 \frac{\cos\varphi_1 \sin\varphi_1}{\cos\varphi_1} = P\tan\varphi_1$$

并联电容后电源向感性负载提供的无功功率为：

$$Q' = UI\sin\varphi = UI \frac{\cos\varphi \sin\varphi}{\cos\varphi} = P\tan\varphi$$

并联电容后电容补偿的无功功率为：

$$|Q_C| = Q - Q' = P(\tan\varphi_1 - \tan\varphi)$$

由于：

$$|Q_C| = X_C I^2 = \frac{U^2}{X_C} = \omega C U^2 = 2\pi f C U^2$$

所以：

$$C = \frac{P}{2\pi f U^2}(\tan\varphi_1 - \tan\varphi) \tag{3-49}$$

【例 3-14】 某电源 $S_N = 20\text{kV} \cdot \text{A}$，$U_N = 220\text{V}$，$f = 50\text{Hz}$，试求：1）该电源的额定电流；2）该电源若供给 $\cos\varphi_1 = 0.5$、40W 的荧光灯，则最多可点多少盏？此时电路的电流是多少？3）若将电路的功率因数提高到 $\cos\varphi = 0.9$，则此时电路的电流是多少？需并联多大的电容？

解 1）额定电流：

$$I_N = \frac{S_N}{U_N} = \frac{20 \times 10^3}{220}\text{A} \approx 91\text{A}$$

2）设荧光灯的盏数为 n，即 $nP = S_N \cos\varphi_1$：

$$n = \frac{S_N \cos\varphi_1}{P} = \frac{20 \times 10^3 \times 0.5}{40} = 250 \text{（盏）}$$

此时电路的电流为额定电流，即 $I_1 = 91\text{A}$。

3）因电路的总的有功功率 $P = n \times 40 = 250 \times 40\text{W} = 10\text{kW}$，故此时电路电流为：

$$I = \frac{P}{U\cos\varphi_2} = \frac{10 \times 10^3}{220 \times 0.9}\text{A} = 50.5\text{A}$$

随着功率因数由 0.5 提高到 0.9，电路电流由 91A 下降到 50.5A。

因 $\cos\varphi_1=0.5$，$\varphi_1=60°$，$\tan\varphi_1=1.732$；$\cos\varphi=0.9$，$\varphi=25.8°$，$\tan\varphi=0.483$。

于是所需电容器的电容量为：

$$C=\frac{P}{2\pi fU^2}(\tan\varphi_1-\tan\varphi)$$
$$=\frac{10\times10^3}{2\pi\times50\times220^2}(1.732-0.483)$$
$$\approx820\mu F$$

思考与练习

3-6-1　在感性负载两端并联上补偿电容后，电路的总电流、总功率以及负载电流有没有变化？

3-6-2　在感性负载两端并联上补偿电容可以提高功率因数，是否并联得电容越大，功率因数提高得越高？

3.7　电路中的谐振

谐振是电路中可能发生的一种特殊现象。谐振在工业生产中有广泛的应用。例如工业中的高频淬火、高频加热、收音机和电视机的调谐选频等都是利用谐振特性。而另一方面，谐振有时会在某些元器件中产生大电压或大电流，致使元器件受损或破坏电力系统的正常工作，应极力避免这种现象发生。

在既有电容又有电感的电路中，当电源的频率和电路的参数符合一定条件时，电路的总电压和总电流同相，整个电路呈电阻性，这种现象就是谐振。谐振时，由于电压和电流相量的夹角为零，所以总的无功功率为零，此时电容中的电场能和电感中的磁场能相互转换，此增彼减，完全补偿。电场能和磁场能的总和时刻保持不变，电源不必与负载往返转换能量，只需供给电路中的电阻所消耗的电能。

由于电路有串联和并联两种基本形式，所以谐振也分串联和并联两种。

3.7.1　串联谐振

1. 串联谐振电路

RLC 串联谐振电路如图 3-32 所示。
它的复阻抗为：

$$Z=R+jX=R+j(X_L-X_C)$$

当 $X_L=X_C$ 时，电路呈现电阻性质，即发生串联谐振。

2. 谐振条件

由于 $X_L=X_C$，则有：

$$\omega L=\frac{1}{\omega C}$$
$$2\pi fL=\frac{1}{2\pi fC}$$

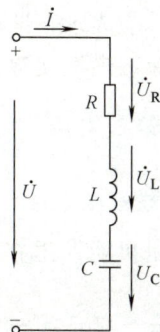

图 3-32　RLC 串联谐振电路

所以

$$f = f_0 = \frac{1}{2\pi\sqrt{LC}} \tag{3-50}$$

可见当电路参数 LC 为一定值时，电路产生的谐振频率就为一定值，所以 f_0 又称为谐振电路的固有频率。

因此，使串联电路发生谐振有两种方法：一是当电源频率 f 为一定时，改变电路参数 L 或 C，使之满足式（3-50）；二是当电路参数不变时，改变电源频率，使之与电路的固有频率 f_0 相等。改变电路参数使电路发生谐振的过程又称为调谐。

3. 谐振特征

1）电流、电压同相位，电路呈电阻性。RLC 串联谐振相量图如图 3-33 所示。

2）阻抗最小，电流最大。

谐振时电抗为零，故阻抗最小，其值为：

$$Z = R + jX = R$$

这时，电路中的电流最大，称为谐振电流，其值为：

$$I_0 = \frac{U}{|Z|} = \frac{U}{R}$$

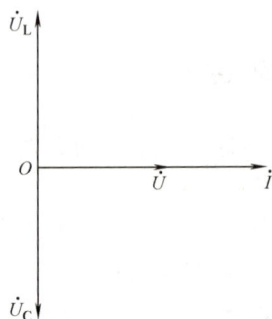

图 3-33　RLC 串联谐振相量图

阻抗和电流随频率变化的串联谐振曲线如图 3-34 所示。

3）电感两端电压与电容端电压大小相等，相位相反。电阻端电压等于外加电压。

谐振时电感端电压与电容端电压相互补偿，这时，外加电压与电阻上的电压相平衡。

即：

$$\dot{U}_L = -\dot{U}_C$$
$$\dot{U} = \dot{U}_R$$

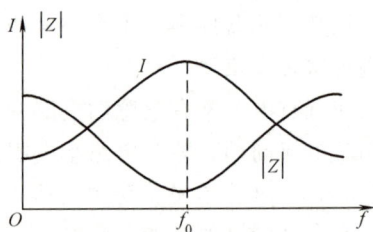

图 3-34　串联谐振曲线

4）电感和电容的端电压有可能大大超过外加电压。

谐振时电感或电容的端电压与外电压的比值为：

$$Q = \frac{U_L}{U} = \frac{X_L I}{RI} = \frac{X_L}{R} = \frac{\omega_0 L}{R} \tag{3-51}$$

当 $X_L \gg R$ 时，电感和电容的端电压就大大超过外加电压，二者的比值 Q 称为谐振电路的品质因数，它表示在谐振时电感和电容的端电压是外加电压的 Q 倍。Q 值一般可达几十至几百，因此串联谐振又称为电压谐振。

3.7.2　并联谐振

1. 并联谐振电路

谐振也可能发生在并联电路中。下面以电感与电容相并联的电路为例来介绍并联谐振电路。

例如将一电感线圈与电容器并联，当电路参数选择适当时，可使总电流 $\dot{I}$ 与外加电压 $\dot{U}$ 同相位，称这电路发生了并联谐振现象。

由于线圈是有电阻的，所以实际电路可看成 R、L 串联后与 C 并联，并联谐振电路如图 3-35 所示。

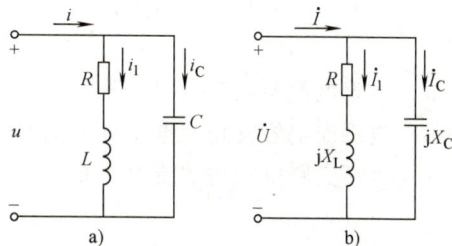

图 3-35　并联谐振电路
a）并联谐振瞬时关系　b）并联谐振相量关系

2. 谐振条件

RL 支路电流：

$$\dot{I}_1=\frac{\dot{U}}{R+jX_L}=\frac{\dot{U}}{R+j\omega L}$$

电容 C 支路的电流：

$$\dot{I}_C=\frac{\dot{U}}{-jX_C}=\frac{\dot{U}}{-j\frac{1}{\omega C}}=j\omega C\dot{U}$$

故总电流：

$$\dot{I}=\dot{I}_1+\dot{I}_C=\frac{\dot{U}}{R+j\omega L}+j\omega C\dot{U}$$

$$=\left[\frac{R-j\omega L}{R^2+(\omega L)^2}+j\omega C\right]\dot{U}$$

$$=\left\{\frac{R}{R^2+(\omega L)^2}+j\left[\omega C-\frac{\omega L}{R^2+(\omega L)^2}\right]\right\}\dot{U}$$

此式表明，若要使电路中电流 $\dot{I}$ 与外加电压 $\dot{U}$ 同相位，则需 $\dot{I}$ 的虚部为零，即：

$$\omega C=\frac{\omega L}{R^2+(\omega L)^2}$$

在一般情况下，线圈的电阻 R 很小，线圈的感抗 $\omega L\gg R$，故：

$$\omega C\approx\frac{1}{\omega L}$$

$$2\pi fL\approx\frac{1}{2\pi fC}$$

故谐振频率：

$$f=f_0\approx\frac{1}{2\pi\sqrt{LC}}$$

即当线圈的电阻 R 很小，线圈的感抗 $\omega L\gg R$ 时，并联谐振与串联谐振的条件基本相同。

3. 谐振特征

1）电流、电压同相位，电路呈电阻性。并联谐振相量图如图 3-36 所示。

2）阻抗最大，电流最小。

谐振电流为：

$$\dot{I}_0=\frac{R}{R^2+(\omega_0 L)^2}\dot{U}=\frac{\dot{U}}{\frac{R^2+(\omega_0 L)^2}{R}}=\frac{\dot{U}}{Z_0}$$

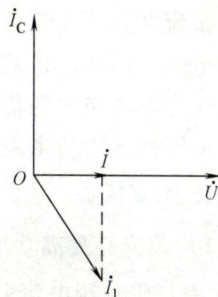

图 3-36　并联谐振相量图

式中 $Z_0 = \dfrac{R^2 + (\omega_0 L)^2}{R} \approx \dfrac{(\omega_0 L)^2}{R}$

3）电感电流与电容电流几乎大小相等、相位相反。

4）电感或电容支路的电流有可能大大超过总电流。

电感支路（或电容支路）的电流与总电流之比为电路品质因数，其值为：

$$Q = \frac{I_1}{I_0} = \frac{\dfrac{U}{\omega L}}{\dfrac{U}{|Z|}} = \frac{|Z_0|}{\omega_0 L} \approx \frac{\dfrac{(\omega_0 L)^2}{R}}{\omega_0 L} = \frac{\omega_0 L}{R} \tag{3-52}$$

即通过电感或电容支路的电流是总电流的 Q 倍。Q 值一般可达几十到几百，故并联谐振又称为电流谐振。

思考与练习

3-7-1　简述串联谐振发生的条件及特点。

3-7-2　简述并联谐振发生的条件及特点。

3-7-3　保持正弦交流电电源的有效值不变，改变其频率，使 RLC 串联电路达到谐振时，电路的有功功率、无功功率以及储存的能量是否也达到最大？

3.8　实训　功率因数的提高

1. 实训目的

1）熟悉荧光灯电路安装及仿真方法。

2）通过荧光灯电路功率因数的提高，加深对提高感性负载功率因数意义的认识。

3）掌握交流电压表、交流电流表的使用方法，学习功率表的使用。

2. 实训原理

荧光灯电路由荧光灯管、镇流器、辉光启动器及开关组成，工作过程是，接通电源后，辉光启动器内的双金属动触片与静触片之间的气隙被击穿，连续发生辉光放电，双金属片受热膨胀并向外伸张，与静触片接触，电路接通，灯丝预热发射电子。同时双金属片冷却，与静触片分开。在动触片分开的瞬间，镇流器两端产生很高的感应电动势，与电源的电压串联加在灯管的两端，使管内温度升高；气体电离产生弧光放电，导致发光，由此可见，辉光启动器在电路中相当于一个自动开关。

镇流器在荧光灯正常工作时起降压、限流作用，相当于一个有内阻的电感，荧光灯管接近于纯电阻，因此，正常工作时的荧光灯电路可用感性负载来等效，如图 3-37 所示。

荧光灯电路中的负载是感性的，电路总功率因数小于 1。可以在灯管两端并联适量电容，利用电容性无功功率来补偿电感性无功功率，从而提高电路的功率因数，如图 3-38 所示。

3. 仿真操作

1）荧光灯提高功率因数的仿真电路如图 3-39 所示，在图中，用 R_1、L_1 代表镇流器，用 R_2 代表灯管，用电流表分别测量电流 I、I_L、I_C，用电压表 U_1 测量镇流器上的电压 U_{RL}，用电压表 U_2 测量灯管上的电压 U_R。

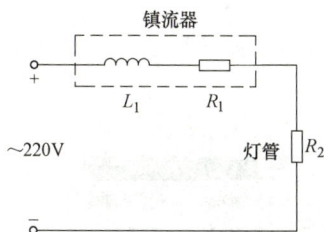
图 3-37　荧光灯等效电路

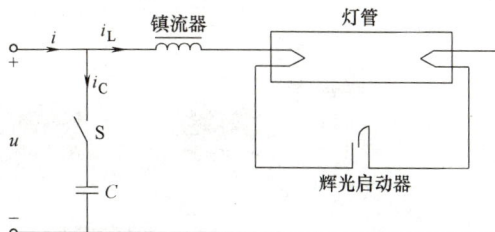
图 3-38　灯管两端并联电容提高功率因数

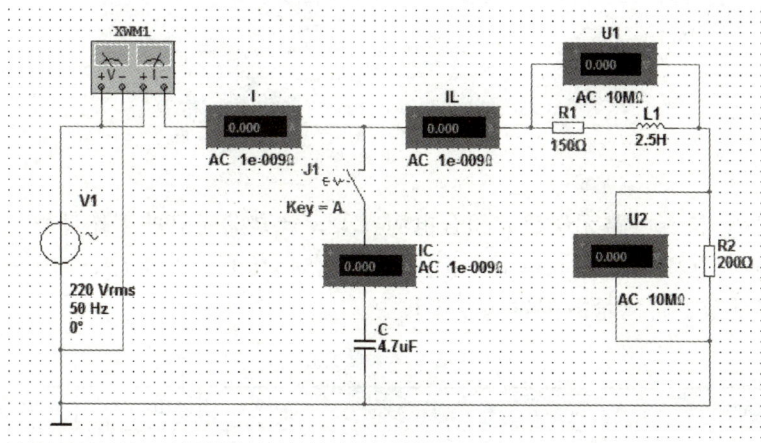
图 3-39　荧光灯提高功率因数仿真电路

2）设置信号交流电源的输出电压有效值为 220V，频率为 50Hz。分别双击电流表，在其属性对话框中将其设置为交流电流表"AC"，将电压表 U_1、U_2 设置为交流电压表。

3）在开关断开时，相当于电路中没有并联电容，按下仿真开关，读出各个电流表、电压表的数值，双击功率表 XWM1，打开其显示窗口，读出电路的功率和功率因数，如图 3-40 所示。

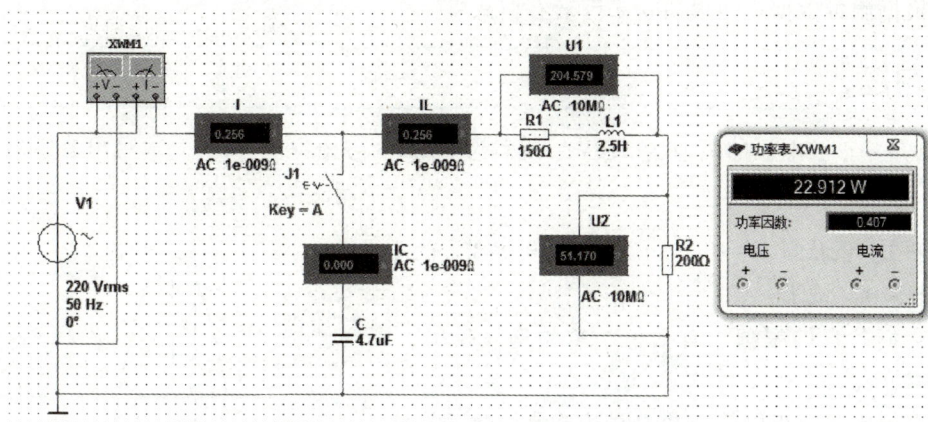
图 3-40　没有并联电容时的仿真电路

4）接通开关，分别对电容 C 为 1μF、2.2μF、4.7μF 时的电路进行仿真，读出电路中电压表、电流表、功率表在并联不同电容时的数值并填入表 3-1 中。为并联 4.7μF 电容时电路的仿真数据，如图 3-41 所示。

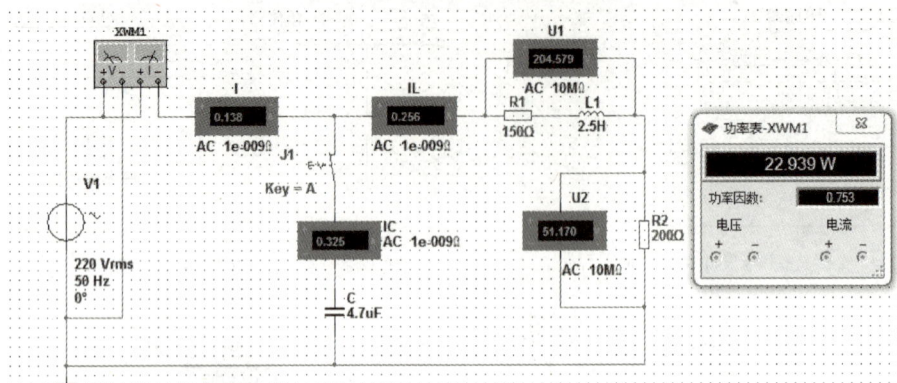

图 3-41   并联 4.7μF 电容时的仿真电路

4. 实验操作

1）接好电路，检查电路无误后，闭合电源开关，观察荧光灯的工作过程。

2）将功率表和电容按如图 3-39 所示接入电路，仿照仿真实验电路，测量并联电容前后各支路电压、电流的值，将测量数据填入表 3-1。

表 3-1   测量数据

$C/\mu F$	I/A	I_L/A	I_C/A	U/V	U_R/V	U_{RL}/V	P/W	$\cos\varphi$
0								
1								
2.2								
4.7								

5. 问题思考

1）根据测量结果，总结并联电容对感性负载功率因数的影响。

2）根据测量数据说明提高功率因数有何意义？

3.9 习题

1. 已知一正弦电压的幅值为 310V，频率为 50Hz，初相位为 $-\pi/6$，试写出其瞬时值的表达式，并绘出波形图。

2. 有两个正弦量 $u = 10\sqrt{2}\sin(314t+30°)$ V，$i = 2\sqrt{2}\sin(314t-60°)$ A，试求：

1）它们各自的幅值、有效值、角频率、频率、周期、初相位。

2）它们之间的相位差，并说明其超前与滞后关系。

3）画出它们的波形图。

3. 一工频正弦交流电的最大值为 310V，初始值为 $-155V$，试写出它的瞬时值表达式。

4. 写出图 3-42 所示的工频交流电压曲线的瞬时值表

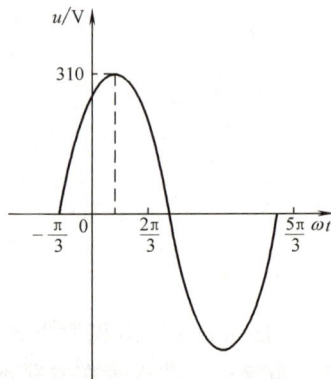

图 3-42   题 4 的图

达式。

5. 已知两正弦量 $i_1 = 10\sqrt{2}\sin(314t+30°)\,\text{A}$，$i_2 = 5\sqrt{2}\sin(314t-60°)\,\text{A}$，试写出：

1）两电流的相量形式。

2）$i_1 + i_2$。

6. 在图 3-43 所示的相量图中，已知 $U = 220\text{V}$，$I_1 = 10\text{A}$，$I_2 = 5\text{A}$，它们的角频率是 ω，试写出它们各自的正弦量的瞬时值表达式及其相量。

7. 已知 $R = 20\Omega$ 的电阻，加电压 $u = 100\sin(314t-60°)\,\text{V}$，求其通过的电流的瞬时值表达式，并绘制出电压和电流的相量图。

8. 有一个 220V、1000W 的电炉，接在 220V 的交流电上，求通过电炉的电流和正常工作时的电阻。

9. 一个 $L = 0.15\text{H}$ 的电感，先后被接在 $f_1 = 50\text{Hz}$ 和 $f_2 = 1000\text{Hz}$、电压为 220V 的电源上，分别计算出两种情况下的 X_L、I_L 和 Q_L。

10. 一个电容 $C = 100\mu\text{F}$，先后被接在 $f_1 = 50\text{Hz}$ 和 $f_2 = 60\text{Hz}$、电压为 220V 的电源上，试分别计算出两种情况下的 X_C、I_C 和 Q_C。

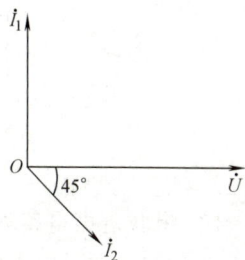

图 3-43　题 6 的图

11. 已知 RC 串联电路的电源频率为 $1/(2\pi RC)$，试问电阻电压相位超前电源电压相位多少？

12. 正弦交流电路如图 3-44 所示，已知 $X_L = X_C = R$，电流表 A_3 的读数为 5A，试问电流表 A_1 和 A_2 的读数各为多少？

13. 已知电路如图 3-45 所示，已知交流电源的角频率 $\omega = 2\text{rad/s}$，试问 A、B 端口间的阻抗 Z_{AB} 是多大？

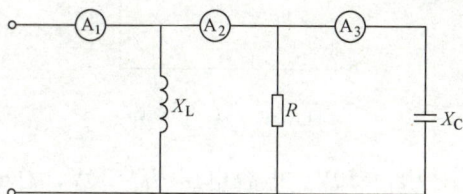

图 3-44　题 12 的图

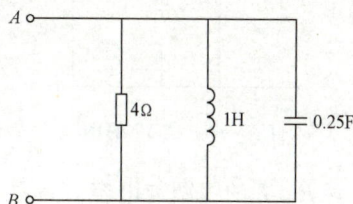

图 3-45　题 13 的图

14. 正弦交流电路如图 3-46 所示，已知 $X_C = R$，试问电感电压 u_1 与电容电压 u_2 的相位差是多少？

15. 如图 3-47 所示，已知电流表 A_1、A_2 的读数均为 20A，分别求图 3-47a 和图 3-47b 电路中电流表 A 的读数。

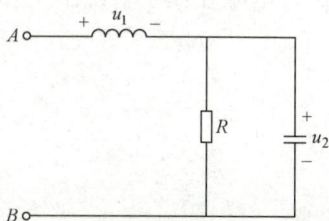

图 3-46　题 14 的图

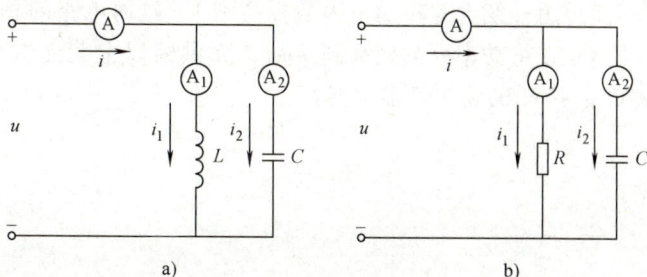

a)　　　　　b)

图 3-47　题 15 的图

16. 如图 3-48 所示，已知电压表 V_1、V_2 的读数均为 50V，分别求图 3-48a 和图 3-48b 电路中电流表 V 的读数。

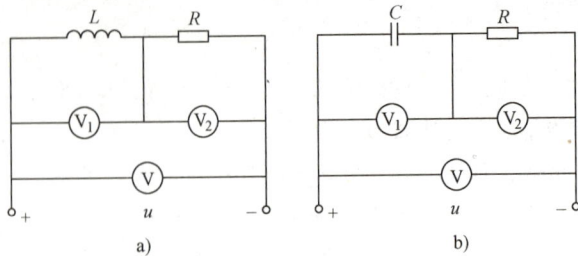

图 3-48　题 16 的图

17. 串联谐振电路如图 3-49 所示，已知电压表 V_1、V_2 的读数分别为 150V 和 120V，试问电压表 V 的读数是多少？

18. 并联谐振电路如图 3-50 所示，已知电流表 A_1、A_2 的读数分别为 13A 和 12A，求电路中电流表 A 的读数。

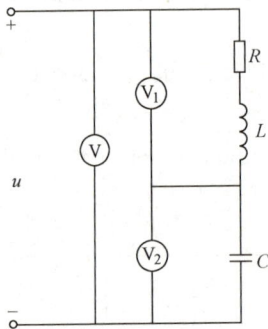

图 3-49　题 17 的图

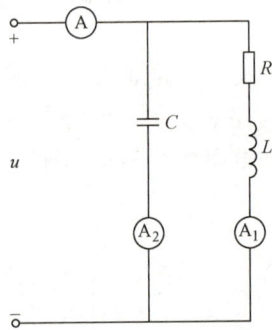

图 3-50　题 18 的图

19. 含 R、L 的线圈与电容 C 串联，已知线圈电压 $U_{RL} = 50V$，电容电压 $U_C = 30V$，总电压与总电流同相，试问总电压是多大？

20. 在 RLC 串联谐振电路中，已知 $U = 10V$、$I = 1A$、$U_C = 80V$，试问电阻 R 多大？品质因数 Q 又是多大？

21. 某单相 50Hz 的交流电源，其额定容量 $S_N = 40kV \cdot A$，额定电压 $U_N = 220V$，供给照明电路，若负载都是 40W 的荧光灯，则其功率因数为 0.5，试求：

1）荧光灯最多可点多少盏？

2）用补偿电容将功率因数提高到 1，这时电路的总电流是多少？需多大的补偿电容？

3）在将功率因数提高到 1 后，除供给以上荧光灯外，若欲保持电源在额定情况下工作，还可点 40W 的荧光灯多少盏？

第4章 三相交流电路

学习目标

- 了解三相交流电的产生及三相负载的连接方式。
- 掌握三相负载进行星形、三角形联结的规律。
- 掌握对称三相电路的分析与计算。
- 理解不对称三相电路的分析与计算。
- 理解供配电系统及低电供电的方式。
- 掌握安全用电与触电急救的知识。

交流电的供电方式分为单相供电与三相供电。在供电系统中绝大多数采用三相供电，与单相供电相比，三相供电具有如下优点：

1）三相交流发电机比功率相同的单相交流发电机体积小、重量轻、成本低。

2）在同样条件下输送相同功率时，特别是在远距离输电时，三相输电线比单相输电线节省导线材料。

3）与单相电动机或其他电动机相比，三相异步电动机具有结构简单、价格低廉、性能良好和使用维护方便等优点。

4.1 三相交流电源

三相交流电源是由三相交流发电机产生的 3 个单相正弦交流电源组成的。这 3 个正弦交流电源的电动势大小相等、频率相同、相位上彼此相差 120°，称为对称三相电源。通常所说的三相电源就是指对称的三相交流电源。由三相电源供电的电路称为三相电路。

4.1 三相交流电源

4.1.1 三相交流电的产生

三相正弦交流电压是由三相交流发电机产生的。其内部构造如图 4-1 所示。在发电机的定子上，固定有三组完全相同的绕组，它们的空间位置相差 120°。U_1、V_1、W_1 为 3 个绕组的始端，U_2、V_2、W_2 为 3 个绕组的末端。其转子是一对磁极，由于磁极面的特殊形状使定子与转子间的空气隙中的磁场按正弦规律分布。

当发电机的转子以角速度 ω 按逆时针方向旋转时，在 3 个绕组的两端分别产生幅值相同、频率相同、相位依次相差 120° 的正弦感应电动势。每个电动势的参考方向，通常规定为由绕组的始端指向绕组的末端。

三相对称电动势的波形图如图 4-2a 所示，相量图如图 4-2b 所示。

若以 U 相为参考量，则 3 个正弦电动势的瞬时值分别表示为

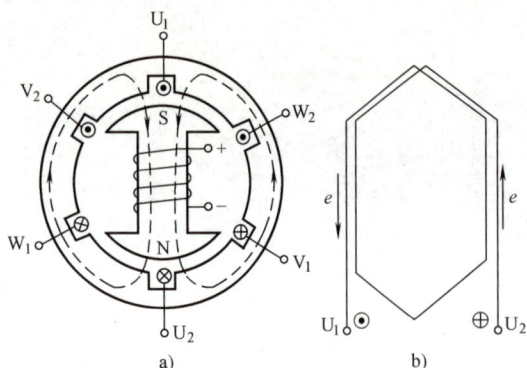

图 4-1　三相交流发电机的内部构造
a）示意图　b）线圈绕组和电动势

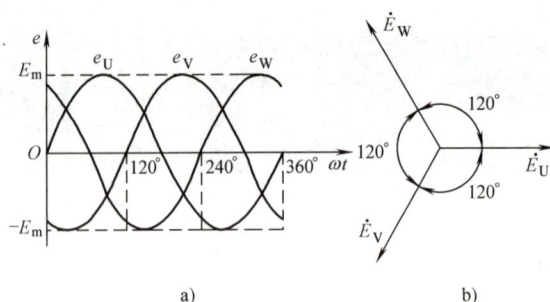

图 4-2　三相对称电动势
a）波形图　b）相量图

$$\left.\begin{array}{l} e_{U}=E_{m}\sin\omega t \\ e_{V}=E_{m}\sin(\omega t-120°) \\ e_{W}=E_{m}\sin(\omega t+120°) \end{array}\right\} \quad (4\text{-}1)$$

3 个电动势的相量表示式为

$$\left.\begin{array}{l} \dot{E}_{U}=E\underline{/0°} \\ \dot{E}_{V}=E\underline{/-120°} \\ \dot{E}_{W}=E\underline{/120°} \end{array}\right\} \quad (4\text{-}2)$$

从相量图中不难看出，这组对称的三相正弦电动势的相量和等于零。

能够提供对称三相正弦电动势电源的称为三相对称电源，通常所说的三相电源都是指对称三相电源。

对称三相电动势到达正（负）最大值的先后次序称为相序。一般规定，U 相超前于 V 相，V 相超前于 W 相，称为正相序或者叫顺序，其中有一相调换都称为逆序。工程上以黄、绿、红 3 种颜色分别作为 U、V、W 三相的标志色。

若无特殊说明，则本书中三相电源的相序均为正相序。

4.1.2　三相电源的连接

1. 三相电源的星形（Y）联结

通常把发电机的三相绕组的末端 U_2、V_2、W_2 连成一点 N，而把始端 U_1、V_1、W_1 作为外电路相连接的端点，这种连接方法称为三相电源的星形（Y）联结，如图 4-3 所示。从 U_1、V_1、W_1 引出的 3 根线（俗称相线或者叫作端线），常用 L_1、L_2、L_3 表示。连接 3 个末端的节点 N 称为中性点，从中性点引出的导线称为中性线。若三相电路有中性线，则称为三相四线制星形联结；若无中性线，则称为三相三线制星形联结。

在三相星形联结电路中，端线与中性线之间的电压称为相电压，用符号 U_U、U_V、U_W 表示，开路时分别等于 e_U、e_V、e_W。而端线与端线之间的电压称为线电压，用 U_{UV}、U_{VW}、U_{WU}

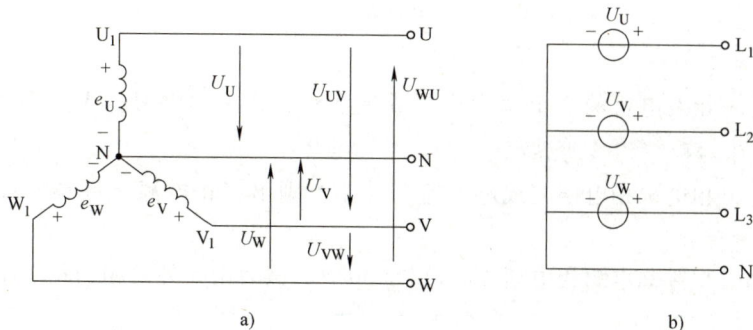

图 4-3　三相四线制电源

a）三相电源星形联结　b）三相四线制供电系统

表示。规定线电压的方向由 U 线指向 V 线，V 线指向 W 线，W 线指向 U 线。

下面分析对称三相电源星形联结时，线电压与相电压的关系。

$$\left.\begin{array}{l} \dot{U}_{UV} = \dot{U}_U - \dot{U}_V \\ \dot{U}_{VW} = \dot{U}_V - \dot{U}_W \\ \dot{U}_{WU} = \dot{U}_W - \dot{U}_U \end{array}\right\} \tag{4-3}$$

由三相电源电压相量图 4-4 所示可知，线电压也是对称的，在相位上比相应的相电压超前 30°。

线电压的有效值用 U_1 表示，相电压有效值用 U_p。它们的关系为：

$$U_1 = \sqrt{3}\, U_p \tag{4-4}$$

且线电压的相位超前其所对应的相电压 30°。

在三相电路中，3 个线电压的关系是：

$$\dot{U}_{UV} + \dot{U}_{VW} + \dot{U}_{WU} = 0 \tag{4-5}$$

即 3 个线电压的相量和等于零。

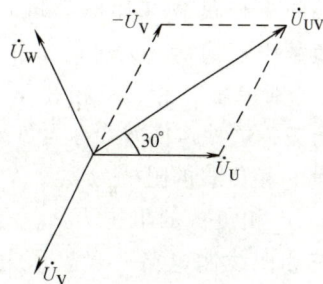

图 4-4　三相电源电压相量图

我国的低压供电系统大多采用星形联结。由 3 条端线和一条中性线组成的供电系统称为三相四线制供电系统。这种系统可向用户提供两种电压的选择，380V 的线电压可以供额定电压为 380V 的负载选用，如三相异步电动机和大功率的三相电热器等。220V 可供照明灯、手持电动工具、家用电器等额定电压为 220V 的负载使用。

2. 三角形联结

在生产实际中，发电机的三相绕组很少连接成三角形，通常接成星形。对三相变压器来讲，两种接法都有。电源的三角形联结如图 4-5 所示。

三相绕组的始端与另一相的末端依次连接，构成一个闭合回路，然后从 3 个连接点引出 3 条相线。可以看出，这种连接法供电只需 3 条导线，但它所提供的电压只有一种，即：

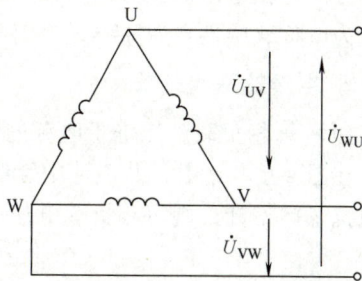

图 4-5　电源的三角形联结

$$U_L = U_P \tag{4-6}$$

三角形联结的电源线电压等于相电压。

思考与练习

4-1-1 在将三相发电机的3个绕组连接成星形时，如果误将 U_2、V_2、W_1 连成一点，那么是否也可以产生对称三相电动势？

4-1-2 对称三相电源相电压与线电压有何关系？画出三相电源 Y 联结时线电压、相电压的矢量图。

4-1-3 已知三相对称电源相电压 $\dot{U}_U = 220\underline{/30°}V$，试写出另外两相的相电压。

4.2 三相负载的连接

4.2.1 三相负载的星形联结

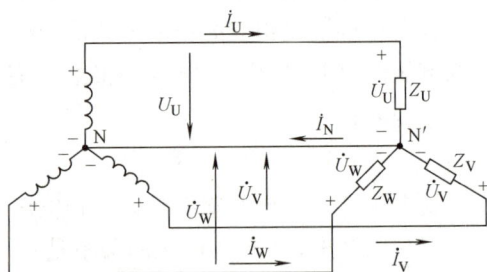

三相负载即三相电源的负载，由互相连接的3个负载组成，其中每个负载称为一相负载。三相负载的连接方法有两种，即星形（Y）联结和三角形（△）联结。

下面介绍负载的星形（Y）联结。

在三相四线制供电系统中常见的照明电路和动力电路，包含大量的单相负载（如荧光灯）和对称的三相负载（如电动机）。为了使三相电源负载比较均衡，大批的单相负载一般分成3组，分别接在 U 相、V 相和 W 相之间，组成三相负载，这种连接方式称为负载的星形联结。

设 U 相负载的阻抗为 Z_U，V 相负载的阻抗为 Z_V，W 相负载的阻抗为 Z_W，则负载星形联结的三相四线制电路一般表示为如图 4-6 所示的电路。

图 4-6 负载星形联结

1. 基本概念

1）每相负载两端的电压称为负载的相电压，流过每相负载的电流称为负载的相电流。

2）流过相线的电流称为线电流，相线与相线之间的电压称为线电压。

3）当负载为星形联结时，负载相电压的正方向规定为自相线指向负载中性点 N。相电流的正方向与相电压的正方向一致。线电流的正方向为电源端指向负载端。中性线电流的正方向规定为由负载中性点 N′指向电源中性点 N。

2. 电路的基本关系

（1）每相负载电压等于电源的相电压

在图 4-6 电路中，若不计中性线阻抗，则电源中性点 N 与负载中性点 N′等电位；若相线的阻抗忽略不计，则每相负载电压等于电源的相电压。即：

$$\dot{U}_u = \dot{U}_U, \quad \dot{U}_v = \dot{U}_V, \quad \dot{U}_w = \dot{U}_W$$

（2）相电流等于对应的线电流

从图 4-6 中可以看出，在三相四线制电路中，相电流等于它所对应的线电流。一般可以写成：

$$I_P = I_L \tag{4-7}$$

各相电流可以分别单独计算。即：

$$\dot{I}_u = \dot{I}_U = \frac{\dot{U}_U}{Z_U} = \frac{\dot{U}_U}{|Z|\underline{/\varphi_U}} = \frac{\dot{U}_U}{|Z_U|}\underline{/-\varphi_U}$$

$$\dot{I}_v = \dot{I}_V = \frac{\dot{U}_V}{Z_V} = \frac{\dot{U}_V}{|Z|\underline{/\varphi_V}} = \frac{\dot{U}_V}{|Z_V|}\underline{/-\varphi_V}$$

$$\dot{I}_w = \dot{I}_W = \frac{\dot{U}_W}{Z_W} = \frac{\dot{U}_W}{|Z|\underline{/\varphi_W}} = \frac{\dot{U}_W}{|Z_W|}\underline{/-\varphi_W}$$

$$\varphi_U = \arctan\frac{X_U}{R_U}$$

$$\varphi_V = \arctan\frac{X_V}{R_V}$$

$$\varphi_W = \arctan\frac{X_W}{R_W}$$

若三相负载对称（即 $Z_U = Z_V = Z_W$）时，则有：

$$\dot{I}_u = \dot{I}_U = \frac{\dot{U}_U}{Z} = \frac{\dot{U}_U}{|Z|}\underline{/-\varphi}$$

$$\dot{I}_v = \dot{I}_V = \frac{\dot{U}_V}{Z} = \frac{\dot{U}_V}{|Z|}\underline{/-\varphi}$$

$$\dot{I}_w = \dot{I}_W = \frac{\dot{U}_W}{Z} = \frac{\dot{U}_W}{|Z|}\underline{/-\varphi}$$

故三相电流也是对称的。只需算出任一相电流，便可知另外两相的电流。三相对称负载星形联结相量图如图 4-7 所示。

（3）中性线电流等于三相电流相量之和

根据基尔霍夫电流定律，得：

$$\dot{I}_N = \dot{I}_U + \dot{I}_V + \dot{I}_W \tag{4-8}$$

若三相负载对称，则：

$$\dot{I}_N = \dot{I}_U + \dot{I}_V + \dot{I}_W = 0 \tag{4-9}$$

可见，在对称的三相四线制电路中，中性线的电流等于零，中性线在其中不起作用，可以将其去掉，而成为三相三线制系统。常用的三相电动机、三相电炉等在正常情况下都是对称的，可以采用三相三线制供电。但是如果负载是不对

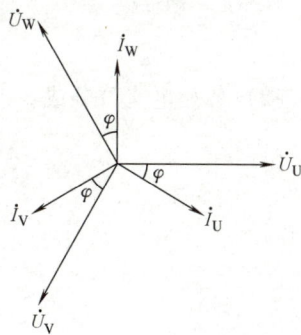

图 4-7　三相对称负载星形
联结相量图

称的，中性线中有电流流过，中性线就不能除去，否则会造成负载上三相电压不对称，用电设备不能正常工作，甚至造成电源的损坏。

一般的照明用具、家用电器等都是采用 220V 供电，而单相变压器、电磁铁、电动机等既有 220V 供电又有 380V 供电。这类电器统称为单相负载。若负载的额定电压是 220V，则被接在相线与中性线之间；若负载额定电压是 380V，则被接在两根相线之间，只有这样，才能正

常工作。另有一类电气设备必须接到三相电源才能正常工作，如三相电动机等。这些三相负载的各相阻抗是对称的，称为对称的三相负载。

在三相四线制电路中，某一相电路发生故障，并不影响其他两相的工作；但若没有中性线，一旦某一相电路发生故障，则另外两相就会因为电路电压发生改变，使电路负载不能正常工作，甚至发生负载损毁的情况。

由此可见，中性线在三相电路中，不但可以使用户得到两种不同的工作电压，而且可以使星形联结的不对称负载的相电压保持对称。因此，在三相四线制供电系统中，为了保证负载的正常工作，在中性线的干线上是绝不准接入熔体、熔断器和开关的，而且要用有足够强度的导线作为中性线。

4.2.2 三相负载的三角形联结

三相负载三角形联结电路图如图 4-8 所示。由图可见，三相负载首尾相接，3 个接点引出线分别接到电源的 3 根端线 U、V、W 上；作为三角形联结的每相负载都直接承受电源的线电压，所以，三相电压是否对称并不影响三相负载的正常工作。但三相负载是否需要连接成三角形，则取决于负载的额定电压与电源电压是否相符。例如，当电源线电压为 380V 时，额定电压为 220V 的照明负载，就不能连接成三角形。

设 U、V、W 三相负载的复阻抗分别为 Z_{UV}、Z_{VW}、Z_{WU}，则负载三角形联结的电路具有以下基本关系。

（1）各相负载承受电源线电压

$$\dot{U}_{UV} = \dot{U}_{uv}, \quad \dot{U}_{VW} = \dot{U}_{vw}, \quad \dot{U}_{WU} = \dot{U}_{wu}$$

有效值关系为：

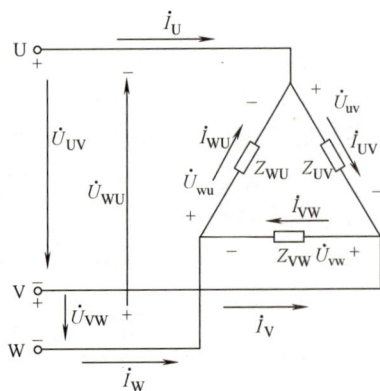

图 4-8 三相负载三角形联结电路图

$$U_P = U_L \tag{4-10}$$

（2）各相电流可分成 3 个单相电路分别计算

$$\dot{I}_{UV} = \frac{\dot{U}_{UV}}{\dot{Z}_{UV}} = \frac{\dot{U}_{UV}}{|Z_{UV}| \angle \varphi_{UV}} = \frac{\dot{U}_{UV}}{|Z_{UV}|} \angle -\varphi_{UV}$$

$$\dot{I}_{VW} = \frac{\dot{U}_{VW}}{\dot{Z}_{VW}} = \frac{\dot{U}_{VW}}{|Z_{VW}| \angle \varphi_{VW}} = \frac{\dot{U}_{VW}}{|Z_{VW}|} \angle -\varphi_{VW}$$

$$\dot{I}_{WU} = \frac{\dot{U}_{WU}}{\dot{Z}_{WU}} = \frac{\dot{U}_{WU}}{|Z_{WU}| \angle \varphi_{WU}} = \frac{\dot{U}_{WU}}{|Z_{WU}|} \angle -\varphi_{WU}$$

若负载对称（即 $Z_{UV} = Z_{VW} = Z_{WU} = Z$），则相电流也是对称的。三相对称负载三角形联结相量图如图 4-9 所示。

显然，这时电路计算也可以归结为一相来进行，即：

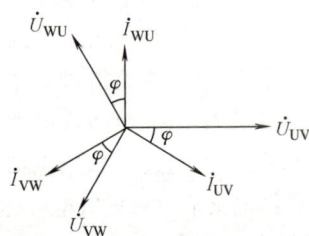

$$I_{UV} = I_{VW} = I_{WU} = I_P = \frac{U_P}{|Z|}$$

图 4-9 三相对称负载三角形联结相量图

$$\varphi_{UV} = \varphi_{VW} = \varphi_{WU} = \arctan\frac{X}{R}$$

（3）各线电流由相邻两相的相电流决定

在对称的情况下，线电流是相电流的$\sqrt{3}$倍，且滞后于相应的相电流30°。各线电流分别为：

$$\dot{I}_U = \dot{I}_{UV} - \dot{I}_{WU}$$

$$\dot{I}_V = \dot{I}_{VW} - \dot{I}_{UV}$$

$$\dot{I}_W = \dot{I}_{WU} - \dot{I}_{VW}$$

当负载对称时，由上式可绘出三相对称负载三角形联结线电流与相电流的相量图如图 4-10 所示。

从图 4-10 可得出：

$$I_L = \sqrt{3}\, I_P \qquad (4\text{-}11)$$

由上述可知，在负载作为三角形联结时，相电压对称，若某相负载断开，则并不影响其他两相的正常工作。

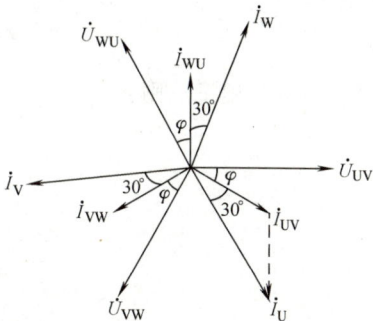

图 4-10　三相对称负载三角形联结线电流与相电流的相量图

思考与练习

4-2-1　当负载星形联结时，一定要接中性线吗？

4-2-2　当负载星形联结时，相电流一定等于线电流吗？

4-2-3　当负载三角形联结时，线电流是否一定等于相电流的$\sqrt{3}$倍？

4-2-4　当三相不对称负载三角形联结时，若有一相断路，则对其他两相会有影响吗？

4.3　三相电路的分析

4.3.1　对称三相电路的分析

三相电路实际是正弦交流电路的一种特殊类型，前面介绍的正弦交流电路的分析方法对三相电路完全适用。

对称三相电路中电源对称、负载对称、线路对称，根据对称关系可以简化计算。只需先计算三相中的任一相，其余两相根据对称关系即可写出。

【例 4-1】　在图 4-11 所示的三相四线制电路中，已知每相负载阻抗为 $Z = (6+j8)\,\Omega$，外加线电压为380V，试求负载的相电压和相电流。

解　由题目可知三相电路对称，故只需计算一相情况，其余可以根据对称关系写出。由线电压和相电压的关系：

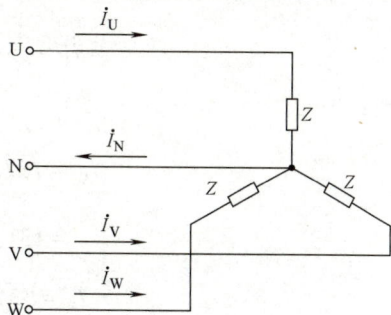

图 4-11　例 4-1 的图

$$U_L = \sqrt{3}\, U_P$$

$$U_P = \frac{U_L}{\sqrt{3}} = 220\text{V}$$

相电流：

$$I_P = \frac{U_P}{|Z|} = \frac{220}{\sqrt{6^2+8^2}}A = \frac{220}{10}A = 22A$$

相电压与相电流的相位差为：

$$\varphi = \arctan\frac{X}{R} = \arctan\frac{8}{6} = 53.1°$$

选 $\dot{U}_U$ 为参考相量，则：

$$\dot{I}_U = \frac{\dot{U}_U}{Z} = 22\angle{-53.1°}A$$

$$\dot{I}_V = \frac{\dot{U}_V}{Z} = 22\angle{-173.1°}A$$

$$\dot{I}_W = \frac{\dot{U}_W}{Z} = 22\angle{66.9°}A$$

注意： 对三相对称负载星形联结，由于中性线的电流等于零，所以可以省去中性线，而成为三相三线制系统，其计算方法和有中性线的三相四线制电路的计算方法相同。

【例 4-2】 在图 4-12 所示电路中，设三相电源线电压为 380V，三角形联结的对称三相负载每相阻抗 $Z = (4+j3)\Omega$，求各相电流和线电流。

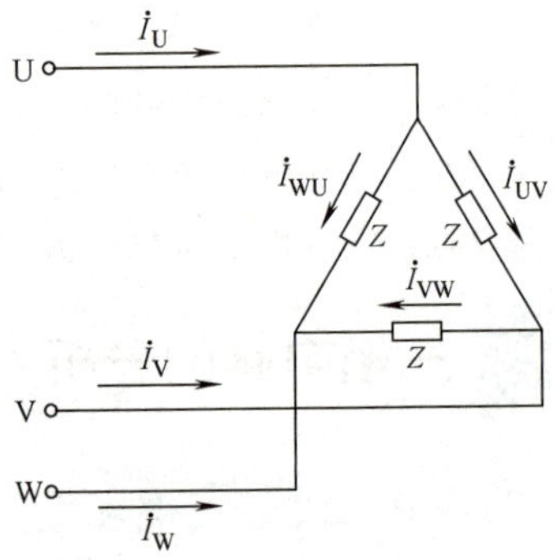

解 设 $\dot{U}_{UV} = 380\angle{0°}V$，则：

$$\dot{I}_{UV} = \frac{\dot{U}_{UV}}{Z} = \frac{380\angle{0°}}{4+j3}A = 76\angle{-36.9°}A$$

根据对称三相电路的特点，可以直接写出其余两相电流为：

$$\dot{I}_{VW} = 76\angle{-156.9°}A$$

$$\dot{I}_{WU} = 76\angle{83.1°}A$$

图 4-12 例 4-2 的图

根据对称负载三角形联结时线电流和相电流的关系有：

$$\dot{I}_U = \sqrt{3}\dot{I}_{UV}\angle{-30°} = 131.6\angle{-66.9°}A$$

同理：

$$\dot{I}_V = \sqrt{3}\dot{I}_{VW}\angle{-30°} = 131.6\angle{-186.9°}A$$

$$= 131.6\angle{173.1°}A$$

$$\dot{I}_W = \sqrt{3}\dot{I}_{WU}\angle{-30°} = 131.6\angle{53.1°}A$$

4.3.2 不对称三相电路的分析

1. 星形联结不对称负载的计算

如果采用三相四线制供电，即使负载不对称，由于中性线的存在，各相负载也依然可以独立工作，所以可按 3 个单相交流电路来计算。

88 \ \ \ \ \ 电工技术 第 3 版

【例 4-3】　已知星形联结三相电路如图 4-13 所示，电源电压对称，线电压 $u_{UV} = 380\sin(314t+30°)$ V，负载为灯泡组，若已知 $R_1 = 5\Omega$，$R_2 = 10\Omega$，$R_3 = 20\Omega$，求线电流及中性线电流。

解　三相电路不对称，应分别计算各相的工作情况。
线电流为：

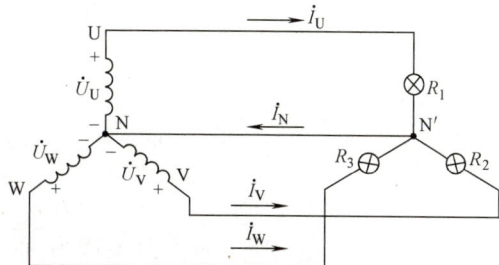

图 4-13　例 4-3 的图

$$\dot{I}_U = \frac{\dot{U}_U}{R_1} = \frac{220\ \angle 0°}{5}A = 44\ \angle 0°A$$

$$\left.\dot{I}_V = \frac{\dot{U}_V}{R_2} = \frac{220\ \angle -120°}{10}A = 22\ \angle -120°A \\ \dot{I}_W = \frac{\dot{U}_W}{R_3} = \frac{220\ \angle 120°}{20}A = 11\ \angle 120°A\right\}$$

中性线电流为：

$$\dot{I}_N = \dot{I}_U + \dot{I}_V + \dot{I}_W$$
$$= (44\ \angle 0° + 22\ \angle -120° + 11\ \angle 120°)A$$
$$\approx 29\ \angle -19°A$$

2. 三角形联结不对称负载电路计算

对于三角形联结不对称负载电路，每相负载承受的电压为电源的线电压，但相电流不对称，不能采用计算一相电流来推出其他两相的办法，各线电流也不等于相电流的 $\sqrt{3}$ 倍，需按基尔霍夫电流定律取节点方程进行计算。

【例 4-4】　在图 4-14 所示电路中，三相对称三角形联结的负载，每相负载阻抗为 $Z = 50\ \angle 60°\Omega$，电源线电压为 380V，试求当开关 S 打开时的各线电流。

解　当开关 S 打开时，应先计算各相电流，设 $\dot{U}_{UV}$ 为电压参考相量，则：

$$\dot{U}_{UV} = 380\ \angle 0°V$$
$$\dot{U}_{VW} = 380\ \angle -120°V$$
$$\dot{U}_{WU} = 380\ \angle 120°V$$

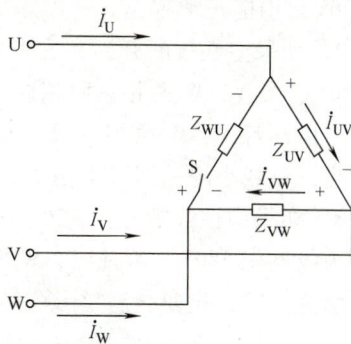

图 4-14　例 4-4 的图

各相电流为：

$$\dot{I}_{UV} = \frac{\dot{U}_{UV}}{Z} = \frac{380\ \angle 0°}{50\ \angle 60°}A = 7.6\ \angle -60°A$$

$$\dot{I}_{VW} = \frac{\dot{U}_{VW}}{Z} = \frac{380\ \angle -120°}{50\ \angle 60°}A = 7.6\ \angle -180°A$$

$$\dot{I}_{WU} = 0$$

利用基尔霍夫电流定律取节点方程进行计算，各线电流为：

$$\dot{I}_U = \dot{I}_{UV} = 7.6\underline{/-60°}$$

$$\dot{I}_V = \dot{I}_{VW} - \dot{I}_{UV}$$

$$= (7.6\underline{/-180°} - 7.6\underline{/-60°})A$$

$$\approx 13.2\underline{/150°}A$$

$$\dot{I}_W = -\dot{I}_{VW} = -7.6\underline{/-180°}A$$

【例 4-5】 三相照明电路如图 4-15 所示。试分析：

1）中性线存在时（见图 4-15a）各相负载的工作情况。

2）若三相照明电路的中性线因故断开，当发生一相灯负载全部断开时（见图 4-15b），电路会出现什么情况？

3）若三相照明电路的中性线因故断开，当一相发生短路时（见图 4-15c），电路会出现什么情况？

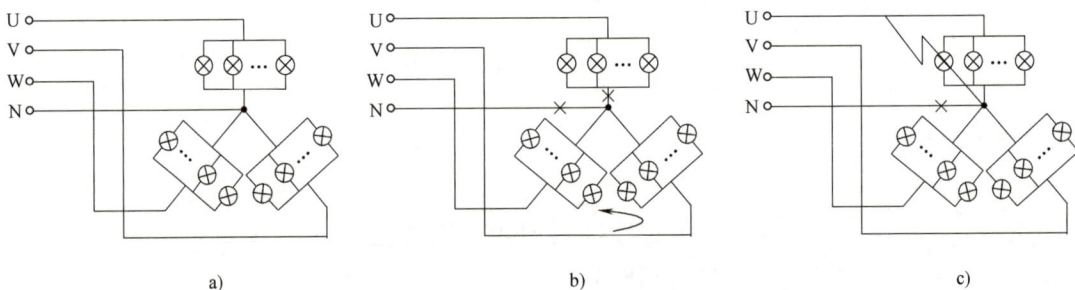

图 4-15 例 4-5 的图

a）有中性线 b）无中性线且 U 相断开 c）无中性线且 U 相短路

解 设电源线电压为 $U_L = 380V$，相电压为 $U_P = 220V$。

1）三相照明负载的正确接法是，每组灯相互并联，然后分别接至各相电压上。

当有中性线时，每组灯的数量可以相等，也可以不等，但每盏灯上都可得到额定的工作电压 220V，均能正常工作。

2）如果中性线断开，又发生 U 相断路，此时 V、W 两相构成串联，其端电压为电源线电压 380V。若 V、W 两相负载相同，各相分得电压有效值为 190V，均低于额定值 220V，不能正常工作；若 V、W 两相负载不相同，则负载大的一相（电阻小、电流大）分压低，不能正常发光，负载小的一相（电阻大、电流小）分压高于 220V，易烧损。

3）如果中性线断开，又发生 U 相短路，此时 V、W 相都会与短接线构成通路，两相端电压均为线电压 380V，因此 V、W 两相的负载由于超过额定值而烧损。

结论：在三相四线制星形联结电路中，中性线不允许断开。

思考与练习

4-3-1 三相不对称负载有中性线与无中性线有何区别？

4-3-2 三相不对称负载对中性线有什么要求？

4-3-3 三相对称负载 U 相绕组两端电压为 $\dot{U}_U = 110\underline{/100°}V$，试求其分别作为星形联结和三角形联结时的线电压。

4.4 三相电路的功率

不论负载是星形联结还是三角形联结，三相负载的总功率都是各相功率的总和，三相电路中，各项功率的计算与单相电路相同。

1. 有功功率

三相负载无论是否对称，无论采用星形连接还是三角形连接，总的有功功率都等于各相负载的有功功率之和。

$$P = P_U + P_V + P_W = U_U I_U \cos\varphi_U + U_V I_V \cos\varphi_V + U_W I_W \cos\varphi_W$$

如果负载对称，各相负载的有功功率相等，即：

$$P = 3U_P I_P \cos\varphi \tag{4-12}$$

式中，U_P 和 I_P 分别为相电压与相电流的有效值；φ 是相电压 U_P 和 I_P 之间的相位差。

考虑到负载的线电压和线电流在实际操作中更易于测量，可利用对称负载中的线电压与相电压以及线电流与相电流的关系，将式（4-12）改写为线电压和线电流的表示形式。

当对称负载星形联结时，有：

$$U_P = \frac{U_L}{\sqrt{3}}, \quad I_P = I_L$$

于是：

$$P = \sqrt{3}\, U_L I_L \cos\varphi$$

当负载为三角形联结时，有：

$$U_P = U_L, \quad I_P = \frac{I_L}{\sqrt{3}}$$

代入式（4-12）中，可见无论对称负载是星形联结还是三角形联结，总有：

$$P = \sqrt{3}\, U_L I_L \cos\varphi \tag{4-13}$$

2. 无功功率

同理，三相负载的总无功功率为：

$$Q = Q_U + Q_V + Q_W = U_U I_U \sin\varphi_U + U_V I_V \sin\varphi_V + U_W I_W \sin\varphi_W$$

对称三相电路中，有：

$$Q = 3U_P I_P \sin\varphi = \sqrt{3}\, U_L I_L \sin\varphi \tag{4-14}$$

3. 视在功率

在三相交流电路中，无论负载是星形连接还是三角形连接，三相负载的有功功率、无功功率、视在功率的关系都满足

$$S = \sqrt{P^2 + Q^2}$$

三相负载对称的情况下，有：

$$S = 3U_P I_P = \sqrt{3}\, U_L I_L \tag{4-15}$$

【例 4-6】　三相负载 $Z = (6+j8)\Omega$，将其接于 380V 线电压上，试求分别用星形联结和三角形联结时三相电路的总功率。

解　每相阻抗 $Z = (6+j8)\Omega = 10\underline{/53.1°}\,\Omega$

星形接法时线电流为：

$$I_{\mathrm{L}} = I_{\mathrm{P}} = \frac{U_{\mathrm{P}}}{|Z|} = \frac{380/\sqrt{3}}{10}\mathrm{A} \approx 22\mathrm{A}$$

故三相总功率为：

$$P_{\mathrm{Y}} = \sqrt{3}\,U_{\mathrm{L}}I_{\mathrm{L}}\cos\varphi = (\sqrt{3}\times380\times22\times\cos53.1°)\mathrm{W} \approx 8.68\mathrm{kW}$$

当三角形联结时，相电流为：

$$I_{\mathrm{P}} = \frac{U_{\mathrm{L}}}{|Z|} = \frac{380}{10}\mathrm{A} = 38\mathrm{A}$$

所以，线电流为：

$$I_{\mathrm{L}} = \sqrt{3}\,I_{\mathrm{P}} = \sqrt{3}\times38\mathrm{A} \approx 65.8\mathrm{A}$$

故三角形联结时，三相总功率为：

$$P_{\triangle} = \sqrt{3}\,U_{\mathrm{L}}I_{\mathrm{L}}\cos\varphi = (\sqrt{3}\times380\times65.8\times\cos53.1°)\mathrm{W} \approx 26.0\mathrm{kW}$$

计算表明，在电源电压不变时，同一负载由星形联结改为三角形联结时，功率增加到原来的3倍。因此，要使负载正常工作，负载的接法就必须正确。当正常工作为星形联结的负载误被联结成三角形时，将因功率过大而烧毁；当正常工作为三角形联结的负载误被联结成星形时，将因功率过小而不能正常工作。

思考与练习

4-4-1　有人说："对称三相负载的功率因数角，对于星形联结是指相电压与相电流的相位差，对于三角形联结则是指线电压与线电流的相位差"。这句话对吗？

4-4-2　对称三相负载星形联结，每相阻抗为 $Z = (30+\mathrm{j}40)$ Ω，将其接在380V的电源上，试求负载消耗的总功率为多少？

4.5　供配电系统

电能是现代生产和生活的重要能源。电能既易于由其他形式的能量转换而来，又易于转换为其他形式的能量以供应用。电能的输送和分配既简单经济，又易于控制、调节和测量，利于实现生产过程的自动化。因此，电能在工农业生产、交通运输、科学技术、国防建设等各行各业和人们生活方面得到广泛应用。

4.5.1　工厂供配电系统

工厂供电系统是指工厂所需的电力能源从进厂起到所有用电设备终端止的整个电路。为了保证生产和生活用电的需要，工厂供电要满足以下基本要求。

1）安全。在电能的供应、分配和使用中，不应发生人身事故和设备事故。

2）可靠。应满足电能用户对供电可靠性的要求。

3）优质。应满足电能用户对电压质量和频率等方面的要求。

4）经济。应使供电系统的投资少、运行费用低，并尽可能采用新技术，以及与其他能源的综合利用。

此外，在工厂供电中应采用科学管理方法，合理地处理局部和全局、当前和长远等关系，统筹规划，顾及全局和长远发展。

工厂供电系统由工厂总降压变电站（高压配电站）、高压配电线路、车间变电站、低压配电线路及用电设备组成。

1. 二次变压的工厂供电系统

大型工厂和某些电力负荷较大的中型工厂，一般采用具有总降压变电站的二次变压供电系统，如图 4-16 所示。该供电系统，一般采用 35~110kV 电源进线。先经过工厂总降压变电站，将 35~110kV 的电源电压降至 6~10kV，然后经过高压配电线路将电能送到各车间变电站，再由 6~10kV 降至 380V/220V，供低压用电设备使用。高压用电设备

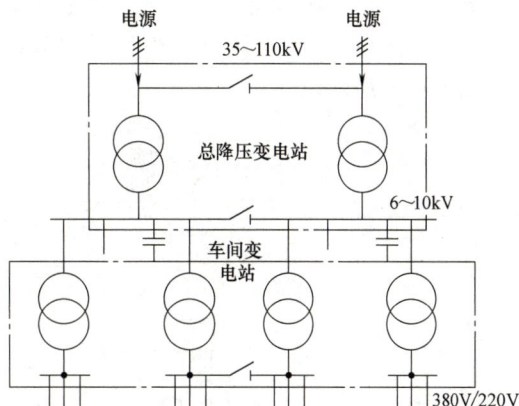

图 4-16　二次变压的供电系统

则直接由总降压变电站的 6~10kV 母线供电。这种供电方式称为二次变压供电方式。

2. 一次变压的工厂供电系统

（1）具有高压配电站的一次变压系统

一般中型工厂，多采用 6~10kV 电源进线，经高压配电站将电能分配给各车间变电站，由车间变电站将 6~10kV 电压降至 380V/220V 电压，供低压用电设备使用。同样，高压用电设备直接由高压配电站的 6~10kV 母线供电，如图 4-17 所示。

（2）高压深入负荷中心的一次变压系统

某些中小型工厂，如果本地电源电压为 35kV，且工厂的各种条件允许时，可直接采用 35kV 作为配电电压，将 35kV 线路直接引入靠近负荷中心的工厂车间变电站，再由车间变电所一次变压为 380V/220V，供低压用电设备使用，如图 4-18 所示。这种高压深入负荷中心

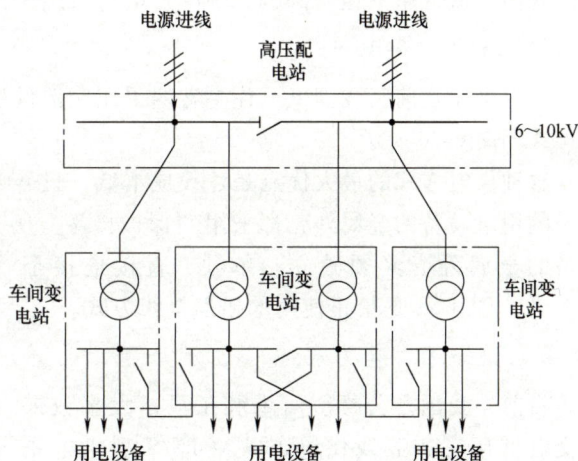

图 4-17　具有高压配电站的一次变压系统

的一次变压供电方式，可节省一级中间变压，从而简化了供电系统，节约有色金属，降低电能损耗和电压损耗，提高了供电质量，而且适应工厂电力负荷的发展。

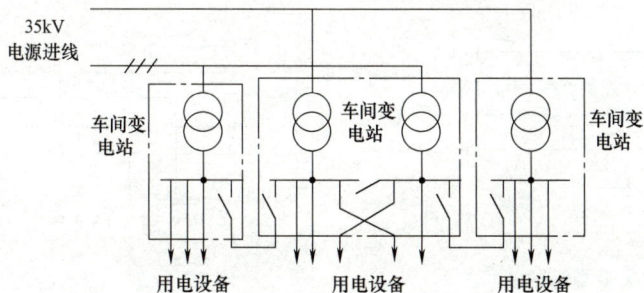

图 4-18　高压深入负荷中心的一次变压系统

（3）只有一个降压变电站的工厂供电系统

对于小型工厂，由于用电较少，通常只设一个 6~10kV 电压降为 380V/220V 电压的变电站，如图 4-19 所示。

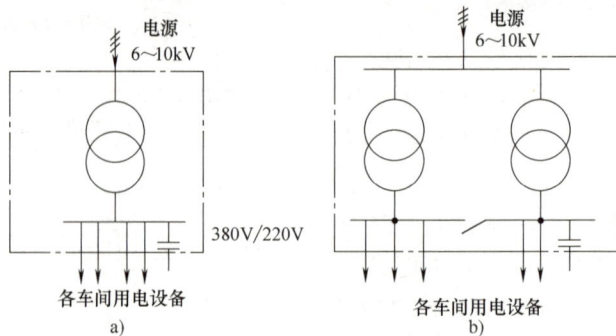

图 4-19 只有一个降压变电站的工厂供电系统
a）装有一台电力变压器 b）装有两台电力变压器

4.5.2 低压供电的方式

我国交流低压三相（380V/220V）电力系统，目前采用的供电方式，主要有如下几种。

1. 三相四线供电方式

五六十年之前，我国工厂住宅普遍采用交流低压三相四线供电方式（TN-C 型供电系统），其接线如图 4-20 所示。

这种供电方式的最大优点是建设成本低，只需 4 根导线，就可以完成三相供电。这种供电系统的用电设备的金属外壳都采用"保护接零"方式，如图 4-20 所示。注意：此系统的用电设备的金属外壳必须独立、单独、直接连接至 PEN 线。图 4-21 是禁止使用的错误接线方式。

2. 三相五线供电方式

目前，我国办公楼、商场和工厂，大多数采用交流低压三相五线供电方式（TN-S 型供电系统），其接线如图 4-22 所示。

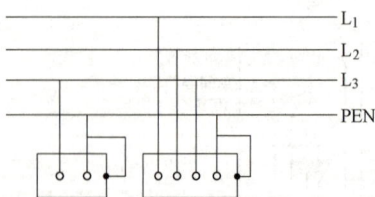

图 4-20 TN-C 型供电系统

这种供电方式安全、可靠，抗干扰性能远优于三相四线制供电方式（TN-C 型供电系统），它是今后低压供电的发展方向，会被越来越广泛地采用。

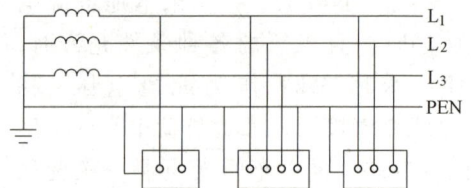

图 4-21 TN-C 型供电系统禁止使用的错误的接线方式

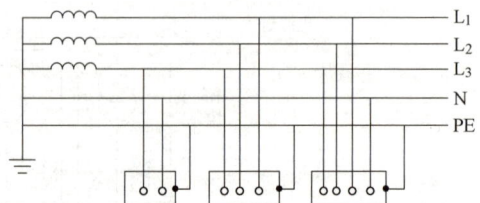

图 4-22 TN-S 型供电系统

与此类电力系统相连接的电气设备，金属外壳都采用"独立保护零线（PE 线）"接线方式。

3. 三相四线/五线混合供电方式

交流低压三相四线/五线混合供电方式（TN-C-S 型）是一种过渡型的低压供电方式，目前，我国很多工厂、住宅、商厦还在使用这种供电方式。其接线如图 4-23 所示。

这种供电系统的安全性和抗干扰性能，低于三相五线供电方式（TN-S 系统），高于三相四线制（TN-C 系统）。

此类电力系统相连接的电气设备，金属外壳采用"独立保护零线（PE 线）"方式接线，如图 4-23 所示。

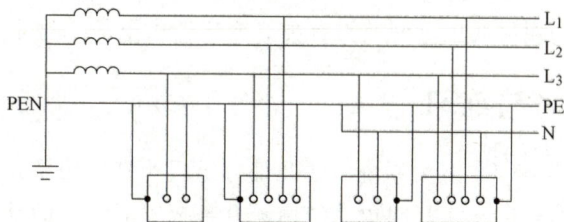

图 4-23　TN-C-S 型供电系统

我国绝大多数低压三相交流供电系统都采用以上三种供电方式。

4. 三相三线供电方式

在三相三线制供电系统中，电源的中性点不接地，而是将用电设备的金属外壳通过接地装置与大地作良好的导电连接，这样的系统称为 IT 系统，如图 4-24 所示。

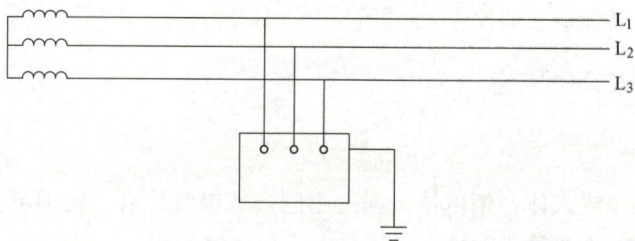

图 4-24　IT 型供电系统

三相三线制供电方式的最大优点是当发生单相对地故障时，不会发生短路，可以维持正常供电，等待可以停电时，再进行维修，而单相对地故障一般会占全部故障的 70%。

因此在一些很特殊的用电场合，如医院手术室供电、高危险的化工、煤矿供电等等易爆场所，常采用 IT 型供电系统，这主要是为了避免一相故障碰地时短路点发生火灾，引起爆炸，并能满足不间断供电的需要。当然这种线路必须辅以绝缘监视及自动报警装置，以便及时发现故障点并及时检修。

另外，还有 TT 型供电系统，是电源的中性点接地，而电气金属外壳接到电气与电力系统接地点无关的独立接地装置上，如图 4-25 所示。

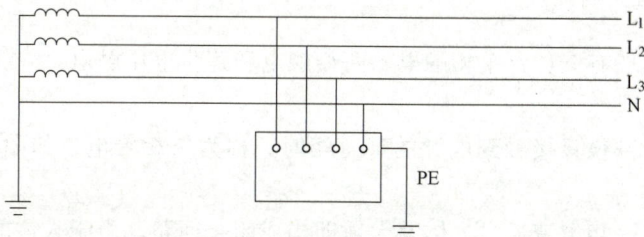

图 4-25　TT 型供电系统

TT 系统在发生单相碰壳故障时，接地电流经保护线 PE 和电源工作接地装置构成电流回路，此时如有人触及带电体外壳时，由于人体电阻远大于保护接地装置的电阻，根据并联电流的分配规律，接地电流主要通过接地电阻，只有很少的电流通过人体，从而起到保护作用。但如果不能及时切断电源，也可能引起触电事故。

TT 系统在我国应用的历史较早，但目前的低压系统中已经很少使用，仅限于负荷小而分散的农村低压电网及没有独立变压器供电的小型企业等。

思考与练习

4-5-1　电力系统由哪几部分组成？其作用是什么？

4-5-2　工厂供电系统由哪几部分组成？它的基本要求是什么？

4-5-3　什么是二次变压供电方式？什么是一次变压供电方式？

4.6　安全用电与触电急救

安全用电主要包括供电系统的安全、用电设备的安全以及人身安全三个方面，这三者之间是紧密联系的。通常供电系统引起的故障可能会导致用电设备的损坏或人身伤亡事故的发生；而用电事故也可能会导致局部或大范围停电，甚至造成严重的社会灾难。因此，必须十分重视安全用电问题，防止电气事故的发生。

4.6.1　触电与安全用电

1. 触电

当人体接触带电体或人体与带电体之间产生闪击放电时，有一定的电流通过人体，从而造成人体受伤甚至死亡的现象称为触电。

触电的情况通常相当复杂，有些是由于触电者本人不慎触及带电部分造成的；而大多数则是由于设备漏电，人体触及设备外壳从而造成触电。

触电对人体的伤害也是一个复杂问题，通常可分为电击和电伤两种。电击是指电流通过人体内部，使人体组织受到伤害。电伤主要是电流对人体外部造成的伤害，如电弧烧伤、电烙伤等。其中电击是经常碰到而且也是危险性最大的一种伤害。

电击伤害的严重程度，与通过人体电流的大小、频率、时间、途径及人体本人健康状况等因素有关。实验和研究发现，当人体中通过的工频交流电流超过 50mA，且通电时间超过 1s 时，就有可能造成生命危险。一般来说，10mA 以下的工频交流电流或 50mA 以下的直流电流，对人体来说可认为是安全电流。

2. 触电方式

人体触电方式一般有三种：单相触电、两相触电和跨步电压触电。

（1）单相触电

指当人体的某个部位只接触到电源的某一相时，称为单相触电，如图 4-26 所示为常见的单相触电情况。

在单相触电时，一相电流通过人体及大地即构成闭合回路。由于人体电阻比中性点接地的电源电阻大得多，因此加在人体上的电压接近相电压 220V，极为危险。设人体电阻为 R_r（按

图 4-26　单相触电

1000Ω 计算），接地电阻 R_d（4Ω），则通过人体的电流为：

$$I = \frac{U_P}{R_r + R_d} \approx \frac{U_P}{R_r} \approx 200\text{mA}$$

很明显，这个电流远大于安全电流。

如果电源中性点不接地，由于输电线与大地之间有电容存在，交流电可通过分布电容和绝缘电阻及人体构成闭合回路。虽然绝缘电阻较人体电阻大，但线路中仍然同时存在着对地电容；而且线路对地绝缘电阻也因环境条件而异，触电电流仍可能达到危害生命的程度。

通常对于高压带电体，人体虽未直接接触；但如果超过了安全距离，带电体可能产生电弧，通过人体向大地放电，造成单相接地引起触电，这也属于单相触电。

（2）两相触电

指人体同时触及电源的两根相线，如图 4-27 所示。这时，加在人体上的电压是线电压，此时通过人体的电流是单相触电电流的 $\sqrt{3}$ 倍，因此无论低压电网的中性点是否接地，也无论人是否站在绝缘物上，这种触电情况都是十分危险的。

（3）跨步电压触电

指当电线或电气设备发生接地事故时，接地电流通过接地体向大地流散，从而在接地点周围的土壤中产生电压降。当人在接地体附近行走时，两脚之间就产生一定的电位差，通称跨步电压。跨步电压较高时，人体就会触电，称为跨步电压触电。跨步电压的大小与接地线路电压的高低、人跨步的大小及人在地面的位置有关，如图 4-28 所示。距离接地点越远，跨步电压就越小，由此可见 $U_1 > U_2$。一般低压用电电路，离接地点 20m 以外就不会发生跨步电压触电。

图 4-27　两相触电

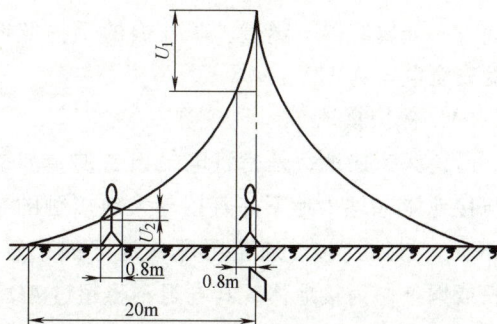

图 4-28　跨步电压触电

3. 防止触电的保护措施

（1）安全距离保护

为了避免人体、器具碰撞或过分接近带电体造成触电和短路事故，在带电体与地面之间、带电体与其他设施之间、带电体与带电体之间，都应符合安全要求距离。这个距离就是安全距离。例如电气工作人员在设备维修时，与设备带电部分的安全距离，如表4-1所示。

表4-1　工作人员工作中正常活动范围与带电设备的安全距离

电压等级/kV		≤10	20~35	60~110	220	330
安全距离/m	无遮拦	0.70	1.00	1.50	2.00	3.00
	有遮拦	0.35	0.6	1.5	2.00	3.00

（2）绝缘保护

绝缘保护是用绝缘体把可能形成的触电回路隔开，以防止触电事故的发生，常见的有外壳绝缘、场地绝缘和工具绝缘等方法。

外壳绝缘：为了防止人体接触带电部位，在电器装置的外壳装防护罩，有些电动工具和家用电器，除了工作电路有绝缘保护外，还用塑料外壳作为第二绝缘。

场地绝缘：在人站立的地方用绝缘层垫起来，使人体与大地隔离，可防止大多数的触电事故。常用的有绝缘台、绝缘地毯和绝缘胶鞋等。

工具绝缘：电工常用工具如钢丝钳、剥线钳、螺钉旋具等在手柄上都有500V以上的绝缘套，可防止工作时触电。另外一些工具，如电工刀、活扳手等则没有绝缘保护，必要时可戴绝缘手套操作，而当使用金属外壳的手电钻等电动工具时，除戴绝缘手套外，还应穿绝缘鞋或站在绝缘板上操作。

（3）安全电压

安全电压是为了防止触电事故而采用的由特定电源供电的电压系列。按照人体的最小电阻（800~1000Ω）和工频致命电流（30~50mA）可求得对人体的危险电压（800~1000）Ω×（30~50）mA=（24~50）V。

我国规定安全电压的上限值在任何情况下，两导体之间或任一导体与大地之间均不得超过工频电压有效值50V。

安全电压的额定值电压等级有42V、36V、24V、12V和6V。当电气设备采用的电压超过24V时，必须采取防止直接接触带电体的保护措施。

安全电压额定值应根据工作环境、设备特点等因素选择，对于工作环境差、容易造成触电的地方，安全电压值应低一些。例如，机床照明和手提式照明等的安全电压为36V，特别潮湿的地方、金属容器、隧道、矿井内的手提照明灯的安全电压为12V。

（4）保护接地

所谓保护接地，是指将电气设备的金属外壳与接地体（埋入地下并直接与大地接触的金属导体）与地连接。通常用埋入地下的钢管、角铁或铜条作为接地体，其电阻不得超过4Ω。

在电源中性点不接地的低压供电系统中，电气设备均需采用接地保护。如图4-29所示，

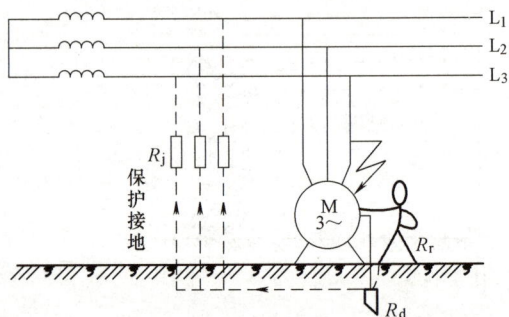

图4-29　保护接地

可以看出当设备漏电时，人触及漏电设备相当于人体电阻 R_r 与接地电阻 R_d 并联，R_d 越小，流过人体的电流越小，保护作用就越大。根据规定，$R_d < 4\Omega$（R_d 远小于 R_r）。换句话说，正是因为 R_d 很小，才使人避免了触电危险。

4.6.2　触电急救知识

作为一个有经验的电工操作人员，倘若遇到触电事故的发生，头脑必须保持清醒，沉着应对。

1. 触电的现场抢救

当发现有人触电时，首先应使触电者尽快脱离电源。

1）如果触电现场远离开关或不具备关断电源的条件，救护者可站在干燥木板上，用一只手抓住衣服将其拉离电源。也可用干燥木棒、竹竿等将电线从触电者身上挑开。

2）如触电发生在相线与大地间，可用干燥绳索将触电者身体拉离地面，或用干燥木板将人体与地面隔开，再设法关断电源。

3）如手边有绝缘导线，可先将一端良好接地，另一端与触电者所接触的带电体相接，将该相电源对地短路。

4）也可用手头的刀、斧、锄等带绝缘柄的工具，将电线砍断或撬断。

2. 对不同情况的救治

使触电者脱离电源后，应迅速拨打 120，请医疗部门前来救护，并视受伤害程度进行急救处理。

1）触电者神志尚清醒，但感觉头晕、心悸、出冷汗、恶心、呕吐等，应让其静卧休息，减轻心脏负担。

2）触电者神志有时清醒，有时昏迷，应静卧休息，并请医生救治。

3）触电者无知觉，无呼吸或不能正常呼吸、有心跳的触电者，应施行人工呼吸。如心跳停止，呼吸尚存，应采取胸外心脏按压法。

4）如呼吸、心跳均停止，也不应该认为是死亡，必须毫不迟疑地用上述方法，持久不断地抢救，直到触电者复苏或医务人员前来救治为止。

3. 人工呼吸法

人工呼吸法只对停止呼吸的触电者使用。操作步骤如下：

1）先使触电者仰卧。解开衣领、围巾、紧身衣服等，除去口腔中的黏液、血液、食物、假牙等杂物。

2）将触电者头部尽量后仰，鼻孔朝天，颈部伸直。救护人一只手捏紧触电者的鼻孔，另一只手掰开触电者的嘴巴。救护人深吸气后，紧贴着触电者的嘴巴大口吹气，使其胸部膨胀；之后救护人换气，放松触电者的嘴鼻，使其自动呼气。如此反复进行，吹气 2s，放松 3s，大约 5s 一个循环。

3）吹气时要捏紧鼻孔，紧贴嘴巴，不要漏气，放松时应能使触电者自动呼气。其操作如图 4-30 所示。

4）如触电者牙关紧闭，无法撬开，可采取口对鼻吹气的方法。

5）对体弱者和儿童吹气时用力应稍轻，以免肺泡破裂。

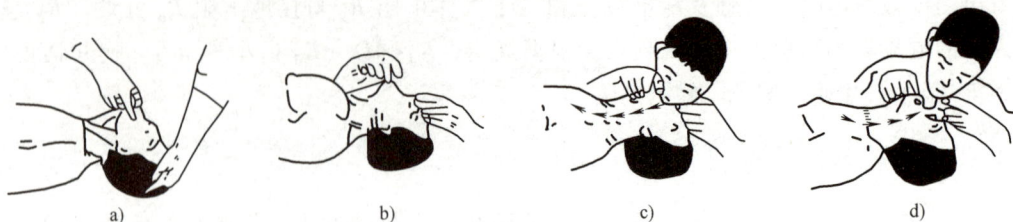

图 4-30　口对口人工呼吸

4. 胸外按压法

确定正确按压位置的步骤：

1）右手的食指和中指沿触电的伤员的右侧肋弓下缘向上，找到肋骨和胸骨结合处的中点。

2）两手指并齐，中指放在切迹中点，食指平放在胸骨下部。

3）另一只手的掌根紧挨食指上缘，置于胸骨上，即为正确的按压位置（见图 4-31）。

使触电伤员仰面躺在平坦的地方，救护人员立或跪在伤员的一侧肩旁，救护人员的两肩位于伤员胸骨正上方，两臂伸直，肘关节固定不屈，两手掌根相叠，手指翘起，不接触伤员的胸壁。以腕关节为支点，利用上身的重力，垂直将正常人胸骨压陷 3~5cm（儿童和瘦弱者酌减）。压到要求的程度后，立即全部放松，但放松时救护人员的掌根不得离开胸壁。胸外

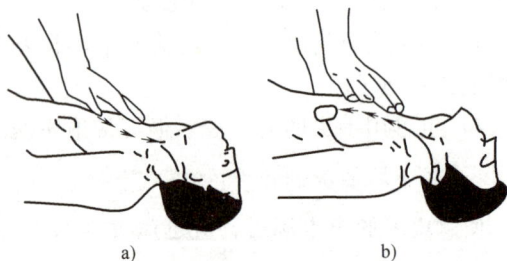

图 4-31　胸外按压法
a）向下按压　b）迅速放松

按压要以均匀速度进行，每分钟 100~120 次，每次按压和放松的时间相等。

思考与练习

4-6-1　一些金属外壳的家用电器（如电冰箱、洗衣机等）使用三眼插头和插座，而一些非金属外壳的电器（电视机、收音机）却只使用两眼插头和插座，为什么？

4-6-2　什么是三相五线制供电系统？它有什么优点？

4-6-3　试说明保护接地与保护接零的原理与区别。

4.7 实训　三相交流电路的测试

1. 实训目的

1）熟悉三相负载的连接方式。

2）验证三相对称负载电路中性线电流和相电流的测量方法。

3）理解中性线在三相四线制电路中的作用。

2. 仿真操作

（1）对称负载的星形联结

1）电路连接。负载的星形联结仿真电路如图 4-32 所示。

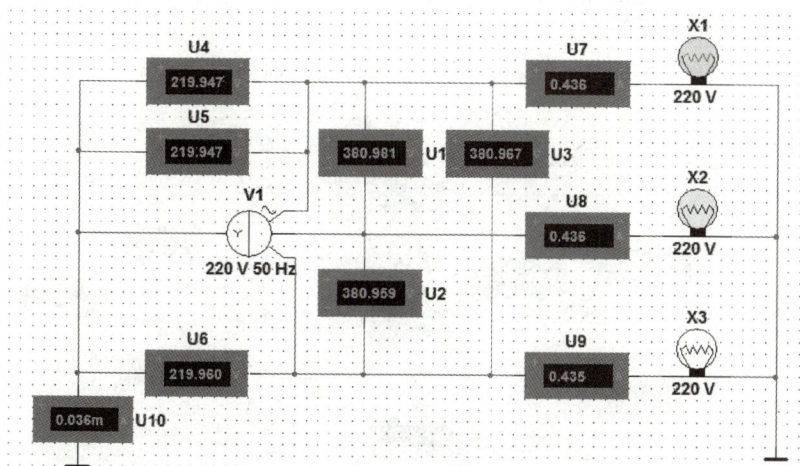

图 4-32　负载的星形联结仿真电路

2）仿真测量。启动仿真开关，可得到三相相电压分别为 219.947V、219.947V、219.960V；三相线电压分别为 380.981V、380.967V、380.959V；线电流与相电流相等，分别为 0.436A、0.436A、0.435A，中性线电流为 0.036mA，约等于 0。线电压是相电压的 $\sqrt{3}$ 倍。结果如图 4-32 所示。

（2）不对称负载星形联结电路仿真

1）双击 X1 灯图标，弹出 "LAMP_VIRTUAL" 对话框，如图 4-33 所示。将 "Maximum Rated Power（功率）" 栏修改为 200，单击 "确定" 按钮。同样的操作，修改 X3 灯的功率为 300。负载变为不对称负载。

2）仿真测量。启动仿真开关，可得到三相相电压分别为 219.947V、219.947V、219.960V，三相线电压分别为 381.081V、380.967V、380.959V，线电流与相电流相等，分别为 0.436A、0.901A、1.391A，中性线电流 0.837A。线电压是相电压的 $\sqrt{3}$ 倍。结果如图 4-34 所示。

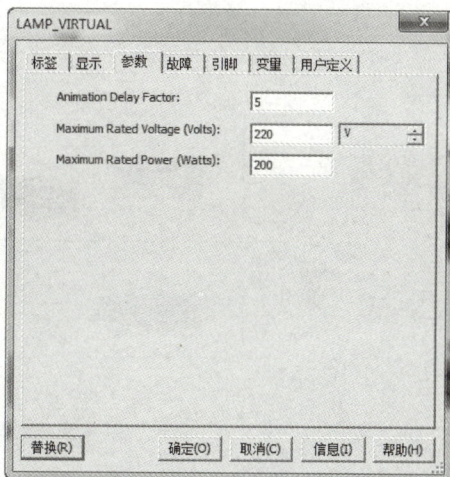

图 4-33　修改功率参数

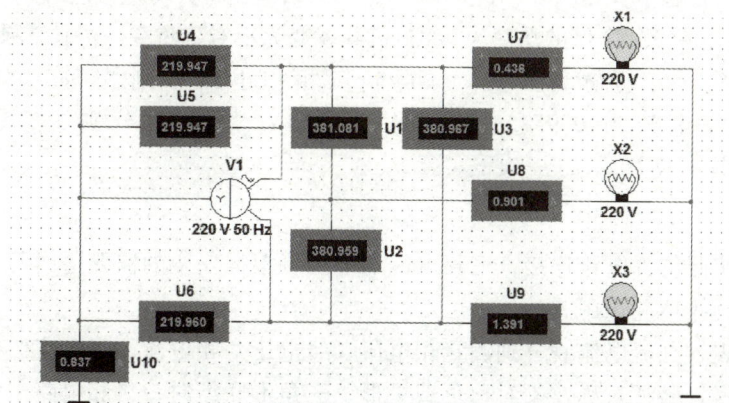

图 4-34　不对称负载星形联结电路仿真

（3）对称负载三角形联结

1）图 4-35 所示为三相负载三角形联结线电流与相电流仿真电路。

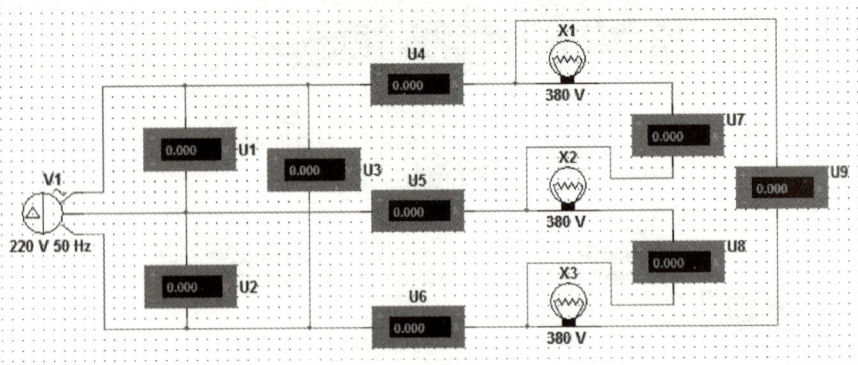

图 4-35 对称负载三角形联结仿真电路

2）仿真测量。启动仿真开关，可得到三相相电压分别为 380.989V、380.969V、380.966V；三相线电流相等，均为 0.457A；相电流相等，均为 0.264A；线电流是相电流的 $\sqrt{3}$ 倍。结果如图 4-36 所示。

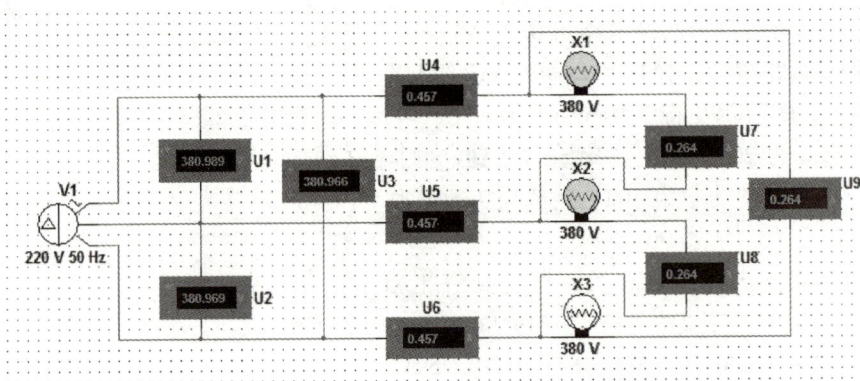

图 4-36 对称负载三角形联结电路仿真

（4）不对称负载三角形联结

1）双击 X2 灯图标，弹出"LAMP_VIRTUAL"对话框，将其功率修改为 200，单击"确定"按钮。同样的操作，修改 X3 灯的功率为 300，负载就变为不对称负载。仿真结果如图 4-37 所示。

2）仿真测量。启动仿真开关，可得到三相相电压分别为 380.981V、380.959V、380.967V，三相线电流为 0.951A、0.698A、1.150A；相电流分别为 0.264A、0.528A、0.791A，结果如图 4-37 所示。

3. 实验操作

实验室操作按照仿真电路连接，三相电源的电压可根据安全的需要适当调低，白炽灯的功率可根据实验室具体情况选用。

用交流电压表、交流电流表分别测量相电压、线电压、相电流、线电流的数据并记录。

根据实验数据，验证对称及不对称负载星形、三角形联结时，三相电路中的线电压与相电压、线电流与相电流之间的关系，并分析中性线的作用。

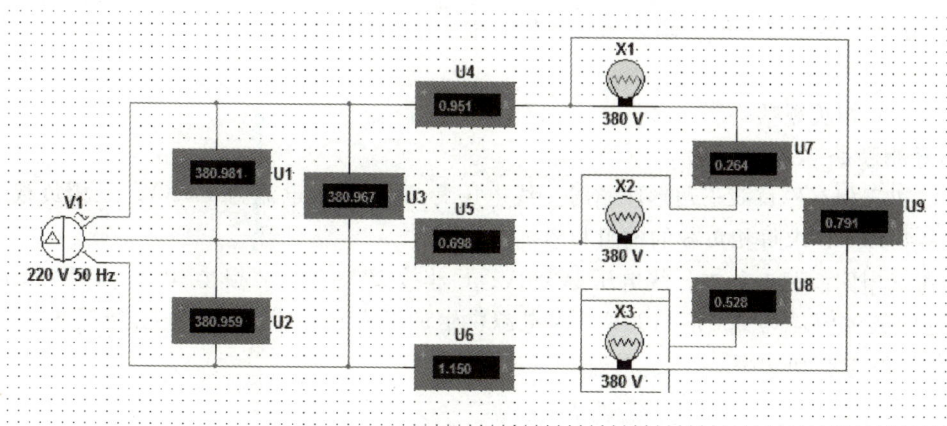

图 4-37　不对称负载三角形联结仿真

4. 问题思考

1）若三相不对称负载联结且无中性线时，各相电压的分配关系将会如何？说明中性线的作用和实际应用中需要注意的问题。

2）画出三相对称负载联结时线电压与相电压的相量图，并进行计算，验证仿真数据正确与否。

4.8 习题

1. 已知三相电压 V 相电压 $u_V = 220\sqrt{2}\sin(\omega t - 100°)$ V，试求另外两相电压的正弦表达式，并画出相量图。

2. 三相对称电路，其线电压为 380V，负载 $Z = (30+j40)\Omega$，试求：

1）当负载星形联结时相电流和中性线电流。

2）若改为三角形联结，则再求负载相电流和线电流。

3. 图 4-38 所示的电路是供白炽灯负载的照明电路，电源电压对称，线电压为 380V，每相负载的电阻 $R_U = 5\Omega$，$R_V = 10\Omega$，$R_W = 20\Omega$，试求：

1）各相电流及中性线电流。

2）U 相断路，各相负载所承受的电压和通过的电流。

3）U 相和中性线均断路，各相负载的电压和电流。

4）U 相负载短路，中性线断开，各相负载的电压和电流。

4. 在图 4-39 所示电路中，电流表在正常工作时读数是 26A，电压表读数是 380V，电源电

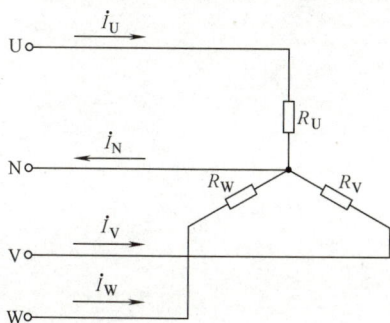

图 4-38　题 3 的图

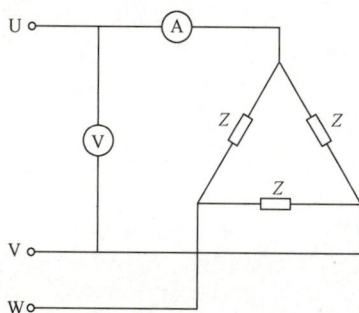

图 4-39　题 4 的图

压对称，在下列情况之一时，求各相的负载电流。

1）正常工作。

2）U、V相负载断路。

3）U相断路。

5. 已知三相对称负载三角形联结时，线电压为380V，线电流为17.3A，三相负载消耗的总功率为4.5kW，求每相负载的电阻和感抗。

6. 在三相四线制电路中，线电压为380V，U相接20盏灯，V相接30盏灯，W相接40盏灯，灯泡的额定值均为220V、100W，求电源供给的总有功功率。若线电压降至300V，则再求电源供给的总有功功率。

第5章 电路的过渡过程

学习目标

- 理解暂态、稳态及过渡过程的概念。
- 掌握换路定理及应用。
- 掌握一阶电路过渡过程的三要素分析方法并熟练应用。
- 理解形成微分电路和积分电路的条件及波形变换原理。

5.1 过渡过程的概念

5.1.1 暂态与稳态

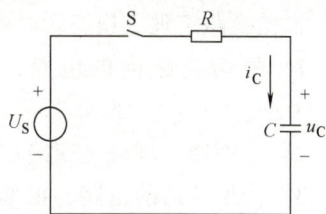

前面几章所讨论分析的是直流或交流电路的稳定状态。所谓稳定状态，就是指电路中的电压和电流值，在所给定的条件下具有某一稳定的数值。稳定状态简称稳态。

当电源电压、电流或频率发生变化时，或含有电容、电感等储能元件的电路刚刚接通、断开时，电路参数会突然发生变化，电路中的电流、电压等物理量也将随着变化，达到与新条件相适应的另一稳定值。

电路从一种稳定状态转换到另一种稳定状态的变化过程称为过渡过程。过渡过程经历的时间很短，故又称为暂态过程，简称暂态。研究电路在暂态过程中电流和电压随时间的变化规律，称为电路的暂态分析。

以图 5-1 所示的 RC 串联电路为例，原来开关 S 打开，电容未被充电，即 $i_C = 0$，$u_C = 0$，这时电路处于一种稳态。在开关 S 闭合后经过一段时间，由于电容对直流相当于开路，所以电路中 $i_C = 0$，$u_C = U_S$，电容中储存了能量，这又是一种稳态。电容电压从 0 达到 U_S 的过程以及电流 i_C 的变化过程，就是要研究的暂态问题。

图 5-1 *RC* 串联电路

5.1.2 换路定理

1. 换路的概念

将电路的接通、切断、短路，电动势幅值、波形的突变，电路连接方式以及电路参数的突然改变等现象统称为换路。

电路中引起过渡过程的原因有两个：

1）由于电路中出现换路，会使电路工作状态发生变化，就有可能产生过渡过程，所以，

换路是引起过渡过程必要的外部条件。

2）电路中含有储能元器件是引起过渡过程必要的内部条件。因为具有储能元器件的电路，在电路换路时，从换路前的稳定状态到换路后的稳定状态，必须经历一段时间的过渡过程。而纯电阻电路在换路瞬间，其电流、电压是可以跃变的，即电路工作可以瞬时完成，不存在过渡过程。

含有储能元器件的电路在换路后要引起过渡过程的原因是，物质所具有的能量不能突变。自然界的任何物质在一定的稳定状态下，都具有一定的或一定形式的能量，当条件改变时，能量也会随着改变。但是，能量的积累或衰减需要一定的时间。

2. 换路定理

换路定理是指在一个具有储能元件的网络中，在电路换路瞬间，电感元件的电流不能突变，电容元件的端电压不能突变。

从能量观点来看，电感的磁场能量 $W_{\mathrm{L}} = \frac{1}{2}Li_{\mathrm{L}}^2$，电容的电场能量 $W_{\mathrm{C}} = \frac{1}{2}Cu_{\mathrm{C}}^2$，式中，电感量 L 和电容量 C 都是常量。假设电感中电流 i_{L} 突变，则电感元件储存的磁场能量 W_{L} 也要发生突变，磁场能量的突变意味着电源提供的功率 $P = \lim\limits_{\Delta t \to 0} \frac{\Delta W_{\mathrm{L}}}{\Delta t} = \infty$。事实上，没有能在瞬间提供无限大功率的电源，这说明了电感元件中的电流不能突变。同理，如果假设电容端电压 u_{C} 可以突变，则电容元件储存的电场能量 W_{C} 也要发生突变，用同样道理可以说明电容电压不能突变。

若取时间 $t=0$ 为换路瞬间，以 $t=0_-$ 表示换路前的终了瞬间，$t=0_+$ 表示换路后的初始瞬间，则换路定理可叙述如下：

从 $t=0_-$ 到 $t=0_+$ 换路瞬间，电感元件中的电流和电容元件上的电压保持原值不变。

即：

$$i_{\mathrm{L}}(0_+) = i_{\mathrm{L}}(0_-) \tag{5-1}$$
$$u_{\mathrm{C}}(0_+) = u_{\mathrm{C}}(0_-) \tag{5-2}$$

3. 换路定理的应用

根据换路定理求换路瞬时初始值的步骤如下：

1）根据换路前的电路，求出换路前瞬间（$t=0_-$）的电容电压 $u_{\mathrm{C}}(0_-)$ 和电感电流 $i_{\mathrm{L}}(0_-)$。

2）由换路定理确定换路后瞬间（$t=0_+$）的电容电压 $u_{\mathrm{C}}(0_+)$ 和电感电流 $i_{\mathrm{L}}(0_+)$。

3）按换路后的电路，根据电路的基本定律求出换路后瞬间（$t=0_+$）的各支路电流和各元件上的电压。

【例 5-1】 电路如图 5-2 所示。开关 S 原来打开，电容和电感都没有储能，$t=0$ 时，开关

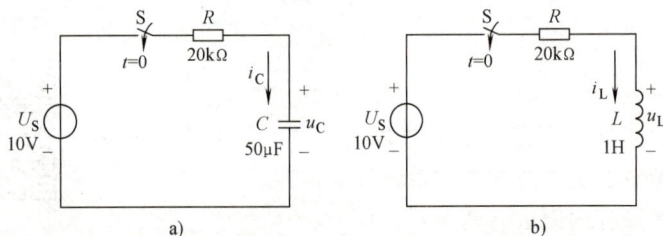

图 5-2 例 5-1 的图

S 闭合，求开关闭合后初始瞬间电容中电压和电感中电流的初始值。

解　1）求图 5-2a 电路在开关闭合后电压和电流的初始值。

由于 $t=0_-$ 时开关 S 断开，且电容没有储存电荷，所以：

$$i_C(0_-)=0A，u_C(0_-)=0V，u_R(0_-)=0V$$

根据换路定理：

$$u_C(0_+)=u_C(0_-)=0V$$

因 $u_C(0_-)=0V$，故 $t=0_+$ 瞬间，电容 C 相当于短路。

所以：

$$i_C(0_+)=\frac{U}{R}=\frac{10}{20}mA=0.5mA$$

$$u_R(0_+)=20k\Omega\times0.5mA=10V$$

这个计算结果表明，电容元件的电流和电阻元件端的电压是可以跃变的。

2）求图 5-2b 电路在开关闭合后电压和电流的初始值。

由于 $t=0_-$ 时开关 S 是断开的，且电感没有电流，所以：

$$i_L(0_-)=0A，u_L(0_-)=0V，u_R(0_-)=0V$$

根据换路定理：

$$i_L(0_+)=i_L(0_-)=0A$$

因 $i_L(0+)=0V$，故 $t=0_+$ 瞬间，电感 L 相当于开路。

所以：

$$u_L(0_+)=U=10V$$

$$u_R(0_+)=0V$$

这个计算结果表明，电感元件的端电压是可以跃变的。

思考与练习

5-1-1　是否任何电路发生换路时都会产生过渡过程？

5-1-2　产生过渡过程的原因是什么？

5-1-3　换路定理的内容是什么？根据换路定理，求换路瞬间时，电感和电容有时视为开路，有时视为短路，试说明这样处理的条件。

5.2　一阶 RC 电路的过渡过程

5.2.1　分析一阶电路过渡过程的三要素法

分析过渡过程的基本方法是根据已知条件，利用欧姆定律和基尔霍夫定律列出微分方程并求解。只含有一个储能元件或可等效为一个储能元件的电路，其过渡过程可以用一阶微分方程描述，这种电路称为一阶电路。

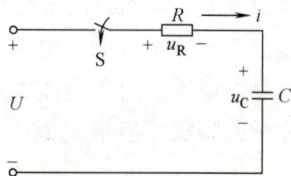

图 5-3 是 RC 串联电路，$t=0$ 时开关 S 闭合，电路与直流电压源接通。开关 S 闭合后的过渡过程可根据基尔霍夫定律列出回路电压方程。

$$u_R+u_C=U \qquad (5-3)$$

图 5-3　RC 串联电路

即：

$$Ri + u_C = U$$

将 $i = C \dfrac{\mathrm{d}u_C}{\mathrm{d}t}$ 代入上式，得：

$$RC \frac{\mathrm{d}u_C}{\mathrm{d}t} + u_C = U \tag{5-4}$$

式（5-4）是一阶常系数非齐次线性微分方程，它的通解 u_C 是它的一个特解 u_C' 和它对应的齐次线性微分方程的通解 u_C'' 之和。即：

$$u_C = u_C' + u_C''$$

它的特解 u_C' 是开关闭合后经无限长时间（即 $t = \infty$ 时）的电容电压值，即：

$$u_C' = u_C(\infty)$$

齐次线性微分方程的通解 u_C'' 是一个时间的指数函数，可表示为：

$$u_C'' = A\mathrm{e}^{pt}$$

将其代入该齐次方程，可得出该齐次方程的特征方程是：

$$RCp + 1 = 0$$

$$p = -\frac{1}{RC} = -\frac{1}{\tau}$$

令：

$$\tau = RC \tag{5-5}$$

于是：

$$u_C = u_C(\infty) + A\mathrm{e}^{-\frac{t}{RC}}$$

$$= u_C(\infty) + A\mathrm{e}^{-\frac{t}{\tau}} \tag{5-6}$$

式中，$\tau = RC$ 称为时间常数，积分常数 A 可由电路的初始条件定出，若已知 $t = 0_-$ 时的 $u_C(0_-)$，则可根据换路定理求得 $u_C(0_+)$，将 $t = 0$ 时 u_C 的初始值 $u_C(0_+)$ 代入式中，可得：

$$u_C(0_+) = u_C(\infty) + A$$

$$A = u_C(0_+) - u_C(\infty)$$

将上式 A 代入式（5-6），得：

$$u_C = u_C(\infty) + [u_C(0_+) - u_C(\infty)]\mathrm{e}^{-\frac{t}{\tau}} \tag{5-7}$$

由式（5-7）可知，u_C 由两个分量叠加而成，其中 $u_C(\infty)$ 是电路换路后的稳态分量；$[u_C(0_+) - u_C(\infty)]\mathrm{e}^{-\frac{t}{\tau}}$ 是电路换路后的暂态分量，是时间的指数函数。对于直流电源作用下的一阶 RC 电路，只要求得初始值 $u_C(0_+)$、稳态值 $u_C(\infty)$ 和时间常数 τ 这三个要素，就可以写出 u_C 的表达式，即完全确定了过渡过程中 u_C 随时间的变化规律。因此，初始值 $u_C(0_+)$、稳态值 $u_C(\infty)$ 和时间常数 τ 是分析一阶 RC 电路过渡过程的三个要素。利用这三个要素分析过渡过程的方法称为三要素法。

可以证明，对于直流电源作用下的任何一阶电路中的电压和电流，均可以用三要素法来进行分析，写成一般形式为：

$$f(t) = f(\infty) + [f(0_+) - f(\infty)]\mathrm{e}^{-\frac{t}{\tau}} \tag{5-8}$$

式中，$f(t)$ 表示过渡过程中电路的电压或电流；$f(\infty)$ 表示该电压或电流的稳态值；$f(0_+)$ 表示换路后瞬间该电压或电流的初始值；τ 为时间常数。

5.2.2　一阶 RC 电路过渡过程的分析

1. RC 电路的充电过程

在图 5-3 所示电路中，若电容未充电，则 $u_C(0_+) = u_C(0_-) = 0\text{V}$，$u_C(\infty) = U$，代入式（5-7）可得：

$$u_C = U(1 - \mathrm{e}^{-\frac{t}{\tau}}) \qquad (5-9)$$

再由 $i(0_+) = \dfrac{U}{R}$，$i(\infty) = 0$ 可得：

$$i = \frac{U}{R}\mathrm{e}^{-\frac{t}{\tau}} \qquad (5-10)$$

由 $u_R(0_+) = U$，$u_R(\infty) = 0$ 可得：

$$u_R = U\mathrm{e}^{-\frac{t}{\tau}} \qquad (5-11)$$

由 u_C、i、u_R 的数学表达式，可以画出它们随时间变化的曲线。电容充电时电流电压的波形如图 5-4 所示。

$\tau = RC$ 为 RC 电路的时间常数，它表征着过渡过程的快慢。τ 值越大，则 u_C 上升得越慢，过程越长，反之亦然。这是因为 τ 值越大，RC 乘积越大。C 大意味着电容所存储的最终能量大，R 大意味着充电电流小，能量存储慢，这都促使过渡过程变长。

u_C 随时间变化的过程如图 5-5 所示。

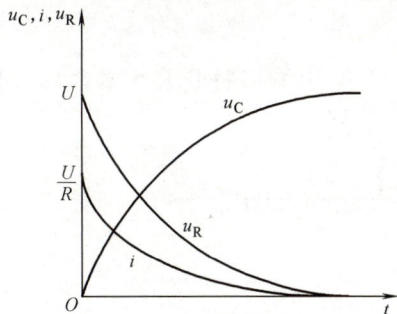

图 5-4　电容充电时电流电压的波形

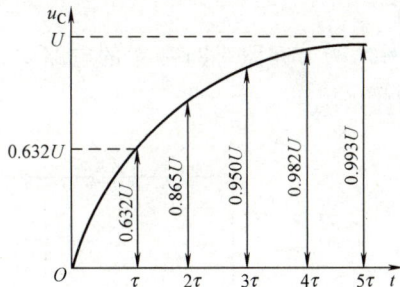

图 5-5　u_C 随时间变化的过程

可以看出：

1）时间常数 τ 的数值等于电容电压由初始值上升到稳态值 63.2% 所需的时间。

2）电压开始变化较快，而后逐渐缓慢。因此，虽然从理论上说，只有当 $t \to \infty$ 时，u_C 才能达到稳定值，充电过程才结束，但在工程上认为，经过 $t = (3 \sim 5)\tau$ 的时间，过渡过程就已基本结束。

2. RC 电路的放电过程

如果在图 5-6 所示的电路中，开关 S 先于 1 接通，给电容充电达到一定数值 U_0，那么在 $t = 0$ 瞬间，将开关 S 由 1 拨到 2，将使 RC 电路与外加电压断开并短接。此时电容将所存储的

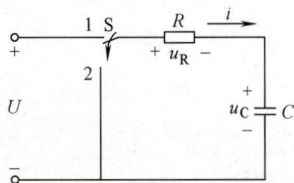

图 5-6　RC 电路放电过程

能量放出。

由电路情况可写出:

$$u_C(0_+) = u_C(0_-) = U_0, u_C(\infty) = 0$$

代入式 (5-7) 可得:

$$u_C = U_0 e^{-\frac{t}{\tau}} \tag{5-12}$$

同理, 将 $i(0_+) = -\dfrac{U}{R}$, $i(\infty) = 0$ 和 $u_R(0_+) = -U_0$, $u_R(\infty) = 0$ 分别代入式 (5-7) 可得:

$$i = -\frac{U_0}{R} e^{-\frac{t}{\tau}} \tag{5-13}$$

$$u_R = -U_0 e^{-\frac{t}{\tau}} \tag{5-14}$$

由 u_C、i、u_R 的数学表达式, 可以画出它们随时间变化的曲线。电容放电时电流电压的波形如图 5-7 所示。

在放电过程中, 时间常数 τ 的数值等于电容电压由初始值下降了总变化量 63.2% 所需的时间, $t = (3\sim5)\tau$ 的时间, 即可认为基本达到了稳态, 放电过程结束。

如果电路中有多个电阻需要计算时间常数时, 就可在换路后的电路中将储能元件支路单独画出, 其余部分成为一个有源二端网络, 该有源二端网络的戴维南等效电路中的内阻 R_0, 即为计算时间常数的 R, 即 $\tau = R_0 C$。

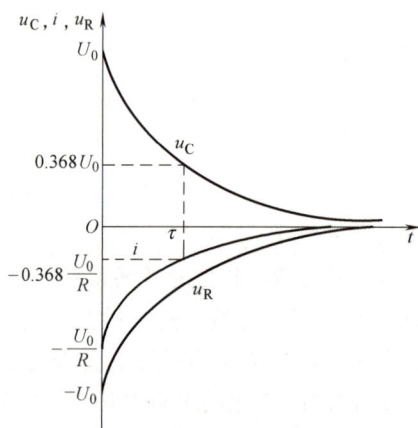

图 5-7 电容放电时电流电压的波形

【例 5-2】 在图 5-8a 所示的电路中, 电容未充电, 在 $t = 0$ 瞬时将开关 S 闭合, 试求电容电压的变化规律。

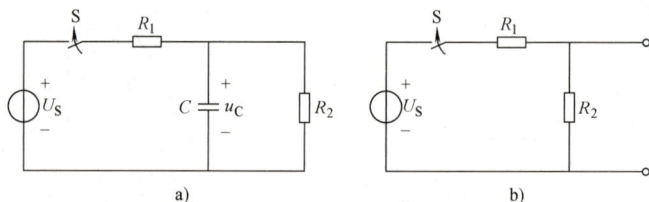

a)

b)

图 5-8 例 5-2 的图

解 除去电容支路后的戴维南等效电路如图 5-8b 所示, 其内阻为:

$$R_0 = \frac{R_1 R_2}{R_1 + R_2}$$

时间常数为:

$$\tau = R_0 C = \frac{R_1 R_2}{R_1 + R_2} C$$

初始值为:

$$u_C(0_+) = u_C(0_-) = 0$$

稳定值为：

$$u_C(\infty) = \frac{R_2}{R_1+R_2} U_S$$

所以：

$$u_C = u_C(\infty) + [u_C(0+) - u_C(\infty)] e^{-\frac{t}{\tau}}$$

$$= \frac{R_2}{R_1+R_2} U_S + \left[0 - \frac{R_2}{R_1+R_2} U_S\right] e^{-\frac{t}{\tau}}$$

$$= \frac{R_2}{R_1+R_2} U_S (1 - e^{-\frac{t}{\tau}})$$

u_C 的波形如图 5-9 所示。

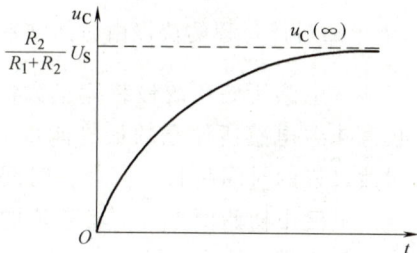

图 5-9　例 5-2 的 u_C 波形图

思考与练习

5-2-1　一阶电路的三要素是指什么？写出其计算公式。

5-2-2　某电路的电压为 $u_C = 10 - 5e^{-0.1t}$ V，试写出它的三要素各为多少？

5-2-3　已知电路如图 5-10 所示，$U_S = 5$V，$R_1 = 6\Omega$，$R_2 = 4\Omega$，$C = 4\mu$F，且电路已处于稳态，$t = 0$ 时 S 开关由 1 拨到 2，试求电路 $u_C(0_+)$ 和 $i_C(0_+)$。

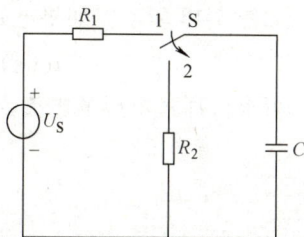

图 5-10　题 5-2-3 的图

5.3 一阶 *RL* 电路过渡过程的分析

1. *RL* 电路与直流电压接通

图 5-11 所示为 *RL* 串联电路与直流电压接通，在 $t = 0$ 时，将开关 S 闭合，则电感 *L* 通过电阻 *R* 与直流电压 *U* 接通。

该电路也是一阶电路，可用三要素法求解，在 $t = 0$ 时，$i(0_+) = i(0_-) = 0$，$i(\infty) = \frac{U}{R}$，故通过电感的电流为：

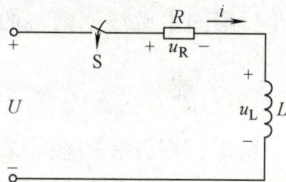

图 5-11　*RL* 串联电路与直流电压接通

$$i_{(t)} = i(\infty) + [i(0_+) - i(\infty)] e^{-\frac{t}{\tau}}$$

$$= \frac{U}{R}(1 - e^{-\frac{t}{\tau}}) \tag{5-15}$$

式中，$\tau = \dfrac{L}{R}$，称为 *RL* 电路的时间常数。

同理，可得电感的端电压为：

$$u_L = u_L(\infty) + [u_L(0_+) - u_L(\infty)] e^{-\frac{t}{\tau}}$$

$$= u_L(0_+) e^{-\frac{t}{\tau}}$$

$$= U e^{-\frac{t}{\tau}} \tag{5-16}$$

电阻的端电压为：

$$u_R = Ri = U(1 - e^{-\frac{t}{\tau}}) \qquad (5\text{-}17)$$

根据式（5-15）可画出 RL 电路与直流电压接通时的电流波形，如图 5-12 所示。

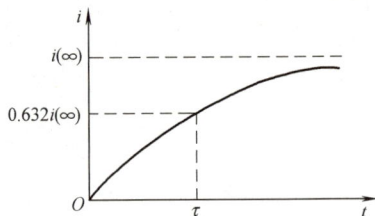

图 5-12　RL 电路与直流电压接通时的电流波形

RL 电路过渡过程的快慢由时间常数 $\tau = \dfrac{L}{R}$ 决定。L 大，意味着电感所储存的最终能量大；R 小，则电流大，也意味着电感所储存的最终能量大。因此，τ 越大，过渡过程的时间越长。同样，时间常数 τ 的数值等于电感电流由初始值上升到稳态值的 63.2% 所需的时间，一般工程上认为，经过 $t = (3 \sim 5)\tau$ 的时间，过渡过程基本结束。

2. RL 电路的短接

如图 5-13 所示，如果电路中的电流达到某一数值 I_0，在 $t = 0$ 时将 RL 电路短接，那么：

$$i(0_+) = I_0, i(\infty) = 0, u_L(0_+) = -I_0 R, u_L(\infty) = 0。$$

可求得通过电感的电流为：

$$i = i(0_+) e^{-\frac{t}{\tau}} = I_0 e^{-\frac{t}{\tau}} \qquad (5\text{-}18)$$

$$u_L = L\frac{di}{dt} = u_L(0_+) e^{-\frac{t}{\tau}} = -I_0 R e^{-\frac{t}{\tau}} \qquad (5\text{-}19)$$

3. RL 的断开

在图 5-14 所示的 RL 断路的电路中，如果 $R_1 \to \infty$，那么，换路后 RL 电路相当于被断开，换路后瞬间电感线圈两端的电压为：

$$u_L(0_+) = -\frac{R+R_1}{R}U \to \infty$$

这样，在开关的触点之间就会产生很高的电压（过电压），开关之间的空气将发生电离而形成电弧，致使开关被烧坏。同时，过电压也可能将电感线圈的绝缘层击穿。为避免过电压造成的损害，可在线圈两端并接一个低值电阻（泄放电阻），加速线圈放电的过程，也可用二极管（称为续流二极管）代替电阻提供放电回路，或在线圈两端并联电容，以吸收一部分电感释放的能量。

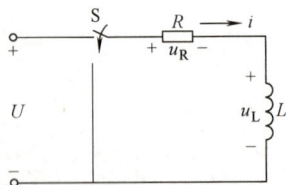

图 5-13　RL 电路短接

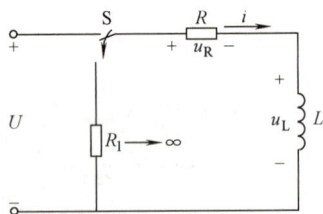

图 5-14　RL 电路断路

思考与练习

5-3-1　在图 5-15 中，RL 是一线圈，与它并联一个二极管 VD。设二极管的正向电阻为零，反向电阻为无穷大。试问二极管在此起何作用？

5-3-2　有一台直流电动机，它的励磁线圈的电阻为 50Ω，当加上额定励磁电压经过 0.1s 后，励磁电流增长到稳态值的 36.8%，试求线圈的电感。

5-3-3　一个线圈的电感 $L = 0.1H$，通有直流 $I = 5A$，现将此线圈短路，经过 $t = 0.01s$ 后，线圈中的电流减小到初始值的 36.8%，试求线圈的电阻。

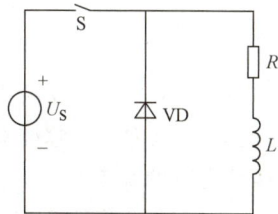

图 5-15　题 5-3-1 的图

5.4 微分电路与积分电路

5.4.1 微分电路

微分电路和积分电路都是利用 RC 串联电路将矩形脉冲转换成尖脉冲波或三角波的，它们在电子技术中被广泛应用。

在图 5-16 所示的 RC 电路中，其输入信号为一个矩形脉冲，u_1 的幅值为 U，脉冲持续时间或称脉冲宽度为 t_p，如图 5-17a 所示，电路的输出电压 u_2 从电阻两端取出。

微分电路的时间常数 $\tau \ll t_p$，若在 $t = 0$ 时，输入矩形脉冲信号 u_1，电压从 0 跃变到 U，则相当于 RC 串联电路在零状态下输入正向直流电压；若电路的时间常数很小，例如 $\tau = 0.05t_p$，则可认为当 $t = 5$、$\tau = 0.25t_p$ 时，电路已进入稳态，u_C 已由 0 增长到 U，u_2 已由 U 衰减到 0。u_C 和 u_2 随时间的变化曲线如图 5-17b、c 所示。

当 $t = t_1$ 时，u_1 由 U 突变到 0，此时相当于将 RC 电路输入端短接，电路换路后，电容电压同样只需经历 $t = 5$、$\tau = 0.25t_p$ 时，u_C 由 U 衰减到 0。u_2 由 $-U$ 很快衰减到 0。若输入电压 u_1 为一系列矩形脉冲，输出则是一系列上下对称的尖脉冲。

由图可知 $u_1 = u_C + Ri$，如果电路满足 $\tau \ll t_p$ 时，由于 τ 很小，故可以认为 R 和 C 都很小，因此，$\dfrac{1}{\omega C} \gg R$，$Ri \ll u_C$，故有：

$$u_1 \approx u_C$$

而输出电压：

$$u_2 = Ri = RC\dfrac{\mathrm{d}u_C}{\mathrm{d}t}$$

所以：

$$u_2 = RC\dfrac{\mathrm{d}u_1}{\mathrm{d}t} \tag{5-20}$$

图 5-17　微分电路波形图

a）输入电压波形　b）电容电压波形　c）输出电压波形

必须指出的是，如果电路时间常数 τ 发生变化，致使 $\tau \gg t_p$，这时电容器充电和放电时间延长，u_C 和 u_2 就将缓慢变化，使输出波形发生质的变化，电路将不再是微分电路了。

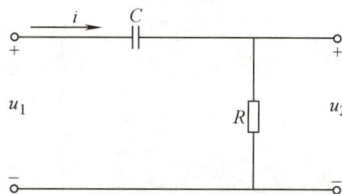

图 5-16　RC 微分电路

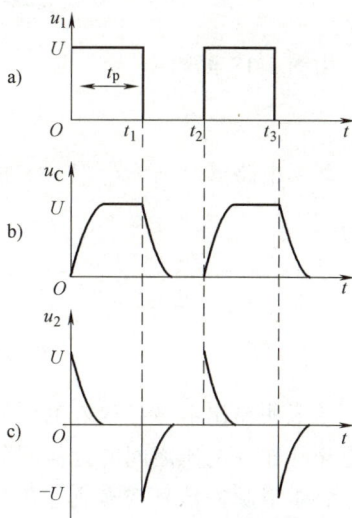

5.4.2 积分电路

在图 5-18 所示的 RC 积分电路中，其输入信号仍为一个矩形脉冲，u_1 的幅值为 U，脉冲宽度为 t_p，时间常数 $\tau \gg t_p$，电路的输出电压 u_2 从电容两端取出。

5.4.2 积分电路

积分电路可将矩形波信号变换成三角波（或锯齿波）信号。若 $t=0$ 时以矩形波信号输入，则输入电压 u_1 将从零值跃变到 U，电容器 C 开始充电，由于电路的时间常数 $\tau \gg t_p$，所以在时间 t 从 0 到 t_1 这段时间（即 t_p 这段时间）内，u_2 的上升曲线只是指数曲线起始部分的一小段，该一小段曲线近似于一条直线，因此，输出电压 u_2 近似线性增长。

在 $t=t_1$ 瞬间，输入电压 u_1 从 U 跃变到 0，输入端相当于短接。电路在该时刻换路后，电容 C 通过电阻放电，由于电路时间常数 τ 很大，所以电容放电缓慢，u_2 将近似线性地下降。如果输入电压是一系列矩形脉冲，输出电压则是一系列三角波（或锯齿波）。积分电路的输入和输出电压波形如图 5-19 所示。

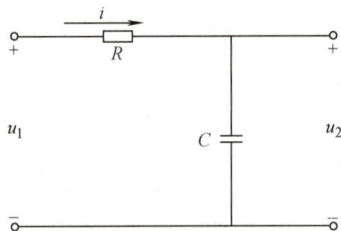

图 5-18　RC 积分电路

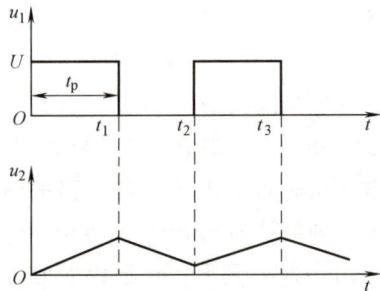

图 5-19　积分电路的输入和输出电压波形

由图 5-18 可知：

$$u_1 = Ri + u_2$$

如果电路满足 $\tau \gg t_p$ 时，τ 很大，就可以认为 R 和 C 都很大，因此，$\dfrac{1}{\omega C} \ll R$，$Ri \gg u_2$，故有：

$$u_1 \approx Ri$$

$$u_2 = \frac{1}{C}\int i\,\mathrm{d}t = \frac{1}{C}\int \frac{u_R}{R}\mathrm{d}t \approx \frac{1}{RC}\int u_1\,\mathrm{d}t \tag{5-21}$$

这表明输出电压与输入电压的积分成正比，故称为积分电路。但应注意，在积分电路中输出电压、输入电压之间的近似积分关系，只是在时间常数足够大的条件下才成立。积分电路常用于将矩形脉冲信号变换成三角波或锯齿波。

思考与练习

5-4-1　RC 串联电路组成微分电路的条件是什么？

5-4-2　RC 串联电路组成积分电路的条件是什么？

5-4-3　在微分电路和积分电路中分别输入矩形脉冲信号，输出信号波形有什么特点？

5.5 实训　微分电路与积分电路分析

1. 实训目的

1）掌握微分电路和积分电路的特点及作用。

2）会用示波器观察并分析微分电路和积分电路的输出波形。

2. 仿真实验

（1）微分电路仿真

1）按图 5-20 所示绘制仿真电路图。在微分电路中，电路的时间常数 τ 远小于激励信号的周期 T，即 $\tau = RC \ll T$。因此，选取方波脉冲的周期为 1ms，$R = 5\text{k}\Omega$，$C = 10\text{nF}$，用函数发生器产生方波信号，用示波器观察输入、输出波形。

2）双击 XSC1 函数发生器图标，在弹出的面板参数中，选择方波信号，设置频率为 1000Hz，占空比为 50%，幅值为 2V。

3）打开仿真开关，双击示波器图标，弹出其面板，即可看到输入的方波信号为方波，R 两端的输出波形为尖脉冲，如图 5-21 所示。

4）改变 R 或 C 值，或改变信号发生器的频率，定性地观察其对 u_R 的影响。

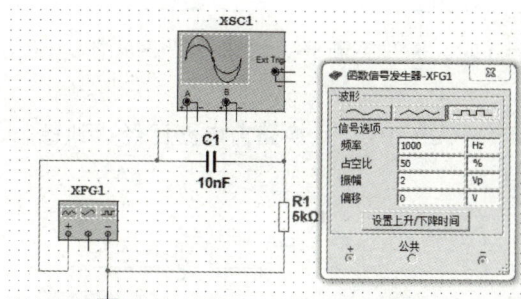

图 5-20　微分电路仿真

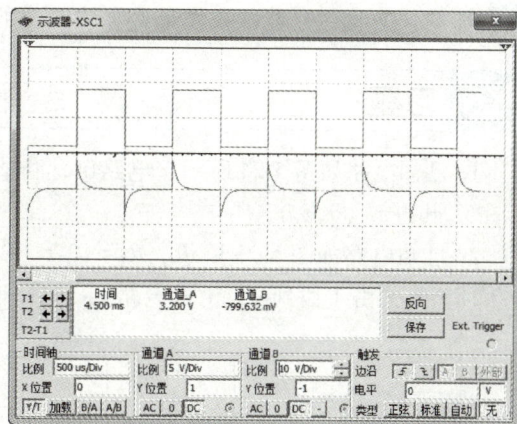

图 5-21　u_C 的波形

（2）积分电路仿真

1）按图 5-22 所示绘制仿真电路图，在积分电路中，电路的时间常数 τ 远大于激励信号的周期 T，即 $\tau = RC \gg T$。因此，选取方波脉冲的周期为 1ms，$R = 5\text{k}\Omega$，$C = 1\mu\text{F}$，用函数信号发生器产生方波信号，用示波器观察输入、输出波形。

2）双击 XSC1 函数信号发生器图标，在弹出的面板参数中，选择方波信号，设置频率为 1000Hz，占空比为 50%，幅值为 2V。

3）打开仿真开关，双击示波器图标，弹出其面板，即可看到输入的方波信号为方波，C 两端的输出波形为三角波，如图 5-23 所示。

4）改变 R 或 C 值，或改变信号发生器的频率，定性地观察其对 u_C 的影响。

3. 实验操作

1）参照仿真电路图 5-20 所示连接微分电路，用示波器观察输入和输出波形。改变 R 或 C

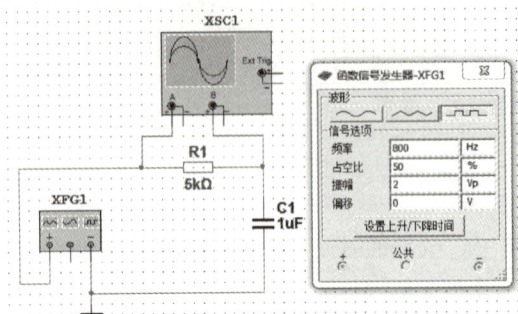

图 5-22　积分电路仿真

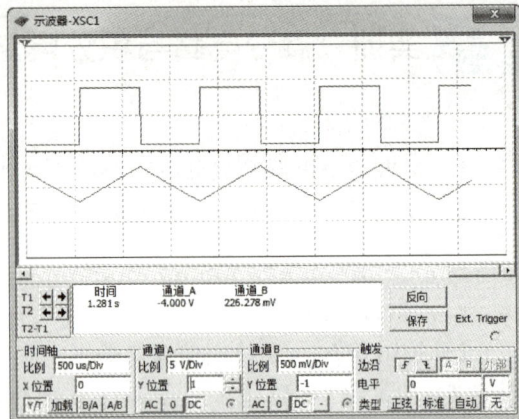

图 5-23　积分电路波形

值，或改变信号发生器的频率，定性地观察其对 u_R 的影响。

2）参照仿真电路图 5-22 连接积分电路，用示波器观察输入和输出波形。改变 R 或 C 值，或改变信号发生器的频率，定性地观察其对 u_C 的影响。

💡 **注意**：调节电子仪器各旋钮时，动作不要过猛。函数信号发生器的接地端与示波器的接地端要共地，以防外界干扰而影响测量的准确性。

5.6 习题

1. 已知电路如图 5-24 所示，电路已达稳态。$t=0$ 时，S 开关断开。试求图 5-24a 中 $u_C(0_+)$ 和图 5-24b 中 $i_L(0_+)$。

2. 已知电路如图 5-25 所示，$R_1=10\Omega$，$R_2=20\Omega$，$U_S=10\mathrm{V}$，且换路前电路已经达到稳态，$t=0$ 时 S 开关由 1 拨到 2，试求电路 $u_C(0_+)$ 和 $i_C(0_+)$。

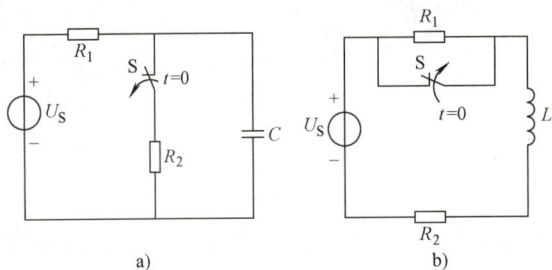

a)

b)

图 5-24　题 1 的图

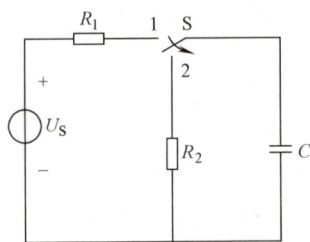

图 5-25　题 2 的图

3. 在上题所述电路中，假设开关 S 换路前合在位置 2，且换路前电路已经达到稳态。$t=0$ 时 S 开关由 2 拨到 1，试求电路 $u_C(0_+)$ 和 $i_C(0_+)$。

4. 已知电路如图 5-26 所示，$R_1=10\Omega$，$R_2=20\Omega$，$U_S=10\mathrm{V}$，且换路前电路已经达到稳态，$t=0$ 时 S 开关由 1 拨到 2，试求电路 $i_L(0_+)$ 和 $u_L(0_+)$。

5. 在上题所述电路中，假设开关 S 换路前合在位置 2，且换路前电路已经达到稳态。$t=0$ 时 S 开关由 2 拨到 1，试求电路 $i_L(0_+)$ 和 $u_L(0_+)$。

6. 已知电路如图 5-27 所示，$R=100\mathrm{k}\Omega$，$C=100\mathrm{\mu F}$，$U_{S1}=5\mathrm{V}$，电路已达稳态。$t=0$ 时 S 开关由 1 拨到 2，试求当 U_{S2} 分别为 10V 和 -5V 时的电路 u_C。

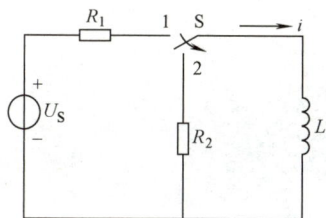

图 5-26　题 4 的图

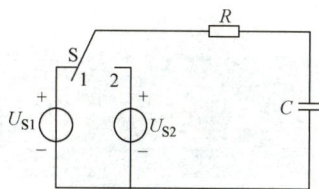

图 5-27　题 6 的图

7. 已知电路如图 5-28 所示，$R_1 = 3\Omega$，$R_2 = 6\Omega$，$C = 3\text{F}$，$I_S = 1\text{A}$，电路已达稳态。$t = 0$ 时 S 开关闭合，试求 u_C。

8. 已知电路如图 5-29 所示，$R_1 = R_3 = 10\Omega$，$R_2 = 5\Omega$，$U_S = 20\text{V}$，$C = 10\mu\text{F}$，电路已达稳态。$t = 0$ 时 S 开关闭合，试求 u_C。

9. 已知电路如图 5-30 所示，$R_1 = 15\Omega$，$R_2 = R_3 = 10\Omega$，$U_S = 10\text{V}$，$L = 16\text{mH}$，电路已达稳态。$t = 0$ 时 S 开关闭合，试求 i_L。

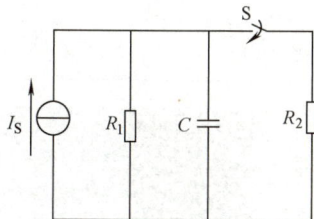

图 5-28　题 7 的图

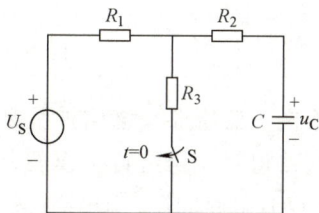

图 5-29　题 8 的图

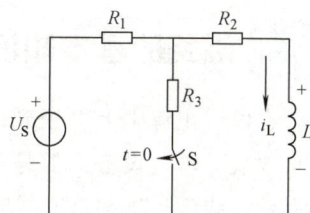

图 5-30　题 9 的图

10. 已知微分电路输入电压波形脉宽 $\tau_a = 10\text{ms}$，试判断下列情况下，参数 R、C 是否满足微分电路条件。

1）$R = 5\text{k}\Omega$，$C = 1\mu\text{F}$　2）$R = 1\text{k}\Omega$，$C = 1\mu\text{F}$　3）$R = 100\Omega$，$C = 1\mu\text{F}$。

第6章　磁路与变压器

学习目标

- 理解磁路的概念，掌握磁路的主要物理量。
- 理解磁通势、磁阻的概念，掌握磁路欧姆定律。
- 理解交流铁心线圈电路及有关特点。
- 掌握变压器的基本结构及工作原理。
- 了解几种常用变压器的结构特点及工作原理。

6.1　磁路的基本知识

在电气工程中大量用到的电动机、变压器、电磁铁及某些电工测量仪表等电气设备，都是利用电磁相互作用进行工作的，其内部都有铁心线圈，这些铁心线圈中不仅有电路问题，而且有磁路问题。本章将介绍有关磁路与变压器的知识。

6.1　磁路的基本知识

6.1.1　磁路的概念

为了充分有效地利用磁场能量，以较小励磁电流产生较强的磁场，通常用高导磁性能的铁磁材料做成一定形状的铁心，把线圈绕在铁心上面，如变压器、电动机、接触器、继电器等电磁器件。当线圈通以电流时，磁通大部分经过铁心而形成闭合回路，这种磁通集中通过的闭合路径就称为磁路。

图 6-1 所示的常见磁路中的电磁铁是由励磁绕组（线圈）、静铁心和动铁心（衔铁）3 个基本部分组成的。当励磁绕组通以电流时，磁场的磁通绝大部分通过铁心、衔铁及它们之间的空气隙而形成闭合的磁路，这部分磁通称为主磁通。但也有极小部分磁通在铁心以外通过大气形成闭合回路，这部分磁通称为漏磁通。

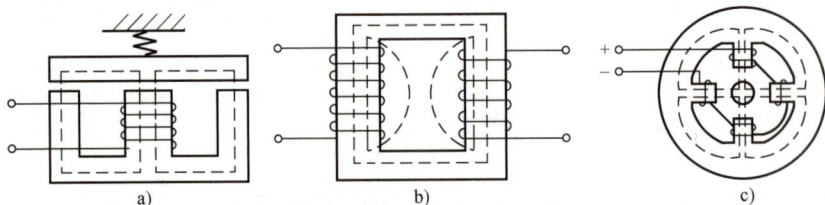

图 6-1　常见的磁路
a）电磁铁的磁路　b）变压器的磁路　c）直流电动机的磁路

6.1.2　磁路的主要物理量

1. 磁感应强度 B

磁感应强度 B 是表示磁场内某点的磁场强弱及方向的物理量。它是一个矢量，其方向与该点磁力线方向一致，与产生该磁场的电流之间关系符合右手螺旋法则。在国际单位制中，磁感应强度的单位是特斯拉（T），简称为特。

2. 磁通 Φ

在匀强磁场中，磁感应强度 B 与垂直于磁场方向的单位面积 S 的乘积，称为通过该面积的磁通。

$$\Phi = BS \text{ 或 } B = \frac{\Phi}{S} \tag{6-1}$$

由此可见，磁感应强度 B 在数值上等于垂直于磁场方向的单位面积通过的磁通，又称为磁通密度。

在国际单位制中，磁通的单位是韦［伯］（Wb），简称为韦。

3. 磁导率 μ

磁导率是表示物质磁性能的物理量，它的单位是亨利每米（H/m）。真空的磁导率 $\mu_0 = 4\pi \times 10^{-7} \text{H/m}$。

任意一种物质的磁导率与真空的磁导率之比称为相对磁导率，用 μ_r 表示，即：

$$\mu_r = \frac{\mu}{\mu_0} \tag{6-2}$$

4. 磁场强度 H

磁场强度是进行磁场分析时引用的一个辅助物理量，为了从磁感应强度 B 中除去磁介质的因素，定义为：

$$H = \frac{B}{\mu} \text{ 或 } B = \mu H \tag{6-3}$$

磁场强度也是矢量，它只与产生磁场的电流以及这些电流的分布情况有关，而与磁介质的磁导率无关，其单位是安培每米（A/m）。

6.1.3　铁磁材料

根据导磁性能的好坏，自然界的物质可分为两大类：一类物质为铁磁材料，如铁、钢、镍、钴等，这类材料的导磁性能好，磁导率 μ 值大；另一类为非铁磁材料，如铜、铝、纸、空气等，这类材料的导磁性能差，μ 值小。

铁磁材料是制造变压器、电动机、电器等各种电工设备的主要材料，铁磁材料的磁性能对电磁器件的性能和工作状态有很大影响。铁磁材料的磁性能主要表现为高导磁性、磁饱和性和磁滞性。

1. 高导磁性

铁磁材料有极高的磁导率 μ，其值可达几百、几千甚至几万，即磁性物质具有被磁化的特性。磁性物质不同于其他物质，在物质的分子中，由于电子环绕原子核运动和本身的自转运动而形成分子电流，分子电流要产生磁场，每个分子相当于一个基本小磁铁。在磁性物质内部分成许多小区域，磁性物质的分子间有一种特殊的作用力而使每一区域内的分子都整齐排列，显示磁性，这些小区域称为磁畴，在无外磁场作用时，磁畴排列混

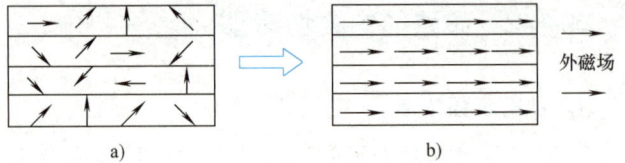

图 6-2　磁性物质的磁化示意图
a）磁化前　b）磁化后

乱，磁场相互抵消，对外不显磁性。在外磁场的作用下，铁磁物质的磁畴就顺着外磁场的方向转向，显示出磁性。随着外磁场的增强，磁畴就逐渐转到与外磁场相同的方向上，这样便产生了很强的与外磁场同方向的磁化磁场，使磁性物质内的磁感应强度大大增强，这种现象称为磁化。磁性物质的磁化示意图如图 6-2 所示。

非铁磁材料没有磁畴结构，所以不具有磁化特性。

在通电线圈中放入铁心后，磁场会大大增强，这时的磁场是线圈产生的磁场和铁心被磁化后产生的附加磁场的叠加。在变压器、电动机和各种电器的线圈中都放有铁心，在这种具有铁心的线圈中通入不大的励磁电流，便可产生足够大的磁感应强度和磁通。

2. 磁饱和性

在铁磁材料的磁化过程中，随着励磁电流的增大，外磁场和附加磁场都将增大，但当励磁电流增大到一定值时，几乎所有的磁畴与外磁场的方向一致，附加磁场就不继续随励磁电流的增大而增强，这种现象称为磁饱和现象。

材料的磁化特性可用磁化曲线表示。铁磁材料的磁化曲线如图 6-3 所示。

图中可看出，曲线分成 3 段。

1）Oa 段：B 与 H 差不多成正比例增长。

2）ab 段：随着 H 的增长，B 增长缓慢，此段为曲线的膝部。

3）bc 段：随着 H 的进一步增长，B 几乎不再增长，达到饱和状态。

由于铁磁材料的 B 与 H 的关系是非线性的，故由 $B = \mu H$ 的关系可知，其磁导率 μ 的值将随磁场强度 H 的变化而变化，如图中 $\mu = f(H)$ 曲线所示，磁导率 μ 的值在膝部 a 点附近达到最大。所以，电气工程上通常要求铁磁材料工作在膝点附近。$B_0 = f(H)$ 是真空或非铁磁材料的磁化曲线。

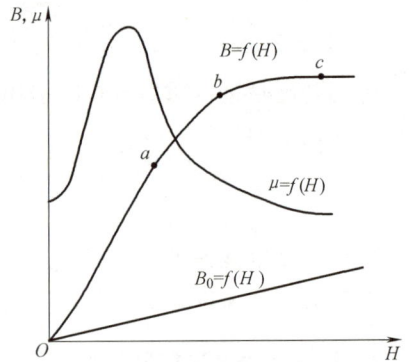

图 6-3　铁磁材料的磁化曲线

图 6-4 是用实验方法测得的铸铁、铸钢和硅钢片 3 条常用磁化曲线，这 3 条曲线分别从 a、b、c 三点分为两段，下段的 H 为 $0 \sim 1.0 \times 10^3$（A/m），横坐标在曲线的下方，上段的 H 为 1.0×10^3（A/m）至 10×10^3（A/m），横坐标在曲线上方。

3. 磁滞性

若励磁电流是大小和方向都随时间变化的交变电流，则铁磁材料将受到交变磁化。在电流交变的一个周期中，磁感应强度 B 随磁场强度 H 变化的关系如图 6-5 所示。

由图可见，当磁场强度 H 减小时，磁感应强度 B 并不沿原来的曲线回降，而是沿一条比

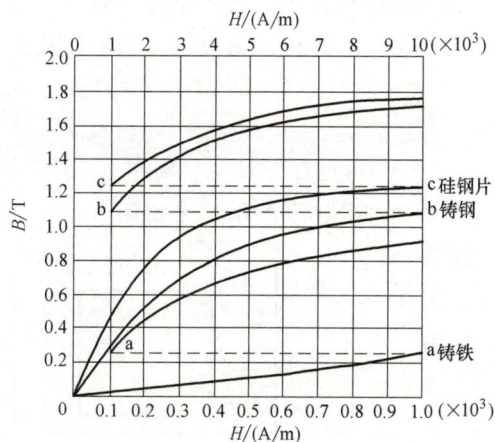

图 6-4　用实验方法测得的铸铁、
铸钢和硅钢片 3 条常用磁化曲线

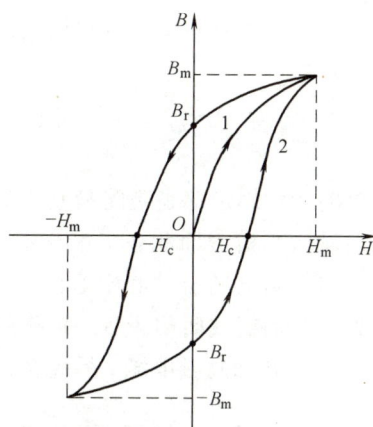

图 6-5　磁滞回线

它高的曲线缓慢下降。当磁场强度 H 减到 0 时，磁感应强度 B 并不等于 0 而仍保留一定磁性。

这说明铁磁材料内部已经排齐的磁畴不会完全恢复到磁化前杂乱无章的状态，这部分剩余的磁性称为剩磁，用 B_r 表示。

如果去掉剩磁，使 $B=0$，就应施加一反向磁场强度 $-H_c$，H_c 的大小称为矫顽磁力，它表示铁磁材料反抗退磁材料的能力。若再反向增大磁场，则铁磁材料将反向磁化；当反向磁场减小时，同样会产生反向剩磁（$-B_r$）。随着磁场强度不断正反向变化，得到的磁化曲线为一封闭曲线。在铁磁材料反复磁化的过程中，磁感应强度的变化总是落后于磁场强度的变化，这种现象称为磁滞现象，图 6-5 所示的封闭曲线称为磁滞回线。

铁磁材料按其磁性能又可分为软磁材料、硬磁材料和矩磁材料 3 种类型。这 3 种不同材料的磁滞回线如图 6-6 所示。

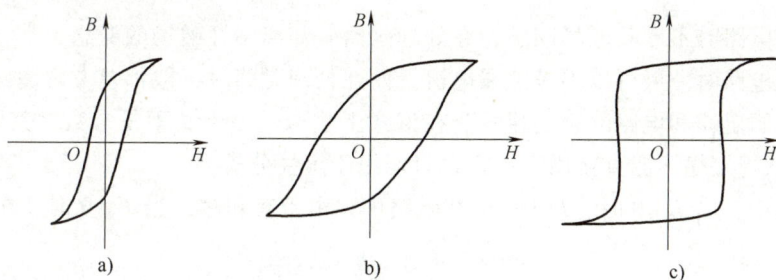

a)　　　　　　　　　b)　　　　　　　　　c)

图 6-6　不同材料的磁滞回线
a）软磁材料　b）硬磁材料　c）矩磁材料

软磁材料的剩磁和矫顽磁力较小，磁滞回线形状较窄，即磁导率较高，所包围的面积较小。它既容易磁化，又容易退磁，一般用于有交变磁场的场合，如用于制造变压器、电动机及各种中、高频电磁元器件的铁心等。常见的软磁材料有铸铁、硅钢及非金属软磁铁氧体等。

硬磁材料的剩磁和矫顽磁力较大，磁滞回线形状较宽，所包围的面积较大，适合制作永久磁铁，扬声器、耳机及各种磁电仪表中的永久磁铁都是由硬磁材料制成的。常见的硬磁材料有碳钢、钴钢及铁镍铝钴合金等。

矩磁材料的磁滞回线近似矩形，剩磁很大，接近饱和磁感应强度，但矫顽磁力较小，易于翻转，常在计算机和控制系统中用作记忆元器件和开关元器件，矩磁材料有镁锰铁氧体及某些铁镍合金等。

6.1.4 磁路的欧姆定律

磁路的欧姆定律是磁路最基本的定律，现以铁心线圈（如图6-7所示）来说明。

假设铁心横截面积各处相等，线圈是密绕的，且绕得很均匀，则电流沿铁心中心线产生的磁场各处大小相等，设磁路的横截面积为 S，磁路的平均长度为 l，根据磁感应强度 B 和励磁电流 I 的关系，即：

$$B = \mu \frac{NI}{l} = \mu H$$

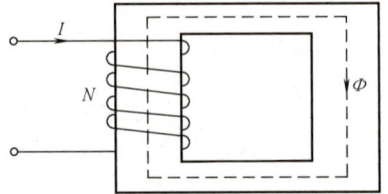

图 6-7　磁路的欧姆定律

由此式可得：

$$NI = Hl = \frac{B}{\mu}l = \frac{\Phi}{\mu S}l$$

$$\Phi = \frac{NI}{l/(\mu S)} = \frac{F}{R_{\mathrm{m}}} \tag{6-4}$$

式中，$F = NI$ 为磁通势，由此产生磁通。$R_{\mathrm{m}} = \dfrac{l}{\mu S}$ 称为磁阻，表示磁路对磁通具有阻碍作用。

可见，铁心中的磁通 Φ 与通过线圈的电流 I、线圈的匝数 N 以及磁路的截面积 S 成正比，与磁路的长度 l 成反比，还与组成磁路的材料磁导率 μ 成正比。由于式（6-4）在形式上与电路的欧姆定律相似，所以称为磁路的欧姆定律。

磁路和电路有很多相似之处，见表6-1，但磁路的分析与处理比电路难得多。主要原因如下：

1）在处理电路时不涉及电场问题，在处理磁路时却离不开磁场的概念。

2）在处理电路时一般可以不考虑漏电流，而在处理磁路时一般都要考虑漏磁通。

3）磁路欧姆定律和电路欧姆定律只是在形式上相似。由于 μ 不是常数，其随励磁电流而变，所以磁路欧姆定律不能直接用来计算，只能用于定性分析。

4）在电路中，当 $E = 0$ 时，$I = 0$；但在磁路中，由于有剩磁，当 $F = 0$ 时，Φ 不为零。

表 6-1　电路和磁路的对照

电　路		磁　路	
电流	I	磁通	Φ
电阻	$R = \dfrac{l}{\gamma S}$	磁阻	$R_{\mathrm{m}} = \dfrac{l}{\mu S}$
电导率	γ	磁导率	μ
电动势	E	磁通势	$F = IN$
电路欧姆定律	$I = \dfrac{E}{R}$	磁路欧姆定律	$\Phi = \dfrac{F}{R_{\mathrm{m}}}$

思考与练习

6-1-1　什么是磁路、磁感应强度？

6-1-2　什么是磁阻、磁通势？分别写出磁阻、磁通势的公式。

6-1-3　写出磁路欧姆定律的表达式，说明磁通与磁导体的面积、长度及磁导率的关系。

6-1-4　铁磁材料反复磁化形成的闭合曲线有何特征？

6.2 交流铁心线圈电路

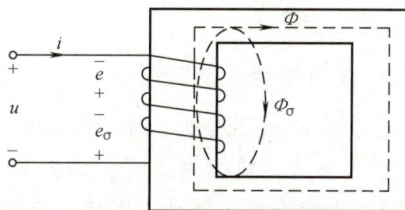

6.2.1 电磁关系

绕在铁心上的线圈通以交流电后就是交流铁心线圈。下面以图 6-8 所示的交流铁心线圈磁路为例来讨论其中的电磁关系。

当线圈施加交流电压 u 时，线圈中电流 i 也是交变的，并产生交变的磁通势 iN（N 为线圈匝数）。交变的磁通势 iN 产生两部分磁通，即穿过全部铁心闭合的主磁通 Φ 和主要经过空气或其他非铁磁物质而形成闭合回路的漏磁通 Φ_σ。交变的 Φ 和 Φ_σ 分别在线圈中产生感应电动势 e 和漏磁电动势 e_σ。此外，Φ 的交变引起涡流和磁滞损耗使铁心发热，电流流经线圈时还将产生电阻压降 iR 等。上述发生的电磁关系表示为：

$$u = iR - e - e_\sigma \qquad (6\text{-}5)$$

图 6-8　交流铁心线圈磁路

由于线圈电阻上的电压降 iR 和漏磁通电动势 e_σ 都很小，与主磁通电动势 e 比较，均可忽略不计，故上式写成：

$$u \approx -e$$

设主磁通 $\Phi = \Phi_m \sin\omega t$，则：

$$
\begin{aligned}
e &= -N\frac{\mathrm{d}\Phi}{\mathrm{d}t} = -N\frac{\mathrm{d}(\Phi_m \sin\omega t)}{\mathrm{d}t} \\
&= -\omega N\Phi_m \cos\omega t \\
&= 2\pi f N\Phi_m \sin(\omega t - 90°) \\
&= E_m \sin(\omega t - 90°)
\end{aligned}
$$

式中，$E_m = 2\pi f N\Phi_m$ 是主磁通电动势的最大值，而有效值则为：

$$E = \frac{E_m}{\sqrt{2}} = \frac{2\pi f N\Phi_m}{\sqrt{2}} = 4.44 f N\Phi_m$$

故：

$$U \approx -e = E_m \sin(\omega t + 90°)$$

可见，外加电压的相位超前于铁心中的磁通 90°，而外加电压的有效值：

$$U \approx E = 4.44 f N\Phi_m$$

$$\Phi_{\mathrm{m}} \approx \frac{U}{4.44fN} \tag{6-6}$$

式中，Φ_{m} 单位是韦［伯］（Wb）；f 的单位是赫［兹］（Hz）；U 的单位是伏［特］（V）。

由式（6-6）可知，对于正弦激励的交流铁心线圈，电源的电压和频率不变，其主磁通就基本上恒定不变。磁通仅与电源有关，而与磁路无关。

6.2.2 功率损耗

在交流铁心线圈中，在线圈电阻上有功率损耗（这部分损耗叫铜损，用 p_{Cu} 表示），铁心在交变磁化的情况下也引起功率损耗（这部分损耗称为铁损，用 p_{Fe} 表示），铁损是由铁磁物质的涡流和磁滞现象所产生的。因此，铁损包括磁滞损耗（p_{h}）和涡流损耗（p_{e}）两部分。

1. 磁滞损耗

铁心在交变磁通的作用下被反复磁化，在这一过程中，磁感应强度 B 的变化落后于 H，这种现象称为磁滞。由于磁滞现象造成的能量损耗称为磁滞损耗，用 p_{h} 表示。它是由铁磁材料内部磁畴反复转向，磁畴间相互摩擦引起铁心发热而造成的损耗。铁心单位面积内每周期产生的磁滞损耗与磁滞回线所包围的面积成正比。为了减少磁滞损耗，交流铁心均由软磁材料制成。

2. 涡流损耗

当交变磁通穿过铁心时，铁心中在垂直于磁通方向的平面内要产生感应电动势和感应电流，这种感应电流称为涡流。铁心本身具有电阻，涡流在铁心中要产生能量损耗（称为涡流损耗），涡流损耗也使铁心发热，铁心温度过高将影响电气设备正常工作。

为了减少涡流损耗，在低频时（几十到几百赫），可用涂以绝缘漆的硅钢片（厚度有 0.5mm 和 0.35mm 两种）叠成的铁心，这样可限制涡流在较小的截面内流通，增长涡流通过的路径，相应加大铁心的电阻，使涡流减小。对于高频铁心线圈，可采用铁氧体磁心，这种磁心近似绝缘体，因而涡流可以大大减小。

涡流在变压器、电动机、电器等电磁元器件中消耗能量、引起发热，因而是有害的。但有些场合，例如感应加热装置、涡流探伤仪等仪器设备，却是以涡流效应为基础的。

综上所述，交流铁心线圈电路的功率损耗为：

$$p = p_{\mathrm{Cu}} + p_{\mathrm{Fe}} = p_{\mathrm{Cu}} + p_{\mathrm{e}} + p_{\mathrm{h}} \tag{6-7}$$

思考与练习

6-2-1 将一个空心线圈先后接到直流电源和交流电源上，然后在这个线圈中插入铁心，再接到上述这两个电源上，若交流电压的有效值和直流电压相等，则试比较在上述4种情况下通过线圈的电流和功率的大小，并说明理由。

6-2-2 将铁心线圈接在直流电源上，当发生下列情况时，铁心中的电流和磁通有何变化？
1）铁心截面积增大，其他条件不变。
2）线圈匝数增加，导线电阻及其他条件不变。
3）电源电压降低，其他条件不变。

6-2-3 将铁心线圈接在交流电源上，当发生练习6-2-2中提到的三种情况时，铁心中的电流和磁通有何变化？

6.3 变压器

变压器是利用电磁感应原理传输电能或信号的器件，具有变压、变流和隔离作用。它是一种常见的电气设备，在电力系统和电子电路中应用广泛。尽管它种类繁多、大小悬殊、用途各异，但基本结构和工作原理是相同的。

6.3.1 变压器的结构

变压器是由铁心和绕组两个基本部分组成的。大型变压器除铁心和绕组外还有一些其他部件，如储油柜、冷却装置、保护装置和出线装置。

图 6-9 所示是一个简单的双绕组变压器结构示意图。在一个闭合铁心上套有两个绕组，绕组和绕组之间及绕组与铁心之间都是绝缘的。

图 6-9　双绕组变压器结构示意图

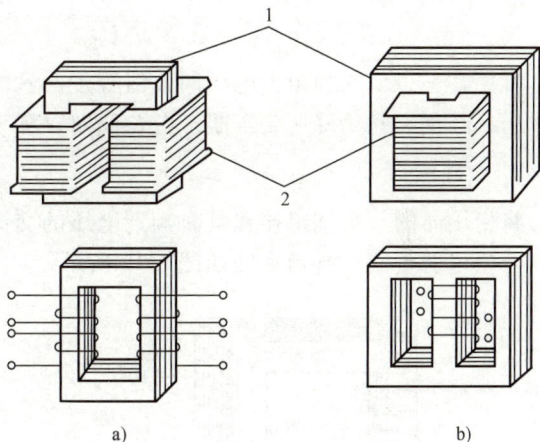

绕组通常用绝缘的铜线或铝线绕成，一个绕组与电源相连，称为一次绕组；另一个绕组与负载相连称为二次绕组。

为了减少铁心中的磁滞损耗和涡流损耗，变压器的铁心大多用 0.35 ~ 0.5mm 厚的硅钢片叠成。为降低磁路的磁阻，一般采用交错叠装方式，即将每层硅钢片的接缝错开。

变压器按铁心和绕组的组合方式可分为心式和壳式两种。变压器铁心结构如图 6-10 所示。心式变压器的铁心被绕组所包围，而壳式变压器的铁心则包围绕组。心式变压器用铁量比较少，多用于大容量的变压器，如电力变压器都采用心式结构；壳式变压器用铁量比较多，常用于小容量的变压器，电子设备和仪器中的变压器多采用壳式结构。

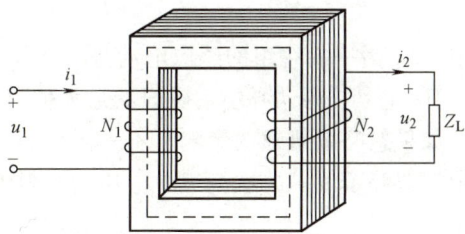

a)　　　　　　　　　　b)

图 6-10　变压器铁心结构
a）心式　b）壳式
1—铁心　2—绕组

6.3.2 变压器的基本工作原理

变压器的基本工作原理是以电磁感应现象为基础，通过一个共同的磁场，实现两个或两个以上绕组的耦合，从而进行交流电能的传递与转换。

1. 空载运行

变压器一次绕组接交流电压 u_1，二次侧开路，这种运行状态为空载运行。这时二次绕组中的电流 $i_2 = 0$，电压为开路电压 u_{20}，一次绕组通过的电流为空载电流 i_{10}。变压器空载运行示意图如图 6-11 所示。由于二次侧开路，所以这时变压器的一次侧电路相当于一个交流铁心线圈电路，通过的空载电流 i_{10} 就是励磁电流。主磁通 Φ 通过闭合铁心，在一、二次绕组中分别感应出电动势 e_1、e_2。由法拉第电磁感应定律可得：

$$e_1 = -N_1 \frac{\mathrm{d}\Phi}{\mathrm{d}t}$$

$$e_2 = -N_2 \frac{\mathrm{d}\Phi}{\mathrm{d}t}$$

e_1、e_2 的有效值分别为：

$$E_1 = 4.44 f \Phi_{\mathrm{m}} N_1$$

$$E_2 = 4.44 f \Phi_{\mathrm{m}} N_2$$

式中，E_1 为一次绕组的感应电动势（V）；E_2 为二次绕组的感应电动势（V）；f 为交流电的频率（Hz）；Φ_{m} 为铁心中主磁通的最大值（Wb）；N_1、N_2 为一、二次绕组的匝数。

如果忽略漏磁通的影响，不考虑绕组上电阻的压降，就可认为一、二次绕组上电动势的有效值近似等于一、二次绕组上电压的有效值，即：

$$U_1 \approx E_1$$

$$U_2 \approx E_2$$

变压器在空载时的电压变换关系为：

$$\frac{U_1}{U_{20}} \approx \frac{E_1}{E_2} = \frac{N_1}{N_2} = K \tag{6-8}$$

可见，一、二次绕组上电压的比值等于两者的匝数比，K 称为变压器的电压比。

当 $K>1$ 时，称为降压变压器；当 $K<1$ 时，称为升压变压器；当 $K=1$ 时，称为隔离变压器。

2. 负载运行

将变压器的一次绕组接在具有额定电压的交流电源上，二次绕组接上负载运行，称为负载运行。变压器负载运行示意图如图 6-12 所示。

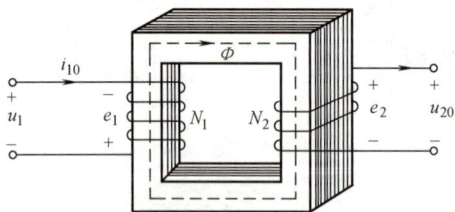

图 6-11　变压器空载运行示意图　　　　图 6-12　变压器负载运行示意图

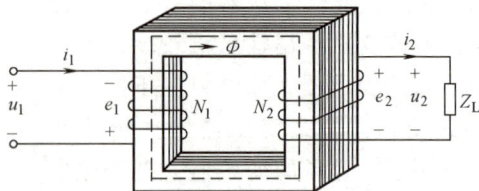

（1）负载运行时的磁通势平衡方程

在二次绕组接上负载后，感应电动势 e_2 将在二次绕组中产生感应电流，同时一次绕组的电流从空载电流 i_{10} 相应地增大为 i_1，负载电流 i_2 越大，i_1 也越大。

为什么一次绕组中的电流会变大呢？

从能量转换的角度来看，二次绕组接上负载后产生 i_2，二次绕组向负载输出电能。这些电能是由一次绕组从电源吸取通过主磁通 Φ 传递给二次绕组的。二次绕组输出的电能越多，一次绕组吸取的电能也就越多。因此，当二次电流变化时，一次电流也会做出相应的变化。

从电磁关系的角度来看，i_2 产生的交变磁通势 $N_2 i_2$ 也要在铁心中产生磁通，这个磁通力图改变原来铁心中的主磁通。根据 $U_1 \approx E_1 = 4.44f\Phi_m N_1$ 的关系式可以看出，在一次绕组的外加电压 U_1 及频率 f 不变的情况下，主磁通基本上保持不变。这表明，变压器负载运行时的磁通，是由一次绕组磁通势 $N_1 i_1$ 和二次绕组磁通势 $N_2 i_2$ 共同作用下产生的合成磁通，它应与变压器空载时的磁通势 $N_1 i_{10}$ 所产生的磁通相等，各磁通势的相量关系式为：

$$N_1 \dot{I}_1 + N_2 \dot{I}_2 = N_1 \dot{I}_{10} \tag{6-9}$$

这一关系式称为磁通势平衡方程。

（2）电流变换作用

由于空载电流很小，所以在额定情况下，$N_1 \dot{I}_{10}$ 相对于 $N_1 \dot{I}_1$ 或 $N_2 \dot{I}_2$ 可以忽略不计，由式（6-9），可得：

$$N_1 \dot{I}_1 \approx -N_2 \dot{I}_2 \tag{6-10}$$

用有效值表示，则有：

$$\frac{I_1}{I_2} \approx \frac{N_2}{N_1} = \frac{1}{K} \tag{6-11}$$

上式说明，变压器一、二次绕组的电流在数值上近似地与它们的匝数成反比。必须注意的是，变压器一次绕组电流 I_1 的大小是由二次绕组电流 I_2 的大小来决定的。

（3）变压器的阻抗变换

在电子设备中，为了获得较大的功率输出，往往对负载的阻抗有一定要求。然而负载阻抗是给定的，不能随便改变，为了使它们之间配合得更好，常采用变压器来获得所需要的等效阻抗，变压器的这种作用称为阻抗变换。其电路原理图如图 6-13 所示。

Z'_L 为负载阻抗 Z_L 在一次侧的等效阻抗。负载阻抗 Z_L 的端电压为 U_2，流过的电流为 I_2，变压器的电压比为 K，则：

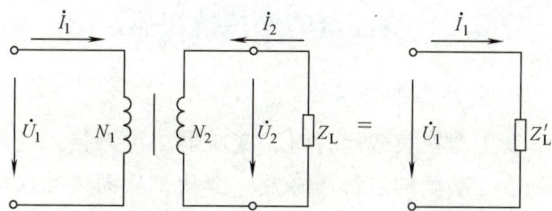

图 6-13　变压器的阻抗变换电路原理图

$$Z_L = \frac{U_2}{I_2}$$

变压器一次绕组中的电压和电流分别为：

$$U_1 = KU_2, \quad I_1 = \frac{I_2}{K}$$

从变压器输入端看，等效的输入阻抗 Z'_L 为：

$$Z'_L = \frac{U_1}{I_1} = \frac{KU_2}{I_2/K} = K^2 \frac{U_2}{I_2} = K^2 Z_L \tag{6-12}$$

上式表明，负载阻抗 Z_L 反映到电源侧的输入等效阻抗 Z'_L，其值扩大了 K^2 倍。因此，只需改变变压器的电压比，就可把负载阻抗变换为所需数值。

变压器阻抗变换在电子技术中经常被用到。例如，在扩音机设备中，若把扬声器直接接到扩音机上，则扬声器的阻抗很小，扩音机电源发出的功率大部分消耗在本身的内阻抗上，扬声器获得的功率很小，声音微弱。理论推导和实验测试可以证明：负载阻抗等于扩音机电源内阻抗时，可在负载上得到最大的输出功率，称为阻抗匹配。因此，在大多数的扩音机设备与扬声器之间都接有一个变阻抗的变压器，通常称之为线间变压器。

【例6-1】 交流信号源的电动势 $E = 120V$，内阻 $r_0 = 800\Omega$，负载电阻 $R_L = 8\Omega$。1）将负载直接与信号源相连时，求信号源输出功率。2）将交流信号源接在变压器一次侧，R_L 接在二次侧，通过变压器实现阻抗匹配，则变压器的匝数比和信号源的输出功率为多少？

解 1）负载直接与信号源相连：

$$I = \frac{E}{r_0 + R_L} = \frac{120}{800 + 8}A \approx 0.15A$$

输出功率为：

$$P = I^2 R_L = 0.18W$$

2）变压器的匝数比为：

$$K = \sqrt{\frac{R_L'}{R_L}} = \sqrt{\frac{800}{8}} = 10$$

$$I = \frac{E}{r_0 + R_L'} = \frac{120}{800 + 800}A \approx 0.075A$$

输出功率为：

$$P = I^2 R_L' = 4.5W$$

以上计算说明，同一负载经变压器阻抗匹配后，信号源输出功率大于与信号源直接相连时的输出功率。

6.3.3 变压器的外特性和额定值

1. 变压器的外特性

变压器在负载运行时，变压器二次侧接入负载的变化，必然导致一、二次电流的变化，使得一、二次侧的阻抗压降发生变化，从而使二次电压随负载的增减而变化。二次电压 U_2 随二次电流 I_2 变化的特性曲线 $U_2 = f(I_2)$ 称为变压器的外特性。一般情况下，外特性曲线近似一条略向下倾斜的直线，且倾斜的程度与负载的功率因数有关。对于感性负载，功率因数越低，下倾角度越大。从空载到满载（二次电流达到其额定值 I_{2N} 时），二次电压变化的数值与空载电压的比值称为电压调整率，即：

$$\Delta U = \frac{U_{20} - U_2}{U_{20}} \times 100\% \tag{6-13}$$

电力变压器的电压调整率一般为 2%～3%。

2. 额定值

为了正确、合理地使用变压器，除了了解其外特性，还要了解其额定值，并根据其额定值正确使用。电力变压器的额定值通常在其铭牌上给出。变压器额定值如下所述。

1）一次额定电压 U_{1N}：指正常情况下一次绕组应当施加的电压。

2）一次额定电流 I_{1N}：指在 U_{1N} 作用下一次绕组允许长期通过的最大电流。

3）二次额定电压 U_{2N}：指在一次额定电压 U_{1N} 时的二次空载电压。

4）二次额定电流 I_{2N}：指在一次额定电压 U_{1N} 时的二次绕组允许长期通过的最大电流。

5）额定容量 S_N：指输出的额定视在功率。

$$S_N = U_{2N} I_{2N} \tag{6-14}$$

6）额定频率 f_N：指电源的工作频率。我国的工业标准频率是 50Hz。

使用变压器时，必须使一次额定电压符合电源电压，二次电压满足负载的要求，额定容量等于或略大于负载所需的视在功率，额定频率符合电源的频率和负载的要求。

3. 变压器的损耗

变压器的损耗有铜损和铁损两种。铜损是当一、二次绕组中流过电流时，在绕组电阻上产生的损耗，其值为：

$$p_{Cu} = R_1 I_1^2 + R_2 I_2^2 \tag{6-15}$$

由于负载变化时一、二次电流也变化，铜损也要发生相应变化，所以铜损又称为可变损耗。

铁损是由铁心中的涡流损耗和磁滞损耗两部分构成，即：

$$p_{Fe} = p_h + p_e \tag{6-16}$$

对某一固定变压器，当电源电压及其频率不变时，变压器主磁通及其交变的速率在空载和负载时也基本不变，从而铁损也基本不变，因此铁损又称为不变损耗。

4. 变压器的效率

因为变压器在运行时有损耗，所以变压器的输出功率总小于输入功率。变压器的效率是指输出功率 P_2 与输入功率 P_1 比值的百分数，即：

$$\eta = \frac{P_2}{P_1} \times 100\% = \frac{P_2}{P_2 + p_{Cu} + p_{Fe}} \times 100\% \tag{6-17}$$

一般在满载的 80% 左右时，变压器的效率最高。大型电力变压器的效率可高达 98%~99%。

6.3.4 几种常用的变压器

1. 三相变压器

三相变压器有 3 个一次绕组和 3 个二次绕组，可分别采用星形或三角形联结。三相变压器的铁心多采用三铁心柱式结构，其结构原理图如图 6-14a 所示。它的 3 根铁心柱上分别套装有完全一样的高、低压绕组，相当于 3 台单相变压器。三相高压绕组的首端和末端分别用 U₁、V₁、W₁ 和 U₂、V₂、W₂ 标记，三相低压绕组的首端和末端分别用 u₁、v₁、w₁ 和 u₂、v₂、w₂ 标记。三相高、低压绕组都是对称的，因此电压的变换也是对称的。

电力变压器三相绕组常用的连接方式有 Yyn（一、二次绕组均采用星形联结，并且二次绕组引出中性线）和 Yd（一次绕组采用星形联结，二次绕组采用三角形联结）两种，如图 6-14b 和

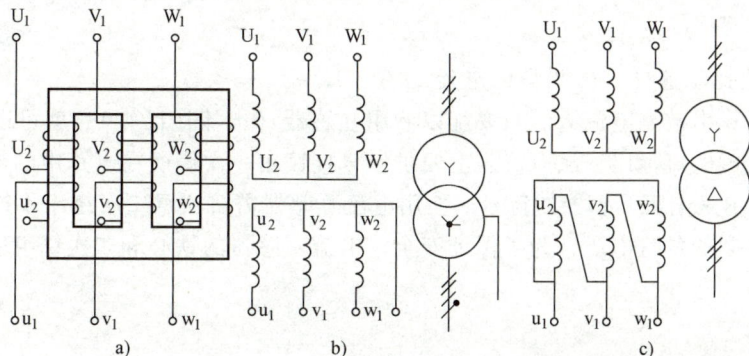

图 6-14 三相变压器

a）结构原理图 b）Yyn 联结 c）Yd 联结

图 6-14c 所示。

2. 自耦变压器

自耦变压器分为可调式和固定抽头两种形式。图 6-15 所示是可调式自耦变压器电路原理图。这种变压器只有一个绕组，二次绕组是一次绕组 N_1 的一部分。因此，它的工作特点是一、二次绕组不仅有磁的联系，而且有电的联系。

尽管自耦变压器只有一个绕组，但它的工作原理与双绕组变压器相同，在图 6-15 所示的电路原理图上，分接头 a 可做成用手柄操作而且可以自由滑动的触点，从而可以平滑地调节二次电压，故这种变压器又称为自耦调压器。若一次侧加上电压 U_1，则可得二次电压 U_2，且一、二次电压和它们的匝数成正比，即：

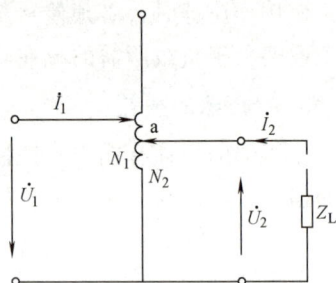

图 6-15　可调式自耦变压器电路原理图

$$\frac{U_1}{U_2} = \frac{N_1}{N_2} = K$$

有负载时，一、二次电流和它们的匝数成反比，即：

$$\frac{I_1}{I_2} = \frac{N_2}{N_1} = \frac{1}{K}$$

3. 电流互感器

电流互感器的作用是将电路中的交流大电流转换成小电流，用于测量或保护。它的结构与普通变压器相似，如图 6-16a 所示。它的特点是：一次绕组的导线较粗、匝数少（只有一匝或几匝），使用时一次绕组与被测电路串联，阻抗很小，对被测电路的电流几乎不发生影响；二次绕组的导线较细、匝数多，使用中规定与专用的 5A 或 1A 电流表相接。电流互感器是根据变压器的变流原理制成的，即：

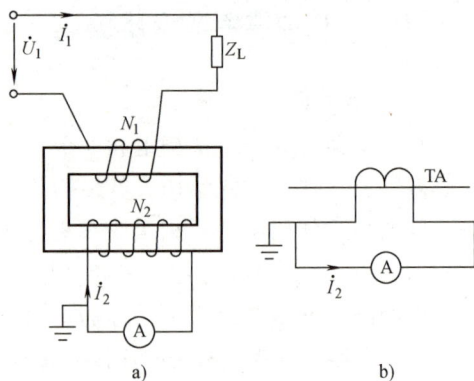

图 6-16　电流互感器
a）接线图　b）符号图

$$\frac{I_1}{I_2} = \frac{N_2}{N_1} = \frac{1}{K}$$

如令 $K_i = \frac{1}{K}$，则：

$$I_1 = K_i I_2$$

式中，K_i 为电流比。这样，由测得的电流 I_2 值乘以电流比就可算出被测电流 I_1。只要配以专用互感器（电流比已知），就可以把二次侧的电流表刻度按一次侧电流标出，从电流表上便可以直接读出一次侧所在电路中的电流数值。

图 6-16b 所示是电流互感器的符号。使用电流互感器需要注意二次绕组不得开路，否则二次绕组将产生过高的危险电压，为了保证安全，电流互感器的铁心和二次绕组应牢靠接地。

思考与练习

6-3-1　变压器能否用来变换直流电压？若将变压器接到与它的额定电压相同的直流电源上，则会产生什么后果？

6-3-2 一台变压器的额定电压为 220V/110V，若不慎将二次侧接到 220V 的交流电源上，能否得到 440V 的电压？如果将一次侧接到 440V 的交流电源上，能否得到 220V 的电压？为什么？

6-3-3 若把自耦调压器具有滑动触点的二次侧错接到电源上，则会产生什么后果？为什么？

6.4 实训 变压器的特性测试

1. 实训目的

1）理解变压器的工作原理。

2）掌握变压器的电压、电流变换关系。

2. 仿真操作

1）按图 6-17 所示连接电路，设置电流表、电压表为 AC，交流电源电压 50V，50Hz。

2）断开负载开关，变压器空载运行，按下仿真开关，交流电流表和电压表的指示数值如图 6-17 所示。

3）闭合负载开关，变压器负载运行，按下仿真开关，交流电流表和电压表的指示数值如图 6-18 所示。

4）改变交流电源的电压值，重复步骤 2）、步骤 3）。

5）记录测试结果。

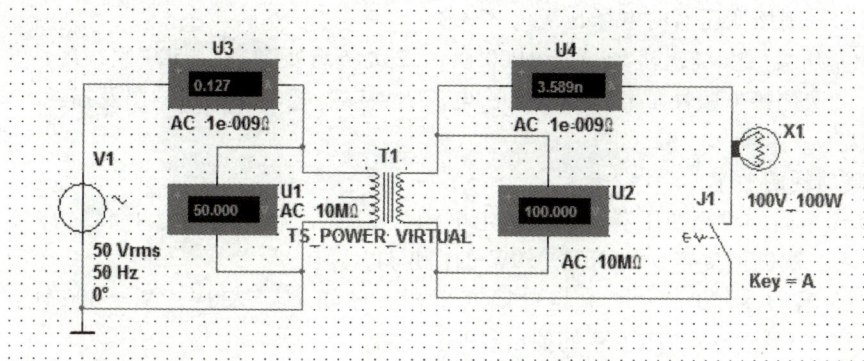

图 6-17 变压器空载运行仿真

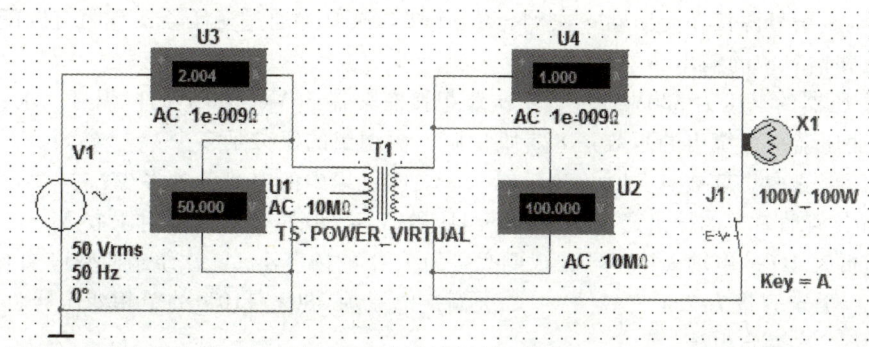

图 6-18 变压器负载运行仿真

3. 实验操作

实验操作时，交流电源可采用单相自耦调压器来改变交流电压，变压器一、二次侧接交流电流表、交流电压表，负载用白炽灯。按照仿真实验操作步骤，观察并记录交流电压表和电流表的指示数值。

注意：

1）本实验是将变压器作为升压变压器使用，调节调压器，提供一次电压 U_1，使用调压器时，应首先将其调至零位，然后才可合上电源。此外，必须用电压表监测调压器的输出电压，防止被测变压器输出过高电压而损坏实验设备，且要注意安全。

2）如遇异常情况，应立即断开电源，待处理好故障后方可继续实验。

6.5 习题

1. 有一交流铁心线圈接在 220V、50Hz 的正弦交流电源上，线圈的匝数为 733 匝，铁心截面积为 13cm² 。求：

1）铁心中的磁通最大值和磁感应强度最大值是多少？

2）若在此铁心上再套一个匝数为 60 的线圈，则此线圈的开路电压是多少？

2. 已知某单相变压器的一次绕组电压为 3000V，二次绕组电压为 220V，负载是一台 220V、25kW 的电阻炉，试求一、二次绕组的电流各为多少？

3. 在收音机的变压器输出电路中，其最佳负载为 1024Ω，而扬声器的电阻 $R_L = 16\Omega$，若要使电路匹配，则该变压器的电压比应为多大？

4. 单相变压器一次绕组匝数 $N_1 = 1000$ 匝，二次绕组匝数 $N_2 = 500$ 匝，现一次侧加电压 $U_1 = 220V$，二次侧接电阻性负载，测得二次电流 $I_2 = 4A$，忽略变压器内阻及损耗，试求：

1）一次等效阻抗。

2）负载消耗的功率。

5. 某修理车间的单相变压器，一次额定电压为 220V，额定电流为 4.55A，二次额定电压为 36V，试求二次侧可接多少盏 36V、60W 的白炽灯？

6. 有一台容量为 50kV·A 单相自耦变压器，已知 $U_1 = 220V$，$N_1 = 500$ 匝，若要得到 $U_2 = 200V$，则二次绕组应在多少匝处抽出线头？

7. 交流信号源的电动势 $E = 120V$，内阻 $r_0 = 800\Omega$，负载 $R_L = 8\Omega$，试问：

1）将负载直接与信号源相连时，信号源的输出功率是多少？

2）将交流信号源接在变压器一次侧，R_L 接在二次侧，通过变压器实现阻抗匹配，求变压器的匝数比和信号源的输出功率。

8. 某变压器的电压为 220V/36V，二次绕组接有一盏 36V、100W 的白炽灯。求：

1）若变压器一次绕组的匝数是 825 匝，则二次绕组的匝数是多少？

2）当二次侧白炽灯被点亮时，变压器一、二次绕组中的电流各为多少？

9. 某晶体管收音机的输出变压器一次绕组匝数 $N_1 = 240$ 匝，二次绕组匝数 $N_2 = 60$ 匝，原配接有音圈阻抗为 4Ω 的电动式扬声器，现要改接为 16Ω 的扬声器，二次绕组匝数应如何变动？

10. 有一额定容量为 2kV·A，一、二次额定电压为 380V/110V 的单相变压器。试求：

1）一、二次额定电流。

2）若接负载为 110V、15W 的白炽灯，则需接多少盏白炽灯才能达到满载运行？

第7章　交流电动机

学习目标

- 掌握三相异步电动机的基本结构和工作原理。
- 理解三相异步电动机的电磁转矩特性和机械特性。
- 熟悉三相异步电动机的铭牌数据。
- 理解三相异步电动机的起动、调速和制动方法。
- 理解单相异步电动机的结构和工作原理。

7.1　三相异步电动机的结构和工作原理

电机是机械能与电能相互转换的机械。将电能转换为机械能的电机称为电动机。按耗能种类的不同，电动机可分为交流电动机和直流电动机两大类，其中交流电动机又可分为同步电动机和异步电动机两类。

> 7.1　三相异步电动机的结构和工作原理

由于异步电动机具有结构简单、坚固耐用、运行可靠、维护方便、价格便宜等优点，所以在工农业生产中获得了广泛的应用，大部分生产机械都采用三相异步电动机来拖动。

7.1.1　三相异步电动机的结构

三相异步电动机的常见外形及结构如图 7-1 所示。它主要由定子和转子两个基本部分构成，两者之间由气隙分开。

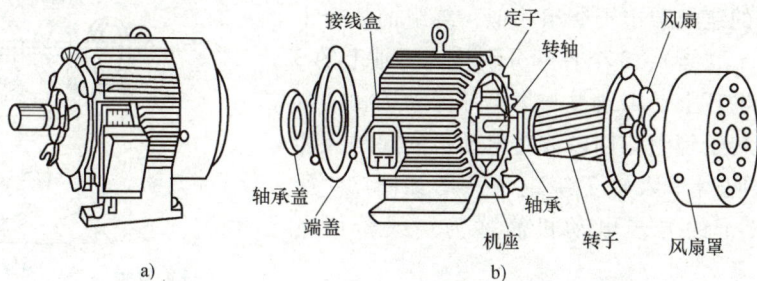

图 7-1　三相异步电动机的常见外形及结构
a）外形　b）结构

1. 定子

三相异步电动机的定子包括机座、定子铁心和定子绕组等固定部分。机座是电动机的外壳，由铸铁、铸钢或铸（挤压）合金铝制成；定子铁心是用内圆冲有槽的硅钢片叠成的圆筒，压装在机座内；定子绕组按照一定规律嵌放在定子铁心的槽内，根据电源电压和绕组电压的额定值，三相定子绕组可接成星形（Y）或三角形（△）。定子外形图如图7-2所示。

2. 转子

转子是三相异步电动机的旋转部件，它是由转子铁心、转子绕组和转轴组成的。转子铁心是用外圆冲有槽的硅钢片叠成的，压装在转轴上。

根据转子绕组结构的不同，转子可分为笼型和绕线型两种。笼型转子的绕组由嵌入铁心槽内的裸导体构成，两端由端环连接形成短路绕组。具有笼型转子的异步电动机简称为笼型电动机。在中小型电动机中，常用离心浇铸或压铸法将铝液浇铸到转子铁心槽内，同时铸成端环和冷却风扇，形成铸铝笼型转子。笼型转子外形图如图7-3所示。

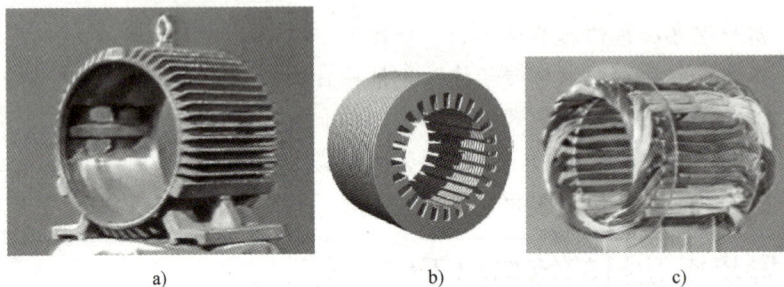

a)　　　　　　　　　　b)　　　　　　　　　　c)

图 7-2　定子外形图

a）机座　b）定子铁心　c）定子绕组

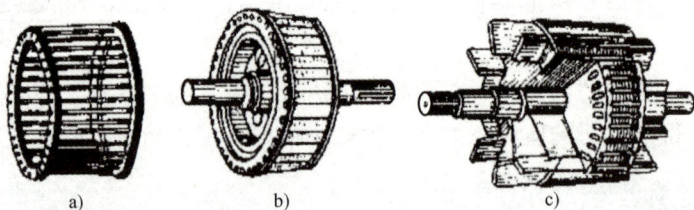

a)　　　　　　　　　　b)　　　　　　　　　　c)

图 7-3　笼型转子外形图

a）笼型绕组　b）铜条转子　c）铸铝转子

绕线型转子的绕组和定子绕组相似，绕组的3个末端被接在一起（Y联结），3个首端分别接到转轴上的3个彼此绝缘的集电环上，再通过与集电环滑动接触的电刷将变阻器串入转子绕组，用以改善电动机的起动性能和调速性能。变阻器串入转子绕组示意图如图7-4所示。具有绕线转子的异步电动机简称为绕线转子电动机。

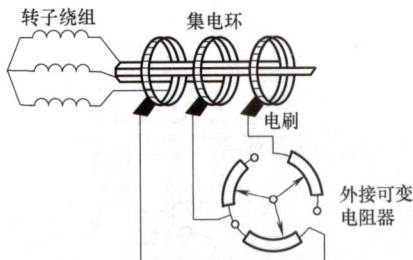

图 7-4　变阻器串入转子绕组示意图

7.1.2　三相异步电动机的工作原理

1. 旋转磁场

三相异步电动机转子之所以会旋转并实现能量转换，是因为转子气隙内有一个旋转磁场。下面介绍旋转磁场的产生。

（1）旋转磁场的产生

三相定子绕组的分布如图 7-5 所示。U_1U_2、V_1V_2、W_1W_2 为三相定子绕组，在空间彼此相隔120°电角度，接成星形。三相绕组的首端 U_1、V_1、W_1 接在三相对称电源上，有三相对称电流 i_U、i_V、i_W 通过三相绕组。

现选择几个瞬时来分析三相交变电流流经三相绕组时所产生的合成磁场。为了分析方便，假设电流为正值时，在绕组中从首端流向末端；电流为负值时，在绕组中从末端流向首端。三相电流波形如图 7-6a 所示。

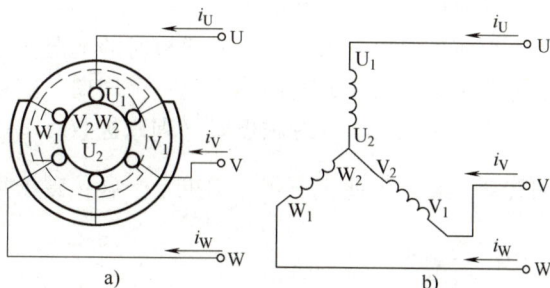

图 7-5　三相定子绕组的分布
a）实物连接图　b）原理图

在 $\omega t = 0°$、$t = 0$ 时，$i_U = 0$；i_V 为负（电流从 V_2 端流到 V_1 端）；i_W 为正（电流从 W_1 端流到 W_2 端）；按右手螺旋法则确定子相电流产生的合成磁场，如图 7-6b 所示。

在 $\omega t = 60°$、$t = \dfrac{T}{6}$（T 为周期）时，i_U 为正（电流从 U_1 端流到 U_2 端）；i_V 为负（电流从 V_2 端流到 V_1 端）；$i_W = 0$，此时的合成磁场如图 7-6c 所示。合成磁场已从 $\omega t = 0$ 瞬间所在位置顺时针方向旋转了 60°。

在 $\omega t = 120°$、$t = \dfrac{T}{3}$ 时，i_U 为正、$i_V = 0$、i_W 为负，此时的合成磁场如图 7-6d 所示，合成磁场已从 $\omega t = 0$ 瞬间所在位置顺时针方向旋转了 120°。

在 $\omega t = 180°$、$t = \dfrac{T}{2}$ 时，$i_U = 0$、i_V 为正、i_W 为负，此时的合成磁场如图 7-6e 所示，合成磁场已从 $\omega t = 0$ 瞬间所在位置顺时针方向旋转了 180°。

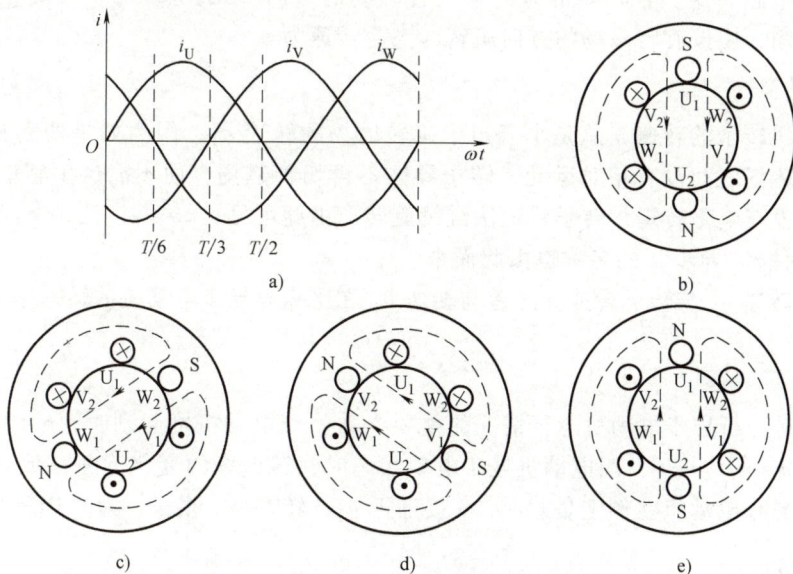

图 7-6　旋转磁场的产生
a）三相电流波形　b）$\omega t = 0°$时　c）$\omega t = 60°$时　d）$\omega t = 120°$时　e）$\omega t = 180°$时

由此可见，对称三相电流分别通入对称三相绕组 U_1U_2、V_1V_2、W_1W_2 中所形成的合成磁场是一个随时间变化的旋转磁场。

以上分析的是电动机产生一对磁极时的情况，当定子绕组联结形成的是两对磁极时，运用相同的方法可以分析出此时电流变化一个周期，磁场只转动了半圈，即转速减慢了一半。以此类推，当旋转磁场具有 p 对磁极时（即磁极数为 $2p$），交流电每变化一个周期，其旋转磁场就在空间转动 $\frac{1}{p}$ 转。因此，三相电动机定子旋转磁场每分钟的转速 n_1、定子电流频率 f 及磁极对数 p 之间的关系是：

$$n_1 = \frac{60f}{p} \tag{7-1}$$

旋转磁场的转速 n_1 又称同步转速。

（2）旋转磁场的转向

图 7-6 中绕组内电流的相序是 U、V、W，同时图中旋转磁场的转向也是 U、V、W，即顺时针方向旋转。所以，旋转磁场的转向与三相电流的相序一致。如要使旋转磁场按逆时针方向旋转（即反转），只要改变通入三相绕组中电流的相序，即将定子绕组接至电源的三根导线中的任意两根线对调，就可实现。

2. 三相异步电动机的转动原理

三相对称交流电通入定子三相绕组后，便形成了一个旋转磁场，按顺时针方向旋转。这时转子绕组与旋转磁场之间存在相对运动，切割磁感应线，根据电磁感应原理，转子绕组产生感应电动势 e_2，电动势的方向可以根据右手定则确定。由于转子绕组是闭合的，所以转子绕组内有电流 i_2 流过。异步电动机的转动原理如图 7-7 所示。上半部转子绕组的电动势和电流方向由里向外，下半部则由外向里。流过电流的转子导体在磁场中要受到电磁力的作用，方向根据左手定则确定，该力在转子的轴上形成电磁转矩，且转矩的方向与旋转磁场的方向一致，转子受此转矩作用，便按旋转磁场的方向旋转起来。转速为 n。

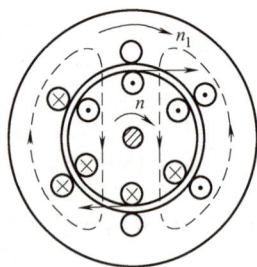

图 7-7 异步电动机的转动原理

3. 转差率

异步电动机转子的转速 n 总是小于定子旋转磁场的转速 n_1，因为如果两者相等，就意味着转子与旋转磁场之间没有相对运动，转子导体不再切割磁场，便不能产生感应电动势 e_2 和电流 i_2，也就没有电磁转矩，转子将无法继续旋转。由此可见，$n \neq n_1$，且 $n < n_1$ 是异步电动机工作的必要条件，"异步" 的名称也由此而来。

旋转磁场转速 n_1 与转子转速 n 之差与转速 n_1 之比称为异步电动机的转差率 s，即

$$s = \frac{n_1 - n}{n_1} \tag{7-2}$$

转差率 s 是分析异步电动机运行情况的重要参数。当电动机刚起动时，$n = 0$、$s = 1$；当电动机空载时，$n \approx n_1$、$s \approx 0$；当电动机处于电动状态时，转差率的变化范围在数 $0 \sim 1$ 以内，即 $0 < s \leqslant 1$。通常异步电动机在额定负载时，n 接近于 n_1，转差率 s 很小，为 $0.01 \sim 0.05$。

思考与练习

7-1-1 三相异步电动机的定子绕组和转子绕组在电动机的转动过程中各起什么作用？

7-1-2 三相异步电动机的定子铁心和转子铁心为什么要用硅钢片叠成？定子与转子之间

的间隙为什么要做得很小？

7-1-3 试说明三相异步电动机在什么情况下，它的转差率分别是下列数值：

1）$s=0$。

2）$0<s<1$。

3）$s=1$。

7.2 三相异步电动机的特性

7.2.1 三相异步电动机的转矩特性

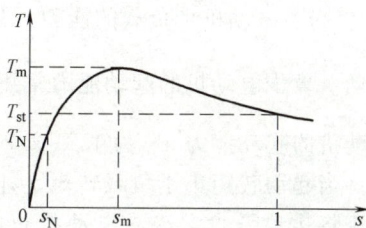

电磁转矩是三相异步电动机最重要的物理量，电磁转矩的存在是异步电动机工作的先决条件，分析异步电动机的机械特性离不开它。

异步电动机的电磁转矩 T 是由转子电流 I_2 与旋转磁场相互作用而产生的。根据理论分析，电磁转矩 T 可用下式确定：

$$T=C_T\Phi I_2\cos\varphi_2 \tag{7-3}$$

式中，C_T 为与电动机结构有关的转矩常数；Φ 为旋转磁场的每极磁通；$I_2\cos\varphi_2$ 为转子电流的有功分量。

从理论分析可知，转子电流 I_2 和 $\cos\varphi_2$ 都与转差率 s 有关，故电磁转矩 T 也与 s 有关。异步电动机的转矩特性曲线如图 7-8 所示。由于磁通 Φ 和转子电流 I_2 都与电源电压 U_1 成正比，所以电磁转矩 T 与 U_1^2 成正比。电源电压的变化对电动机工作情况影响很大，电压过高或过低都会使电动机性能变差，甚至烧坏电动机。

由转矩特性可以看到，当 $s=0$ 时，即 $n=n_1$ 时，$T=0$，这是理想空载运行的情况；随着 s 的增大，转速降低，转子导体切割旋转磁场的速度加快，转子电流 I_2 增大，功率因数 $\cos\varphi_2$ 保持较大值，T 开始增大。但到达最大值 T_m 以后，随着 s 的增大，虽然 I_2 增大，但是功率因数 $\cos\varphi_2$ 快速降低，因此 T 反而减小。最大转矩 T_m 也称为临界转矩，对应于 T_m 的 s_m 称为临界转差率。

图 7-8 异步电动机的转矩特性曲线

7.2.2 三相异步电动机的机械特性

在实际应用中，需要了解异步电动机在电源电压一定时转速 n 与电磁转矩 T 的关系。由 $T=f(s)$ 关系曲线转换后的 $n=f(T)$ 曲线称为异步电动机的机械特性曲线，如图 7-9 所示。用它来分析电动机的运行情况更为方便。

在机械特性曲线上值得注意的是两个区和 3 个转矩。

以最大转矩 T_m 为界，分为两个区，上部为稳定区，下部为不稳定区。当电动机工作在稳定区内某一点时，电磁转矩与负载转矩相平衡而保持匀速转动。如负载转矩变化，电磁转矩也将自动随之变化，从而达到新的平衡并稳定运行。当电动机工作在不稳定区时，电磁转矩将不能自动适

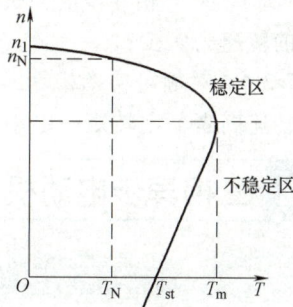

图 7-9 异步电动机的机械特性曲线

应负载转矩的变化，因而不能稳定运行。

下面分析反映异步电动机机械特性的 3 个特殊转矩。

（1）额定转矩 T_N

异步电动机在额定负载时轴上的输出转矩称为额定转矩。额定负载转矩可从铭牌数据中求得，即：

$$T_N = 9550 \frac{P_N}{n_N} \tag{7-4}$$

式中，P_N 为异步电动机的额定功率，单位为 kW；n_N 为异步电动机的额定转速，单位为 r/min；T_N 为异步电动机的额定转矩，单位为 N·m。

（2）最大转矩 T_m

在机械特性曲线上，转矩的最大值称为最大转矩，它是稳定区与不稳定区的分界点。通常用最大转矩 T_m 与额定转矩 T_N 的比值 λ_m 来表示电动机的过载能力，即 $\lambda_m = \dfrac{T_m}{T_N}$。一般三相异步电动机的过载能力 λ_m 为 1.6～2.3。

当电动机正常运行时，最大负载转矩不可超过最大转矩，否则电动机将带不动负载，转速越来越低，发生所谓的"闷车"现象，此时电动机电流会升高到电动机额定电流的 4～7 倍，使电动机过热，甚至烧坏。

（3）起动转矩 T_{st}

电动机在接通电源起动的最初瞬间，即 $n=0$，$s=1$ 时的转矩称为起动转矩，用 T_{st} 表示。T_{st} 表明了电动机带负载的能力，只有起动转矩大于负载转矩，即 $T_{st} > T_L$ 时，电动机才能顺利起动。异步电动机的起动能力常用起动转矩与额定转矩的比值 $\lambda_{st} = \dfrac{T_{st}}{T_N}$ 来表示。一般笼型异步电动机的起动能力 λ_{st} 为 1.3～2.2。

当起动转矩小于负载转矩，即 $T_{st} < T_L$ 时，电动机无法起动，会出现堵转现象，电动机的电流将达到最大，造成电动机过热。此时应立即切断电源，减轻负载或排除故障后再重新起动。

思考与练习

7-2-1　三相异步电动机既然有最大转矩 T_m，那么为什么不在 T_m 或接近 T_m 处运行？

7-2-2　当电源电压低于额定电压或高于额定电压时，对异步电动机的运行会产生什么不良后果？

7-2-3　某三相异步电动机的额定转速为 960r/min，当负载转矩为额定转矩的一半时，电动机的转速为多少？

7-2-4　对额定功率相等的两台三相异步电动机而言，是否额定转速低者额定转矩一定大，额定转速高者额定转矩一定小？

7.3　三相异步电动机的使用

7.3.1　三相异步电动机的铭牌数据

每一台三相异步电动机，在其机座上都有一块铭牌，铭牌上标注有型号、各种额定值及使用方式等，这是正确使用电动机的依据。

（1）型号

三相异步电动机的型号由产品代号、规格代号、特殊环境代号等组成。一般用字母和阿拉伯数字来表示电动机的种类、规格和用途等含义，例如

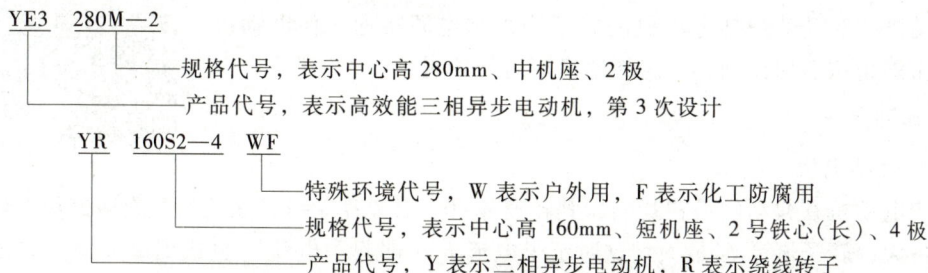

YE3　280M—2

—— 规格代号，表示中心高 280mm、中机座、2 极

—— 产品代号，表示高效能三相异步电动机，第 3 次设计

YR　160S2—4　WF

—— 特殊环境代号，W 表示户外用，F 表示化工防腐用

—— 规格代号，表示中心高 160mm、短机座、2 号铁心（长）、4 极

—— 产品代号，Y 表示三相异步电动机，R 表示绕线转子

三相异步电动机的中心高越大，电动机容量越大。中心高范围在 63～315mm 的为小型电动机，315～630mm 的为中型电动机，630mm 以上的为大型电动机。在同样的中心高下，机座越长，则容量越大，机座长度用 S、M、L 分别表示短、中、长机座。铁心长度按由短至长顺序用数字 1、2、3、…表示。

（2）额定值

额定值规定了电动机的正常运行状态和条件，它是选用、安装和维修电动机时的依据。三相异步电动机铭牌上标注的主要额定值有以下几个。

1）额定功率 P_N。指电动机在额定运行时，轴上输出的机械功率（单位为 W 或 kW）。

2）额定电压 U_N。指电动机在额定运行时，加在定子绕组出线端的线电压（单位为 V）。

3）额定电流 I_N。指电动机在额定运行时，输入定子绕组的线电流（单位为 A），也就是电动机长期运行时所允许的定子的线电流。

三相异步电动机的额定功率与其他额定数据之间有如下关系：

$$P_N = \sqrt{3}\, U_N I_N \cos\varphi_N \eta_N \tag{7-5}$$

式中，P_N 的单位为 W；$\cos\varphi_N$ 为额定功率因数；η_N 为额定效率。

4）额定频率 f_N。指电动机在额定运行时所接的交流电源频率。我国电力网的频率（即工频）规定为 50Hz。

5）额定转速 n_N。指电动机在额定运行时的转子转速（单位为 r/min）。通过铭牌数据，可以求得额定转矩 $T_N = 9550\dfrac{P_N}{n_N}$，$P_N$ 的单位为 kW。

此外，铭牌上还标明了绕组接法、绝缘等级及工作制等。对于三相绕线转子异步电动机，还标明转子绕组的额定电压（指定子加额定电压，而转子绕组开路时的转子线电压）和转子的额定电流，以作为配用起动变阻器等的依据。

【例 7-1】　一台 Y160M2—2 三相异步电动机的额定数据如下：$P_N = 15$kW，$U_N = 380$V，$n_N = 2930$r/min，$\cos\varphi_N = 0.88$，$\eta_N = 88.2\%$，定子绕组采用三角形接法。试求该机的额定电流和额定转矩。

解　该机的额定电流为：

$$I_N = \frac{P_N}{\sqrt{3}\, U_N \cos\varphi_N \eta_N} = \frac{15000}{\sqrt{3} \times 380 \times 0.88 \times 0.882}\,\text{A} \approx 29.4\text{A}$$

额定转矩为：

$$T_N = 9550\frac{P_N}{n_N} = 9550 \times \frac{15}{2930} N \cdot m \approx 48.89 N \cdot m$$

7.3.2 三相异步电动机的起动

电动机的起动就是把电动机的定子绕组与电源接通,使电动机的转子由静止状态加速到以一定转速稳定运行的过程。

> 7.3.2 三相异步电动机的起动

1. 起动要求

(1) 起动电流

异步电动机在起动的最初瞬间,其转速 $n = 0$,转差率 $s = 1$,在此瞬间旋转磁场对转子的相对转速最大,转子电流 I_2 最大,这时定子电流 I_1(即起动电流)也达到最大值,约为额定电流的 4~7 倍。

电动机起动电流大,对电动机本身和电网都会带来一些影响:会使电动机严重发热,在输电线路上产生过大的电压降,可能会影响同一电网中其他负载的正常工作。例如,使其他电动机的转矩减小,转速降低,甚至造成堵转。

(2) 起动转矩

由转矩 $T = C_T \Phi I_2 \cos\varphi_2$ 的关系可知,尽管起动时转子电流 I_2 大,但起动时转子电路的功率因数 $\cos\varphi_2$ 很低,故起动转矩并不大,一般 $T_{st} = (1.3 \sim 2.2)T_N$。电动机起动转矩小,则起动时间较长,或不能在满载情况下起动。因此,既要限制过大的起动电流,又要有足够大的起动转矩。可以采用不同的起动方法。

2. 起动方法

(1) 直接起动

用开关将额定电压直接加到定子绕组上使电动机起动,即为直接起动,又称为全压起动。直接起动的优点是设备简单、操作方便、起动时间短。只要电网的容量允许,应尽量采用直接起动。容量在 10kW 以下的三相异步电动机一般都采用直接起动。

(2) 笼型异步电动机减压起动

如果笼型异步电动机的额定功率超出了允许直接起动的范围,就应采用减压起动。所谓减压起动,是借助起动设备将电源电压适当降低后加到定子绕组上进行起动,待电动机转速升高到接近稳定时,再使电压恢复到额定值,转入正常运行。

当减压起动时,由于电压降低,电动机每极磁通量减小,所以转子电动势、电流以及定子电流均减小,避免了电网电压的显著下降。但由于电磁转矩与定子电压的二次方成正比,所以减压起动时的起动转矩将大大减小,一般只能在电动机空载或轻载的情况下起动,起动完毕后再加上额定负载。

目前常用的减压起动方法有以下 3 种。

1) 定子串接电抗器或电阻器减压起动。起动时将电抗器或电阻器串接于定子电路中,这样可以降低定子电压,限制起动电流。在转速接近额定值时,将电抗器或电阻器短接,此时电动机就在额定电压下开始正常运行。

采用定子电路串电阻器减压起动时,由于外接的电阻器上有较大的有功功率损耗,所以对中、大型异步电动机是不经济的。

2) Y-△减压起动。如果电动机正常工作时其定子绕组是三角形联结的,那么起动时为了减小起动电流，可将其接成星形联结，等电动机转速上升后，再恢复三角形联结。

　　Y-△减压起动电路如图 7-10 所示，起动时先合上电源开关 QS_1，同时将三刀双掷开关 Q 扳到起动位置（Y），此时定子绕组接成星形，各相绕组承受的电压为额定电压的 $1/\sqrt{3}$，待电动机转速接近稳定时，再把 Q 迅速扳到运行位置（△），使定子绕组改为三角形联结，于是每相绕组加上额定电压，电动机进入正常运行状态。

　　设定子绕组每相阻抗的大小为 $|Z|$，电源线电压为 U_1，三角形联结时直接起动的线电流为 $I_{st\triangle}$，星形联结时减压起动的线电流为 I_{stY}，则有：

$$\frac{I_{stY}}{I_{st\triangle}}=\frac{\dfrac{U_1}{\sqrt{3}\,|Z|}}{\sqrt{3}\dfrac{U_1}{|Z|}}=\frac{1}{3}\tag{7-6}$$

　　可见 Y-△减压起动时的起动电流是三角形联结直接起动时起动电流的 1/3。由于电磁转矩与定子绕组相电压的二次方成正比，所以 Y-△减压起动时的起动转矩也减小为直接起动时的 1/3。Y-△减压起动的优点是设备简单，工作可靠，但只适用于正常工作时作为三角形联结并且三相绕组头尾都引出的电动机。为此，Y 系列异步电动机额定功率在 4kW 及其以上的均设计成三角形联结。

　　3）自耦变压器减压起动。自耦变压器减压起动的电路如图 7-11 所示。三相自耦变压器联结成星形，用一个六刀双掷转换开关 QS_2 来控制变压器接入或脱离电路。起动时把 QS_2 扳在起动位置，使三相交流电源接入自耦变压器的一次侧，而电动机的定子绕组则接到自耦变压器的二次侧，这时电动机得到的电压低于电源电压，因而减小了起动电流，待电动机转速升高后，把 QS_2 从起动位置迅速扳到运行位置，让定子绕组直接与电源相接，而自耦变压器则与电路脱开。

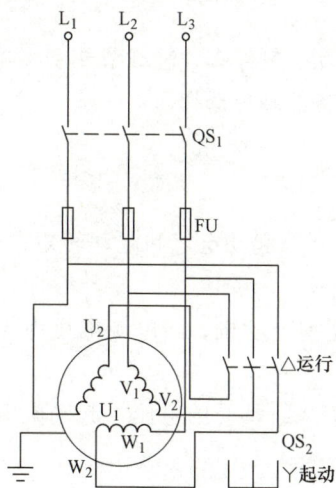

图 7-10　Y-△减压起动电路

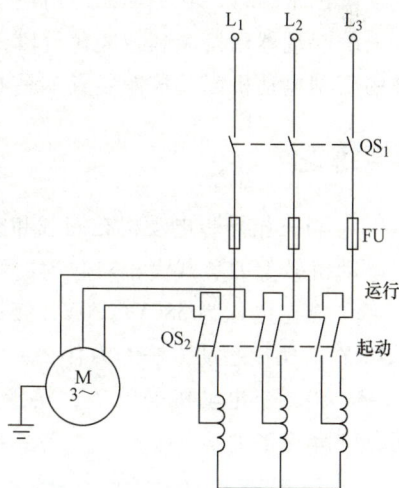

图 7-11　自耦变压器减压起动电路

　　当进行自耦变压器减压起动时，电动机定子电压为直接起动时的 $1/k$（k 为自耦变压器的电压比），定子电流（即自耦变压器二次电流）也降为直接起动时的 $1/k$，因此，自耦变压器一次侧的电流要降为直接起动时的 $1/k^2$。另外，由于电磁转矩与外加电压的二次方成正比，所以起动转矩也降低为直接起动时的 $1/k^2$。

起动用的自耦变压器专用设备称为起动补偿器，它通常有 2~3 个抽头，可输出不同数值的电压。例如，输出电压分别为电源电压的 80%、60% 和 40%，可供用户选用。自耦变压器减压起动的优点是可根据需要选择起动电压，使用灵活，适用于不同的负载，但设备较笨重，成本高。

3. 绕线转子异步电动机转子串电阻起动

笼型异步电动机的转子绕组是自行短接的，因此无法通过改变其参数来改善其起动性能。对于既要限制起动电流又要重载起动的场合，可采用绕线转子异步电动机。

绕线转子异步电动机转子串电阻起动的电路，起动时在转子电路中串入三相对称电阻，起动后，随着转速的上升，逐渐切除起动电阻，直到转子绕组短接。采用这种方法起动时，在一定范围内，转子电路电阻增加，转子电流 I_2 减小，$\cos\varphi_2$ 提高，起动转矩反而会增大。这是一种比较理想的起动方法，既能减小起动电流，又能增大起动转矩，因此适合于重载起动的场合，如起重机械等。其缺点是这种电动机价格较贵，起动设备较多，起动过程电能浪费多；电阻段数较少时，起动过程中转矩波动大；而电阻段数较多时，控制电路复杂，因此一般只设计为 2~4 段。

前面介绍的 Y/△减压起动和自耦变压器减压起动属于传统的起动方法，在电动机起动和工作状态切换的瞬间，都会产生较大的冲击电流。近年来，人们利用电力电子技术与自动控制技术研制出了一种晶闸管调压装置，称为软起动器，能够克服上述缺点。

软起动就是利用软起动器将电动机起动，软起动器能够根据负载对起动转矩的要求、供电线路对起动电流的要求等数据，通过控制加到电动机上的电压来控制电动机的起动电流和转矩，使电动机平稳起动。软起动器只用于电动机的起动过程，起动过程完成后，旁路接触器闭合使电动机正常运行，软起动器退出运行。

如今软起动器已发展到智能化阶段，成为一种集软起动、软停车、轻载节能和多功能保护于一体的新型电动机起动控制装置，是电动机起动控制设备的理想选择。

思考与练习

7-3-1 当三相异步电动机在满载和空载起动两种状态下，起动电流和起动转矩是否相等？起动时电动机轴上的负载大小对起动过程有什么影响？

7-3-2 额定电压为 380V/220V，接法为 Y-△ 的三相笼型电动机，当电源电压为 380V 时，能否采用 Y-△ 换接起动方法？为什么？

7-3-3 当异步电动机采用 Y-△ 换接起动时，每相定子绕组承受的电压、起动电流以及起动转矩分别降为多少？

7.3.3 三相异步电动机的调速

调速是指在电动机负载不变的情况下，人为地改变电动机的转速。由前面公式可得：

$$n = (1-s)n_1 = (1-s)\frac{60f}{p} \tag{7-7}$$

可见，异步电动机可以通过改变磁极对数 p、电源频率 f 和转差率 s 这 3 种方法来实现调速。

1. 变极调速

在电源频率不变的条件下，改变电动机的极对数，电动机的同步转速就会发生变化，从而改变电动机的转速，若极对数减小一半，同步转速 n_1 就提高一倍，电动机的转速 n 也几乎升高一倍。

通常用改变定子绕组的接法来改变极对数的电动机称为多速电动机。其转子均采用笼型转子，其转子感应的极对数能自动与定子相适应。这种电动机在制造时，从定子绕组中抽出一些线头，以便于使用时调换。下面以 4 极电动机一绕组来说明变极原理。图 7-12 中画出的是 4 极电动机 U 相绕组中的两个线圈，每个线圈代表 U 相绕组的一半称为半相绕组。将两个半相绕组顺向头尾串联，如图 7-12a 所示。根据线圈的电流方向，可以判断出定子绕组产生 4 极磁场，$p=2$。

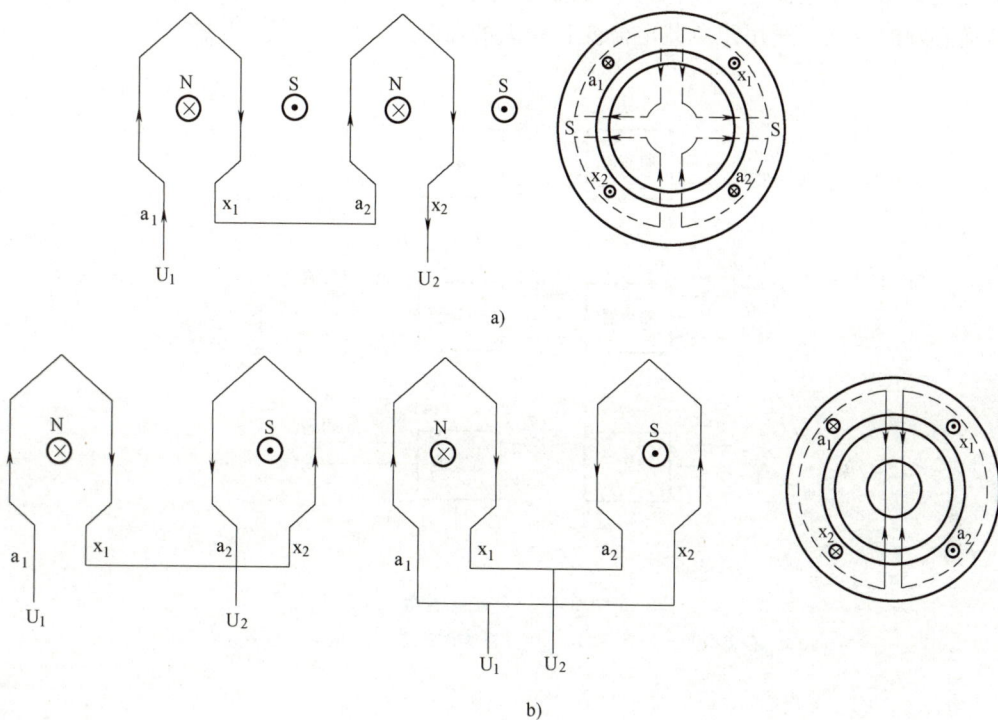

图 7-12　变极调速的原理图
a)　$2p=4$　　b)　$2p=2$

若将两个半绕组的连接方式改为如图 7-12b 所示的连接方法，则 U 相绕组的中的半相绕组 a2-x2 的电流反向，根据线圈的电流方向，可以判断出定子绕组产生 2 极磁场，$p=1$。

可见，使定子每相绕组的一半绕组中的电流方向改变，就可以改变磁极对数，从而改变电动机的转速，这就是变极调速的原理。

2. 变频调速

通过改变电源频率 f 调整电动机转速 n 的方法，称为变频调速。变频调速具有高效率、宽范围和连续平滑的特点。

对交流电动机实现变频调速的装置称为变频器。变频器内部电路分为主电路和控制电路两部分，主电路是给异步电动机提供调压调频电源的电力变换部分，控制部分是给主电路提供控制信号的回路。

目前，变频器主电路一般采用如图 7-13a 所示的交-直-交型变频方式。380V、50Hz 的三相交流电通过整流器变换为直流电后，再经逆变器变换为所需的频率 f 可调、电压有效值 U 也可调的三相交流电，供给三相笼型异步电动机。

由于在整流器整流后的直流电压中含有脉动成分，需要大容量的储能元器件予以吸收，根据储能元器件的不同，交-直-交型变频方式大体上又可以分为电压源型和电流源型两类。

电压源型变频的特点是中间直流部分的储能元器件采用大电容，如图 7-13b 所示。这种变频器直流电压比较平稳，相当于电压源，故称为电压源型变频器，适用于负载电压变化较大的场合。

电流源型变频的特点是中间直流部分采用大电感作为储能元器件，如图 7-13c 所示，扼制电流的变化，相当于电流源，故称为电流源型变频器。电流源型变频器的优点是能扼制负载电流频繁而急剧的变化，适用于负载电流变化较大的场合。

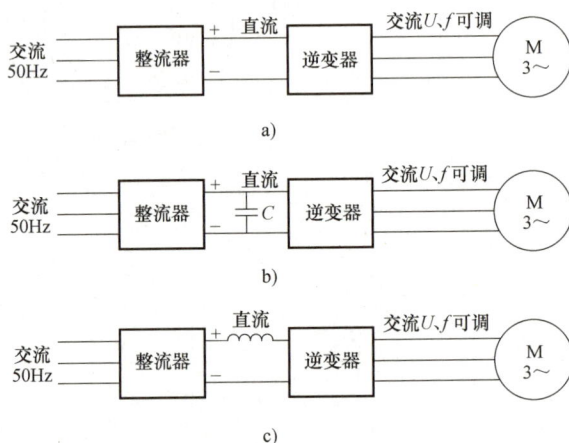

图 7-13　变频器调速

a) 交-直-交型变频方式　b) 电压源型变频方式　c) 电流源型变频方式

异步电动机的变频调速可以从电动机的额定频率向下调节或向上调节。

由式 $\Phi_{\mathrm{m}}=\dfrac{U}{4.44fN}$ 可知，在逆变器供电频率 f 从电动机额定频率 f_{N} 向下调节时，应同时降低供电电压的有效值，否则电动机磁路过于饱和，励磁电流和铁损大增，将导致电动机过热，这是不允许的。因此，在向下调节频率 f 时，应通过控制电路保持 $\dfrac{U}{f}$ 值基本不变，从而保证电动机旋转磁场的磁通量基本不变，故称为恒磁变频调速。

当变频器供电频率 f 从电动机额定频率 f_{N} 向上调节时，由于供电电压 U 不允许超过电动机的额定电压，因此，f 上调时 Φ_{m} 会减少，故称为弱磁变频调速。

近年来，随着电子技术和控制技术的发展，变频器已得到越来越广泛的应用。目前，性能良好、工作可靠的变频器应用于各种电气设备中，除了能调速外，还具有软起动、提高运转精度、改变功率因数及完备的保护功能。变频调速已经成为异步电动机主要的调速方式。

3. 变转差率调速

变转差率调速是在不改变同步转速 n_1 的条件下进行的调速。

（1）绕线转子异步电动机转子串电阻调速

当绕线转子异步电动机工作时，如果在转子回路中串入电阻，就可改变电阻的大小，实现调速。转子串电阻调速的机械特性如图 7-14 所示。设负载转矩为 T_L，当转子电路的电阻为 R_a 时，电动机稳定运行在 a 点，转速为 n_a；若 T_L 不变，转子电路电阻增大为 R_b，则电动机的机械特性变软，工作点由 a 点移至 b 点，于是转速降低为 n_b，转子电路串接的电阻越大，则转速越低。

转子串电阻调速的优点是设备简单、成本低。缺点是低速时机械特性软、转速不稳定、调速范围有限、电能损耗多、电动机的效率低、轻载时调速效果差。转子串电阻调速主要用于恒转矩负载，如起重运输设备中。

（2）降低电源电压调速

三相异步电动机的同步转速 n_1 与电压无关，s_m 保持不变，最大转矩与电压的二次方成正比，因此，降低电源电压调速的机械特性如图 7-15 所示。

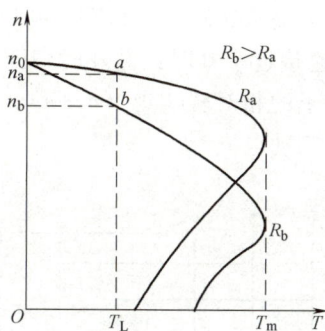

图 7-14　转子串电阻调速的机械特性

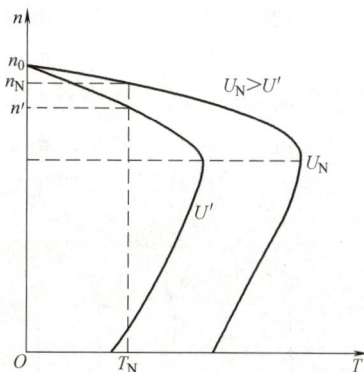

图 7-15　降低电源电压调速的机械特性

从机械特性曲线可以看出，当负载转矩一定时，电压越低，转速也越低，故降低电压也能调节转速。降压调速的优点是电压调节方便，对于通风机型负载，调速范围较大。因此，目前大多数的电风扇都采用串电抗器或串双向晶闸管降压调速。这种方法的缺点是，对于常见的恒转矩负载，调速范围很小，实用价值不大。

7.3.4　三相异步电动机的制动

电动机的制动分机械制动和电气制动两种类型，这里只讨论电气制动。所谓电气制动，是指使电动机产生一个与转速方向相反的电磁转矩 T_{em}，起到阻碍运动的作用。

电动机的制动有两方面的意义，一是使拖动系统迅速减速停车，这时的制动是指电动机从某一转速迅速减速到零的过程，在制动过程中电动机的电磁转矩 T_{em} 起到制动的作用，从而缩短停车时间，提高了生产效率。二是限制位能性负载的下降速度，这时的制动是指电动机处于某一稳定的制动运行状态，此时电动机的电磁转矩 T_{em} 起到与负载转矩相平衡的作用。例如，当起重机下放重物时，若不采取措施，则由于重力作用，将导致重物下降速度越来越快，直到超过允许的安全下放速度。为防止这种情况发生，就可以采用电气制动的方法，使电动机的电磁转矩与重物产生的负载转矩平衡，从而使下放速度稳定在某一安全下放速度上。三相异步电动机的电气制动方法有能耗制动、反接制动和回馈制动。

1. 能耗制动

这种制动方式是在切断定子绕组三相交流电源的同时，立即接通直流电源，其原理图如图7-16所示，在定子与转子之间形成一个恒定的磁场，转子由于惯性仍按原方向转动，转子导体切割此恒定磁场，从而产生感应电动势和感应电流，可以判定，这时由转子电流和恒定磁场作用所产生的电磁转矩的方向与转子旋转方向相反，因而是制动转矩。

转速下降，将使电动机迅速停转。停转后，转子与磁场相对静止，制动转矩随之消失。这种制动方法是把转子的动能转换为电能，消耗在转子电阻上，故称为能耗制动。其优点是制动能消耗小，制动平稳，虽需要直流电源，但随着电子技术的迅速发展，很容易从交流电整流获得直流电，这种制动一般用于要求迅速平稳停车的场合。

2. 反接制动

反接制动有电源反接制动和倒拉反接制动两种形式。

（1）电源反接制动

电源反接制动的方法是将接到电源的三相导线中的任意两相对调。此时旋转磁场反转，而转子由于惯性仍按原方向转动，因而产生的电磁转矩方向与电动机转动方向相反，电动机因制动转矩的作用而迅速停转，其原理图如图7-17所示。当转速接近于0时，需及时切断三相电源，否则电动机会自动反向起动。由于制动时旋转磁场与转子的相对转速为 (n_1+n)，所以制动电流也会很大，因此在定子绕组中要串入制动电阻以限制制动电流。

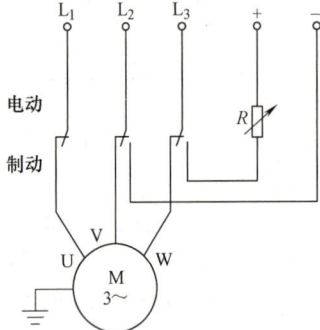

图 7-16　能耗制动原理图

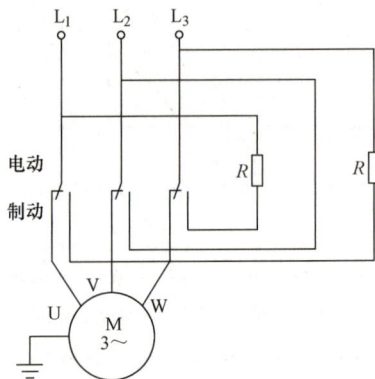

图 7-17　电源反接制动原理图

电源反接制动的优点是制动电路比较简单、制动转矩较大、停机迅速。但制动瞬间电流较大、消耗也较大、机械冲击强烈、易损坏传动部件。

（2）倒拉反接制动

绕线转子异步电动机转子电路串入大电阻后，转子电流下降，且电磁转矩下降，小于所吊重物的负载转矩，当转速下降到0时，此时电磁转矩仍小于负载转矩，重物将迫使电动机转子反转，直到电磁转矩等于负载转矩，重物将以一较低转速下放。

倒拉反接制动用于绕线转子异步电动机拖动具有势能的负载下放重物的场合，以获得稳定的下放速度。

3. 回馈制动

若三相异步电动机原本工作在电动状态，则由于某种原因（如当起重机下放重物时的重力的作用），会使电动机的转速 n 超过旋转磁场的转速 n_1。因为 $n>n_1$，所以 $s<0$，这是回馈制动的特点。因为 $s<0$，所以转子电动势 $E_2<0$，转子电流 I_2 反向，电磁转矩反向，为制动转矩。电动机将原电动机输入的机械功率转换成电功率，成为一台发电机，将重物的势能转换为电能，再回送到电网，故称为回馈制动或发电制动。

思考与练习

7-3-4　三相异步电动机的额定电压是线电压还是相电压？额定电流是线电流还是相电流？额定功率是输入功率还是输出功率？

7-3-5　某电动机的铭牌标有 380V/220V 和 Y/△ 两种电压和两种接法，试问电动机的定子绕组应如何连接？当采用这两种接法时，电动机的旋转磁场每极磁通以及额定电流、额定转矩、额定转速、额定功率是否相同？

7-3-6　若正常运行时定子绕组为 △ 联结的异步电动机被误接成 Y 联结时，则旋转磁场每极磁通如何变化？如果带同样的负载运行，那么转子电流和定子电流比正常运行时大还是小？

7-3-7　正常运行时定子绕组为 Y 联结的异步电动机误被接成 △ 联结时，空载电流有什么变化？

7.4　单相异步电动机

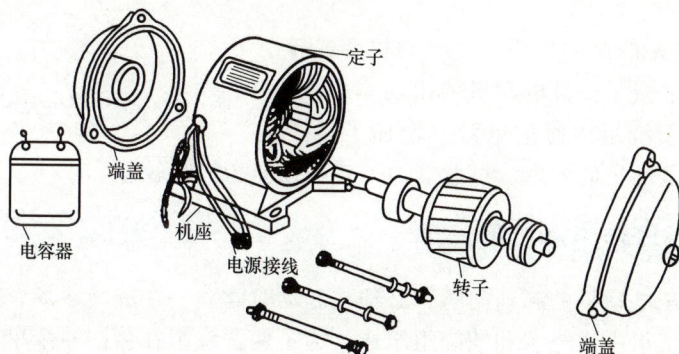

7.4.1　单相异步电动机的转动原理

单相异步电动机的定子绕组使用单相电源供电。它有很多优点，如结构简单、成本较低、运行可靠、维修方便等，故得到广泛应用。在工业和农业生产中，单相异步电动机常用于拖动一些小型的生产机械，如手提电钻、电刨、电锯和小型车床等。但单相异步电动机体积相对较大，且电动机的容量较小，一般不超过 1kW。

（1）单相异步电动机的结构

虽然单相异步电动机的结构各有特点，种类繁多，但总体来说，它主要由定子和转子两大部分组成。定子部分包括定子铁心、定子绕组、机座、端盖等。罩极式单相异步电动机定子的磁极凸出，其他各类单相异步电动机的定子与普通三相异步电动机的定子相似。转子主要由转子铁心、转子绕组组成。电容分相单相异步电动机的结构图如图 7-18 所示。

图 7-18　电容分相单相异步电动机的结构图

1）铁心。定子铁心和转子铁心的作用与三相异步电动机的作用一样，用来构成电动机的磁路。为了减少交变磁通产生的铁损耗，用相互绝缘的硅钢片冲制后叠成。定子铁心有隐极和凸极两种。转子铁心与三相异步电动机转子铁心相同。

2）绕组。单相异步电动机定子绕组通常被做成两相，即一个是主绕组，另一个是辅绕组。主绕组用来建立主磁场，辅绕组用来帮助电动机起动。主、辅绕组的中轴线在空间错开90°电角度。转子绕组一般采用笼型绕组。

3）机座。按电动机用途、安装方式、冷却方式、防护方式的不同，单相异步电动机可采用不同的机座结构。根据材料又可分为铸铁、铸铝和钢板结构等。

4）端盖及轴承。根据不同的材料，端盖有铸铁件、铸铝件、钢板冲压件3种类型。单相异步电动机的轴承，有滚珠轴承和含油轴承两种。滚珠轴承价格高、噪声大，但寿命长；含油轴承价格低、噪声小，但寿命短。

（2）工作特点

将交流电接到单相异步电动机上后，就会产生一个脉动磁场。而脉动磁场是由两个幅值相同、转速相等、旋转方向相反的旋转磁场合成的。与普通三相异步电动机一样，正向和反向旋转磁场均切割转子导体，并分别在转子导体中感应电动势和电流；且大小相等、方向相反，因此产生的转矩也是大小相等、方向相反，从而相互抵消。也就是说，起动转矩为零。这是单相异步电动机的特点，也是它的缺点。

但是，如果将电动机的转子推动一下，那么电动机就会继续转动下去。就正向旋转磁场而言，转差率为：

$$s_+ = \frac{n_1 - n}{n_1} \quad (7-8)$$

而反向旋转磁场转差率为：

$$s_- = \frac{n_1 - (-n)}{n_1} = \frac{2n_1 - (n_1 - n)}{n_1} = 2 - s_+ \quad (7-9)$$

即当 $s_+ = 0$ 时，相当于 $s_- = 2$；当 $s_- = 0$ 时，相当于 $s_+ = 2$。由此可绘制出单相异步电动机的转矩特性曲线，如图7-19所示。

由图可看出单相异步电动机的几个主要特点：

1）单相异步电动机没有起动转矩，不能自起动。

2）合成转矩曲线对称于 $s_+ = s_- = 1$ 点，因此，单相异步电动机没有固定的转向，运行时的转向取决于起动时的转向。

3）由于反向转矩的制动作用，使电动机合成转矩减小，最大转矩随之减小；且电动机输出功率也减小，同时反向磁场在转子绕组中感应电流，增加了转子铜

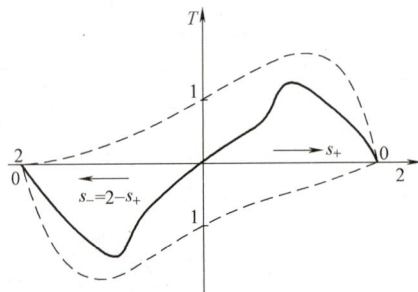

图7-19 单相异步电动机的转矩特性曲线

耗，所以单相异步电动机的效率、过载能力等各种性能指标都较差。

7.4.2 单相异步电动机的起动

为解决单相异步电动机的起动问题，必须在起动时建立一个旋转磁场，产生起动转矩。单相异步电动机定子绕组由主绕组和辅绕组组成，为了使两绕组在接同一个单相电源时能产生相位不同的两相电流，往往在辅绕组中串入电容或电阻进行分相，这样的电动机称为分相式单相

异步电动机。

　　按起动、运转方式的不同，分相式异步电动机又分为电容起动、电容运转、电容起动和运转、电阻起动 4 种类型。

　　还有一种单相异步电动机，其定子与分相式电动机定子不同，根据它定子磁极的结构特点，被称为单相罩极式异步电动机。

1. 电容起动分相电动机

　　电容起动分相电动机接线图和相量图如图 7-20 所示。Z_1Z_2 辅绕组与电容 C 及离心开关 S 串联，并与主绕组 U_1U_2 并联后接到电源上。辅绕组是容性电路，只要电容选择适当，就会使起动时的 $\dot{I}_Z$ 相位正好超前 $\dot{I}_U$ 相位 90°，并使两绕组磁动势幅值相等，如图 7-20b 所示，这使起动时的磁场成为圆形旋转磁场，因此起动转矩较大。由图 7-21 中 $T=f(s)$ 曲线可以看出，起动转矩 T_{st} 可达到额定转矩 T_N 的 2.5~3.0 倍，加电容器后，沿曲线 2 和曲线 3 起动。

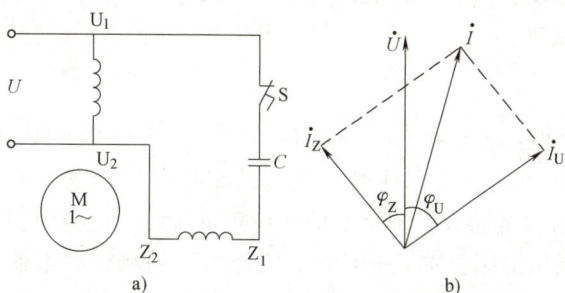

图 7-20　电容起动分相电动机接线图和相量图
a）接线图　b）相量图

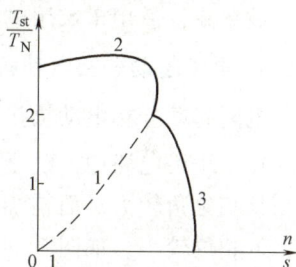

图 7-21　$T=f(s)$ 曲线

　　电容起动分相电动机的辅绕组和电容只允许短时间运行。当转速达到 75%~80%的额定转速时，由起动（离心）开关 S 将辅绕组切断电源，由主绕组单独运行。它适用于具有较高转矩的小型空气压缩机、电冰箱、磨粉机、水泵及满载起动机械。

2. 电容运转分相电动机

　　电容运转分相电动机的结构与电容起动分相电动机的结构相似，如图 7-22 所示。这种电动机辅绕组中的电容能长期接在电源上工作，又叫作单相电容电动机。只要电容器选择适当，主、辅绕组的匝数适当，就可使运行时有圆形或近圆形的旋转磁场。该电动机的起动转矩是额定转矩的 0.35~1.0 倍。这不仅解决了起动问题，而且运行性能也得到较大改善。

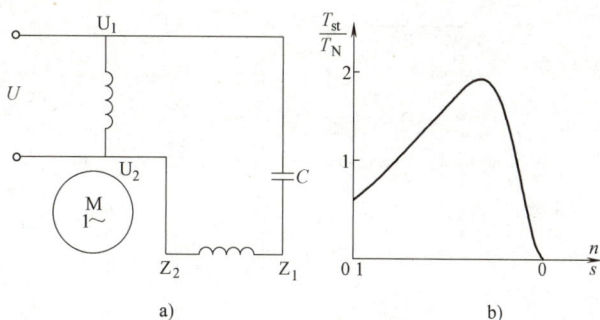

图 7-22　电容运转分相电动机
a）接线图　b）$T=f(s)$ 曲线

　　这种电动机具有较高的功率因数和效率、体积小、重量轻，适用于电风扇、通风机、录音机及各种空载和轻载起动机械。

3. 电容起动和运转电动机

　　在实际生产和生活中，往往需要电动机既有较大的起动转矩，又有良好的工作性能。电容起动和运转电动机就是这种类型的电动机，如图 7-23 所示。C_{st} 为起动电容器，容量较大；C_g 为工作电容器，容量较小。起动时离心开关 S 闭合，两电容并联，总容量为（$C_{st}+C_g$），电动机的起动转矩较大。起动后，当转速达到额定转速的 75% ～ 80% 时，离心开关 S 将电容器 C_{st} 切除，这时只有 C_g 参与运行，因此这种电动机又叫作单相双值电容电动机。图 7-23b 所示为电动机的转矩曲线，

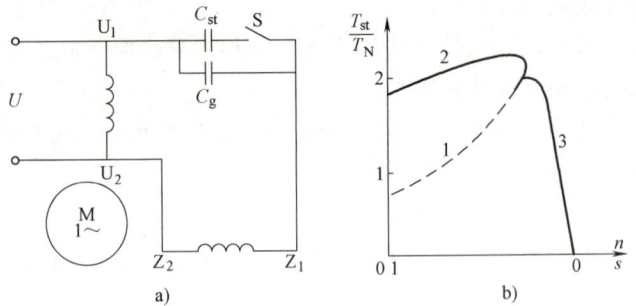

图 7-23　电容起动和运转电动机
a）接线图　b）$T=f(s)$ 曲线

电动机起动转矩为额定转矩的 1.8 倍。这种电动机有较好的起动性能、过载能力大、功率因数高、效率高，适用于家用电器、泵、小型机械等。

4. 电阻起动分相电动机

电阻起动分相电动机接线图如图 7-24a 所示，主绕组 U_1U_2 和辅绕组 Z_1Z_2 接到相同的电源上。在主绕组电路中，绕组匝数多，感抗比阻抗大得多，主绕组电流的相位滞后于电压的相位，且相位角较大。而辅绕组的匝数少，电阻比电感大，辅绕组的相位角也滞后于电源的相位角，但相位较小，如图 7-24b 所示。由于两绕组的阻抗都是感性的，两相电流的相位差不仅达不到 90°，而且值也不大，所以电动机的起动转矩较小，转矩特性曲线如图 7-24c 所示。同样，由图 7-24c 可以看出，在电路中串入适当电阻后，能使起动转矩明显增大，可达到额定转矩的 1.1～1.7 倍，电动机沿曲线 2、3 起动。

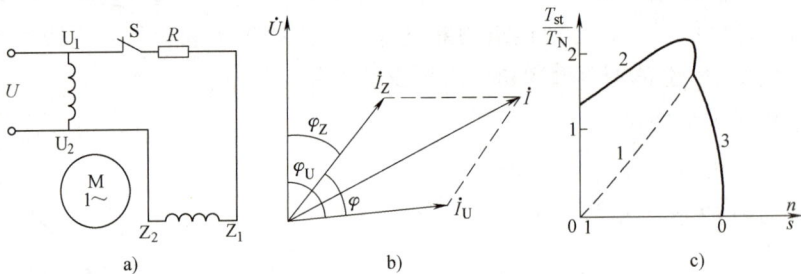

图 7-24　电阻起动分相电动机
a）接线图　b）相量图　c）$T=f(s)$ 曲线

电阻起动分相电动机的辅绕组只允许起动时短时间工作，待电动机转速达到额定转速的 75%～80% 时，离心开关将辅绕组断开，使主绕组单独运行。这种电动机一般适用于具有中等起动转矩和过载能力的小型机床、鼓风机、医疗机械等。

5. 单相罩极式异步电动机

单相罩极式异步电动机的结构可分为凸极式和隐极式两种。由于凸极式结构简单些，所以罩极式电动机的定子铁心一般做成凸极式的。在每个极上装有集中绕组，主绕组成工作绕组。极上面开有小槽以便嵌入短路铜环，一般短路环罩住 1/4～1/3 的极面，这部分磁极叫作被罩

部分，其余部分叫作未罩部分。其结构示意图和定子磁极如图 7-25a、b 所示。在工作绕组中通入单相交流电时，就会产生脉动磁通，一部分通过磁极未罩部分，另一部分通过短路环，于是在短路环中就有感应电动势和感应电流。根据电磁感应定律，感应电流产生的磁通阻止铁心中原有磁通量的变化，这就使通过短路环的磁通与通过磁极未罩部分的磁通在时间上不同步，并且总要滞后一个角度，而且两者在数值上也有差别。移动磁场在电动机内产生，短路环使磁场中心偏移，如图 7-25c 所示。单相交流电接入定子绕组，当电流由零开始逐渐增大时，铁心中的磁通也在逐渐增大，短路环中感应电流产生磁通阻止铁心中原有磁通增加，使得被罩部分通过的磁力线比未罩部分通过的磁力线稀疏。

磁场分布不均，中心偏向磁极的一侧，当绕组电流增加时，电流变化率减小，磁场分布也就逐渐均匀。同样地，当定子绕组中通入的电流由最大值逐渐减小时，短路环中将会产生感应电流，只不过与刚才产生的感应电流相反；产生的磁通与铁心中的原磁通方向一致，通过被罩部分的磁力线比通过未罩部分的磁力线稠密，磁场又发生偏移，偏向极面的另一侧。由此可见，在短路环作用下，空间磁场分布是连续移动的，由磁极未罩部分向磁极被罩部分移动，这种磁场是椭圆度很大的旋转磁场，使电动机能获得一定的起动转矩而转动起来。

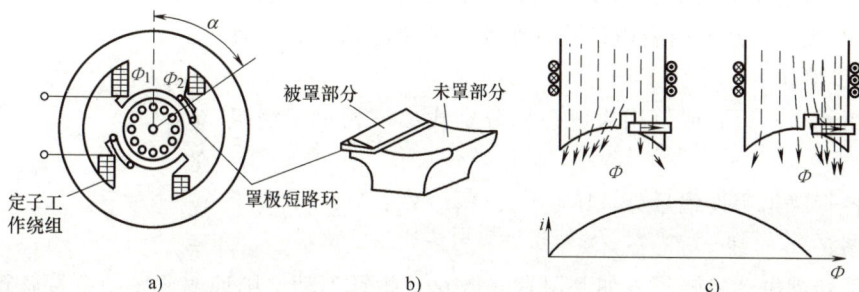

图 7-25　单相罩极式异步电动机
a) 结构示意图　b) 定子磁极　c) 短路环使磁场中心偏移

依靠结构上的特殊性，单相罩极式异步电动机产生旋转磁场，由于磁场椭圆度大，波形差，所以起动性能、运行性能、效率和功率因数都较低，不宜做成大功率电动机。但罩极式电动机结构简单、成本低、运行时噪声低、经久耐用、维修方便，因此可广泛应用于录音机、电钟、电动模型、小型电风扇等需要小功率的电动机械中。

思考与练习

7-4-1　三相异步电动机定子电路的 3 根电源线，如果断了一根（例如该相的熔断器熔断），就称为三相异步电动机的断相运行，试分析运行情况。

7-4-2　单相罩极式异步电动机能否用于洗衣机带动波轮来回转动？

7.5　实训　异步电动机定子绕组首末端的判定

1. 实训目的

1）掌握异步电动机定子绕组首末端的判断方法。

2）掌握异步电动机定子绕组的连接方法。

2. 实训器材

三相异步电动机	4kW	1 台
万用表		1 块
绝缘电阻表	500V	1 块
交流电源装置	36V	1 台
电池	3～6V	1 组
导线		若干

3. 实训内容

当电动机接线板损坏、定子绕组的6个线头分不清时，不可盲目接线，以免因此而引起三相电流不平衡，电动机定子绕组过热，转速降低，甚至不转，熔丝烧断或烧毁定子绕组。因此必须分清6个线头的首末端后，才可接线。

（1）剩磁法判断电动机定子首末端

剩磁法判断电动机定子首末端，是利用电动机的剩磁测量出激磁电压或电流，观察万用表指针是否摆动，判断电动机定子首末端。具体步骤如下。

1）先用绝缘电阻表或万用表电阻档分别找出三相定子绕组的各两个线头。

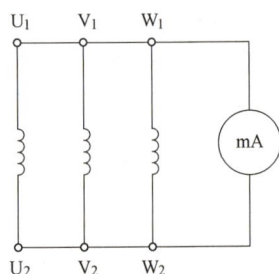

图 7-26 剩磁法判断电动机定子首末端

2）给各相绕组假设编号为：U_1、U_2；V_1、V_2；W_1、W_2。

3）按图7-26接线。

4）用手转动电动机转子，如万用表（微安）指针不动，则证明假设的编号是正确的；若指针有偏转，说明其中有一相首末假设编号不对，应逐相对调重测直至正确为止。

（2）电池法判断电动机定子首末端

此方法是利用电磁感应原理实现的，具体步骤如下。

1）先分清三相绕组各相的两个线头，并进行假设编号。

2）按图7-27所示方法接线。

3）注视万用表指针摆动的方向，合上开关瞬间，若指针摆向大于零的一边（正偏），则接电池正极的线头与万用表黑表笔的线头同为首端或末端。

4）再将电池和开关接另一相两个线头进行测试，即可正确判断各相的首末端。

（3）交流法判断电动机定子首末端

方法一：绕组串联示灯法

1）用绝缘电阻表或万用表的电阻档分别找出三相绕组的各相两个线头。

2）先给三相绕组的线头假设编号 U_1、U_2；V_1、V_2；W_1、W_2；并把 V_1、W_2 连接在一起，如图7-28所示，构成两相绕组串联。

3）在 W_1、V_2 两线头上接一只白炽灯。

4）U_1、U_2 端通入36V交流电源，如果白炽灯发光，说明线头 U_1、U_2 和 V_1、V_2 的编号正确。

5）再按上述方法对 U_1、U_2 进行判别即可。

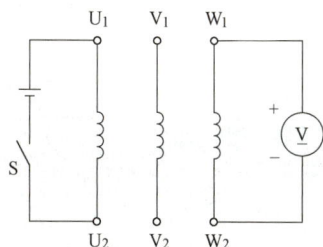

图 7-27　电池法判断电动机定子首末端

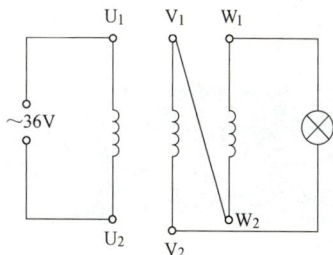

图 7-28　交流法判断电动机定子首末端

方法二：绕组串联电压表法

按图 7-28 接线，与示灯法的区别是用交流电压表代替示灯。操作步骤与方法一相同。当电压表有显示时，接表的两根出线为电动机两相绕组的异名端。如无电压表，可用万用表交流电压 50V 档代替。

7.6　习题

1. 三相异步电动机的额定频率为 50Hz，额定转速为 980r/min，这台电动机的同步转速是多少？有几对磁极？转差率是多少？

2. 有一台四极三相异步电动机，电源频率为 50Hz，带负载运行时转差率为 0.03，求同步转速和实际转速。

3. 两台三相异步电动机的电源频率为 50Hz，额定转速分别为 1430r/min 和 2900r/min，试问它们各是几极电动机？额定转差率各是多少？

4. 一台额定电压为 380V 的三相异步电动机带负载运行，已知输入功率为 4kW，线电流为 10A，求此时电动机的功率因数？若此时测得输出功率为 3.2kW，则电动机的效率有多少？

5. 有一台三相电动机，它的额定输出功率为 10kW，额定电压为 380V，效率为 0.875，功率因数为 0.88，问在额定功率下，取用电源的电流是多少？

6. 当同一台异步电动机在空载和满载两种情况下起动时，其起动电流或起动转矩是否一样？为什么？

7. 有一台 220V/380V、△/Y 联结的三相异步电动机，在下列情况下是否可以拖动恒转矩负载工作？为什么？

1）三相定子绕组接成△，接到 380V 电源上。

2）三相定子绕组接成 Y，接到 380V 电源上。

3）三相定于绕组接成 Y，接到 220V 电源上。

第8章   继电-接触器控制

学习目标

- 熟悉常用低压电器的结构、符号及原理。
- 掌握三相异步电动机的起停控制。
- 掌握三相异步电动机的正反转控制。
- 掌握三相异步电动机的顺序控制。

现代的生产机械绝大多数是由电动机拖动的，为了使电动机能够按照生产机械的要求运转，必须用一定的器件组合成控制电路对电动机进行控制。利用按钮、继电器、接触器、熔断器等低压控制电器组成的电气控制电路（称为继电-接触器控制系统），可以对电动机的起动、正反转、调速和制动等动作进行控制和保护。继电-接触器控制系统具有线路简单、维修方便、便于掌握、价格低廉等优点，在电气控制领域中获得了广泛应用。本章主要介绍几种电气控制系统的基本电路。

8.1　常用低压电器

8.1　常用低压电器

按照工作电压等级，电器分为高压电器和低压电器。高压电器是用于交流电压 1000V、直流电压 1500V 及以上电路中的电器。例如高压断路器、高压隔离开关和高压熔断器等。低压电器是用于交流 50Hz（或 60Hz），交流电压为 1000V 以下、直流电压 1500V 以下的电器。例如：接触器、继电器等。

8.1.1　低压开关电器

开关是低压电器中最常用的电器之一，其作用是切除电源，把线路和电源分开。主要有刀开关和组合开关等。

刀开关是手动控制电器中最简单，而且使用较广泛的一种低压电器。主要用作隔离电源，分断负载，也可用于不频繁地接通和分断容量不大的低压电路或直接起动较小容量电动机。若在刀开关上安装熔丝或熔断器，可组成既有通断电路又有保护作用的负荷开关。常用的负荷开关有开启式和封闭式两种类型。

1. 开启式负荷开关

（1）开启式负荷开关的结构

开启式负荷开关俗称胶盖瓷底刀开关，由于它结构简单、价格便宜、使用维修方便，广泛应用在电气照明、电动机控制等电路中。

开启式负荷开关由刀开关和熔断器组合成。瓷底板上装有进线座、静触头、熔丝、出线座及刀片式动触头，工作部分用胶木盖罩住，以防电弧灼伤人手。图 8-1 所示为常用的 HK 系列开启式负荷开关的结构。

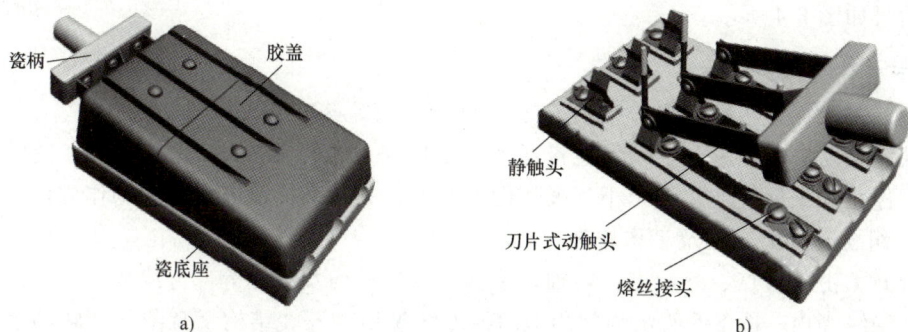

瓷柄 胶盖 瓷底座 静触头 刀片式动触头 熔丝接头

a) b)

图 8-1 HK 系列开启式负荷开关结构

a）外形结构 b）内部结构

（2）开启式负荷开关的型号及符号

开启式负荷开关的文字符号为 QS，型号和图形符号如图 8-2 所示。

2. 封闭式负荷开关

封闭式负荷开关又称为铁壳开关，主要用于手动不频繁地接通和断开带负载的电路，也可用于控制 15kW 以下的交流电动机不频繁地直接起动和停止。

（1）封闭式负荷开关的结构

封闭式负荷开关主要由刀开关、熔断器、操作机构和外壳组成。图 8-3 所示为 HH4 型铁壳开关的结构。

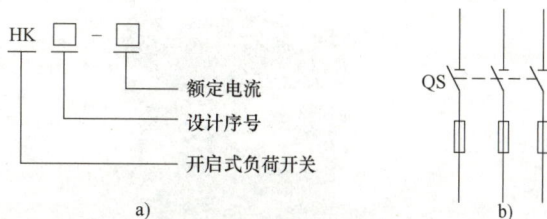

HK □ - □ 额定电流 设计序号 开启式负荷开关

QS

a) b)

图 8-2 开启式负荷开关型号及符号

a）型号 b）符号

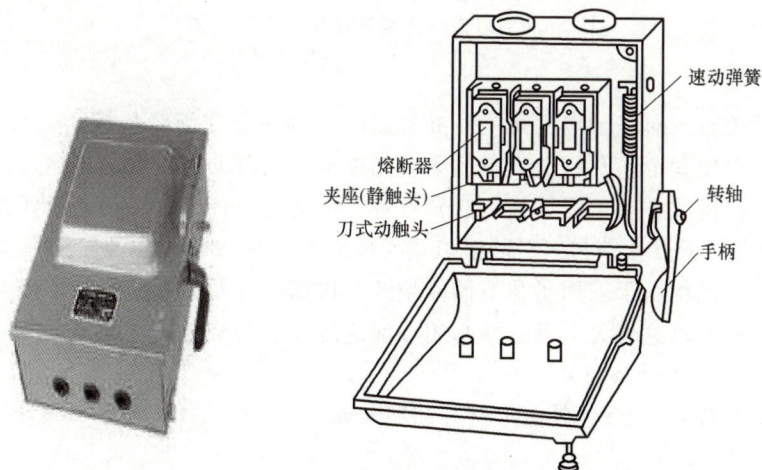

速动弹簧 熔断器 夹座(静触头) 刀式动触头 转轴 手柄

图 8-3 HH4 型铁壳开关结构示意图

铁壳开关在操作机构上有两个优点：一是采用了弹簧储能分合闸，有利于迅速熄灭电弧，从而提高开关的通断能力；二是设有联锁装置，以保证开关在合闸状态下开关盖不能开启，而当开关盖开启时又不能合闸，确保操作安全。

（2）封闭式负荷开关的型号及符号

封闭式负荷开关的文字符号及图形符号与开启式负荷开关相同，其型号如图 8-4 所示。

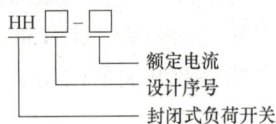

HH□-□
额定电流
设计序号
封闭式负荷开关

图 8-4 封闭式负荷开关型号

3. 组合开关

组合开关又称为转换开关，常用于交流 380V、直流 220V 以下的电气控制电路中，供手动不频繁地接通或分断电路，也可控制 3kW 以下小容量异步电动机的起动、停止和正反转。它体积小、灭弧性能比刀开关好，接线方式多，操作方便。

（1）组合开关的结构及工作原理

组合开关由动触点、静触点、转轴、手柄、定位机构及外壳等部分组成，其动、静触点分别叠装在绝缘壳内。图 8-5 所示为常用 HZ10-10/3 型组合开关结构示意图。当转动手柄时，每层的动触点随方形转轴一起转动，从而实现对电路的通、断控制。

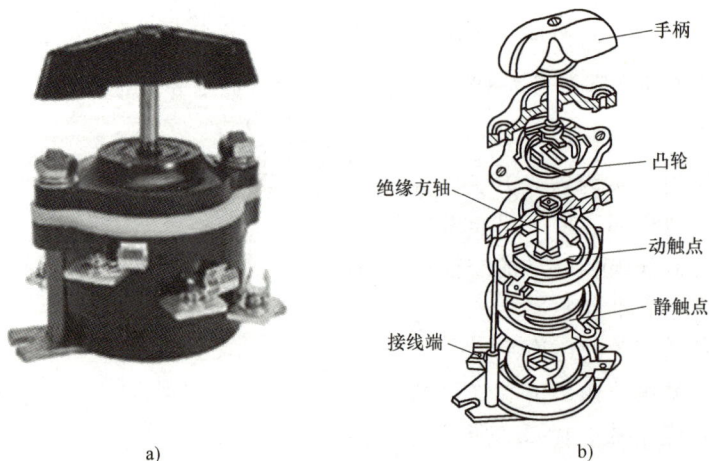

a)　　　　　　b)

图 8-5　HZ10-10/3 型组合开关结构示意图
a) 外形　b) 结构

这种组合开关有三对静触点，每一对静触点的一端固定在绝缘垫板上，另一端伸出盒外，并附有接线端，以便和电缆及用电设备的导线相连接。三对动触点由两个铜片和灭弧性能良好的绝缘钢纸板铆接而成，和绝缘垫板一起套在有手柄的绝缘杆上，手柄能沿任意一个方向每次旋转 90°，带动三对触点分别与三对静触点接通或断开，顶盖部分由凸轮、弹簧及手柄等构成操作机构，此操作机构由于采用了弹簧储能使开关快速闭合及分断，保证了开关在切断负荷电流时所产生的电弧能迅速熄灭，其分断与闭合的速度和手柄旋转速度无关。

（2）组合开关的型号及符号

组合开关文字符号为 SA，其图形符号和型号如图 8-6 所示。

4. 按钮

按钮是一种手动且一般可以自动复位的电器，通常用来接通或断开小电流控制电路。它不直接控制主电路的通断，而是在交流 50Hz 或 60Hz、电压 500V 及以下或直流电压 440V 及以下的控制电路中发出短时操作信号，去控制接触器和继电器，再由它们去控制主电路的一种主令电器。

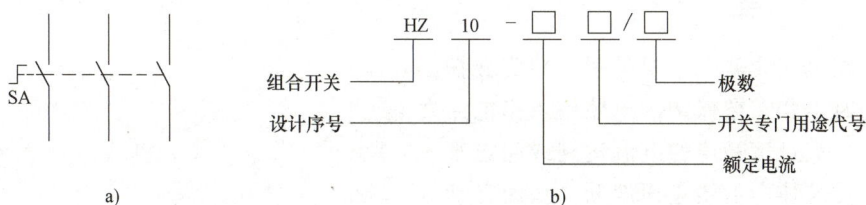

图 8-6 组合开关图形符号和型号
a) 符号　b) 型号

（1）控制按钮的结构与原理

按钮主要由按钮帽、复位弹簧、静触头、动触头、支柱连杆及外壳等部分组成。控制按钮外形与结构如图 8-7 所示。

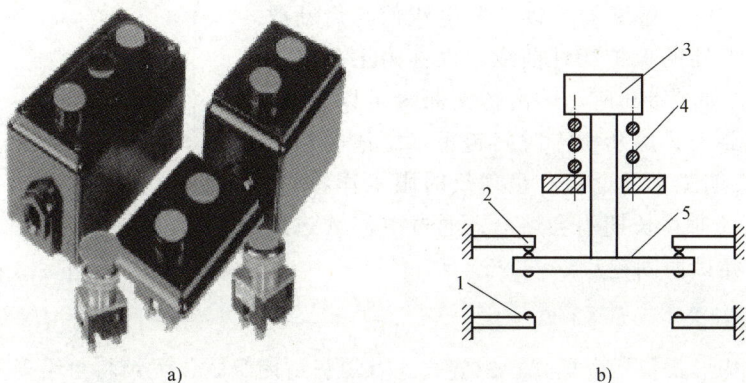

图 8-7 控制按钮外形与结构示意图
a) 外形　b) 结构
1—常开静触头　2—常闭静触头　3—按钮帽　4—复位弹簧　5—桥式动触头

在图 8-7 中，当用手指按下按钮帽 3 时，复位弹簧 4 被压缩，同时桥式动触头 5 由于机械动作先与静触头 2 断开，再与另一对静触头 1 接通；而当手松开时，按钮帽 3 在复位弹簧 4 的作用下，恢复到未受手压的原始状态，此时桥式动触头 5 又由于机械动作而与静触头 1 断开，然后与静触头 2 接通。由此可见，当按下按钮时，其动断触点（由 5 和 2 组成）先断开，动合触点（由 5 和 1 组成）后闭合；当松开按钮时，在复位弹簧的作用下，其动合触点（由 5 和 1 组成）先断开，而动断触点（由 5 和 2 组成）后闭合。

（2）控制按钮的结构形式

控制按钮的结构形式有多种，适用于不同的场合：紧急式控制按钮用来进行紧急操作，按钮上装有蘑菇形按钮帽；指示灯式控制按钮用作信号显示，在透明的按钮盒内装有信号灯；钥匙式控制按钮为了安全，需用钥匙插入方可旋转操作等。

为了区分各个按钮的作用，避免误操作，通常按钮帽做成不同颜色，一般有红、绿、黑、黄、蓝、白等，且以红色表示停止按钮，绿色表示起动按钮。

控制按钮的文字符号为 SB，图形符号如图 8-8 所示。

8.1.2 熔断器

熔断器在电气线路中主要是用作短路保护的电器，使用时串联在被保护的电路中。当电路发生短路故障，流过熔断器的电流达到或超过某一规定值时，使熔体产生热量而熔断，从而自动分断电路，起到保护作用。

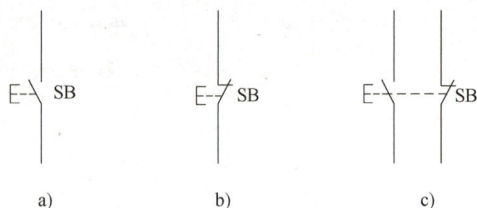

图 8-8 控制按钮的图形符号
a）动合触点 b）动断触点 c）复式触点

1. 熔断器的结构及工作原理

熔断器主要由熔体和安装熔体的熔管（或熔座）两部分组成。熔体是熔断器的核心，通常由低熔点的铅、锡、锌、银、铜及其合金制成，常做成丝状、片状或栅状。熔管是装熔体的外壳，由陶瓷、绝缘钢纸制成，在熔体熔断时兼有灭弧作用。

熔断器在工作时，熔断器熔体熔断电流值与熔断时间的关系称为熔断器的保护特性曲线，也称为熔断器的安-秒特性曲线，如图 8-9 所示。由特性曲线可以看出，流过熔体的电流越大，熔断所需时间越短，熔体的额定电流 I_N 是熔体长期工作的电流，呈现反时限工作特性，即电流为额定电流时，长期不会熔断；通过电流（过载或短路）越大，熔断时间越短。

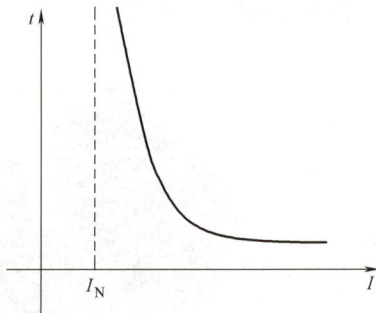

图 8-9 熔断器的安-秒特性曲线

2. 熔断器的种类

熔断器按结构形式包括瓷插式、螺旋式、有填料封闭管式、无填料封闭管式。有填料封闭管式熔断器是在熔断管内添加灭弧介质后的一种封闭式管状熔断器，添加的灭弧介质是目前广泛使用的石英砂。石英砂具有热稳定性好、熔点高、热导率高、化学惰性大和价格低廉等优点。无填料封闭管式熔断器主要应用于经常发生过载和断路故障的电路中，作为低压电力线路或者成套配电装置的连续过载及短路保护。在电气控制系统中经常选用螺旋式熔断器，它有明显的分断指示和不用任何工具就可取下或更换熔体等优点。螺旋式熔断器结构和熔断器的图形及文字符号如图 8-10 所示。

3. 熔断器的主要技术参数

1）额定电压。额定电压是能保证熔断器长期正常工作的电压。若熔断器的实际工作电压大于额定电压，熔体熔断时可能发生电弧不能熄灭的危险。

2）额定电流。额定电流是保证熔断器在长期工作制下，各部件温升不超过极限允许温升所能承载的电流值。它与熔体的额定电流是两个不同的概念。熔体的额定电流：在规定工作条件下，长时间通过熔体而熔体不会熔断的最大电流值。通常，熔断器可以配用若干个额定电流等级的熔体，但熔体的额定电流不能大于熔断器的额定电流值。

3）分断能力。熔断器在规定的使用条件下，能可靠分断的最大短路电流值。通常用极限分断电流值来表示。

4）熔断器的保护特性。熔断器的保护特性，表示熔断器的熔断时间与流过熔体电流的关

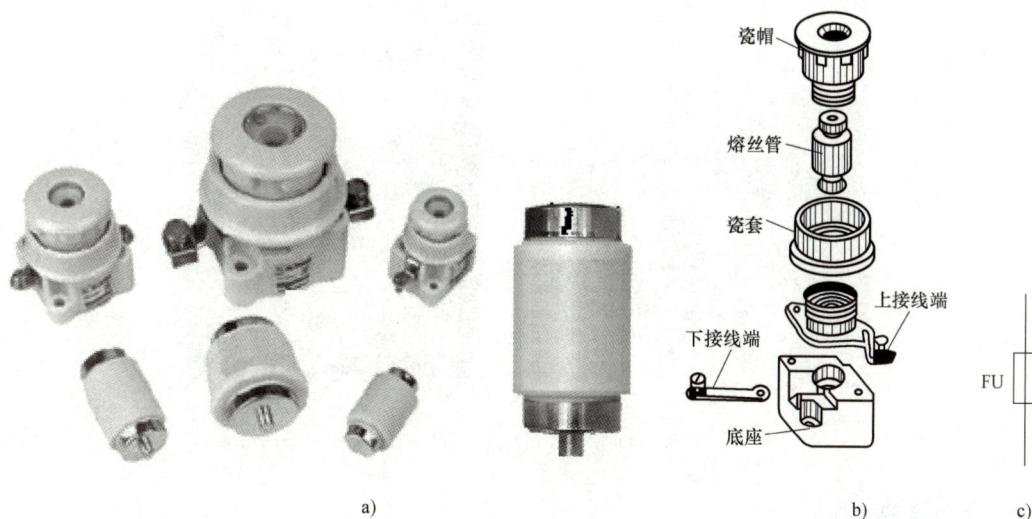

图 8-10 螺旋式熔断器结构和熔断器的图形及文字符号

a）螺旋式熔断器外形　b）螺旋式熔断器的结构　c）熔断器的图形及文字符号

系。熔断器的熔断时间随着电流的增大而减少。

4. 熔断器的选用

选择熔断器的基本原则如下：

1）根据使用场合确定熔断器的类型。

2）熔断器的额定电压必须等于或高于电路的额定电压。额定电流必须等于或大于所装熔体的额定电流。

3）熔体额定电流的选择应根据实际负载使用情况进行计算。

4）熔断器的分断能力应大于电路中可能出现的最大短路电流。

8.1.3　低压断路器

低压断路器又称为自动空气开关，它集控制与保护功能于一体，相当于刀开关、熔断器、热继电器和欠电压继电器的组合，用于不频繁地接通和断开电路，以及控制电动机的运行。当电路中发生严重过载、短路及失电压等故障时，能自动切断故障电路，有效地保护电气设备。断路器具有操作安全、使用方便、工作可靠、动作值可调、分断能力较强、兼顾多种保护、动作后不需要更换组件等优点，因此得到广泛应用。

1. 低压断路器结构

低压断路器结构可分为塑壳式低压断路器（装置式）和框架式低压断路器（万能式）两大类，框架式断路器主要用作配电网络的保护开关，而塑壳式断路器除用作配电网络的保护开关外，还用作电动机、照明线路的控制开关。

常见的几种低压断路器外形如图 8-11 所示。

低压断路器主要由触点、操作机构、脱扣器、灭弧装置等组成。操作机构有直接手柄操作、杠杆操作、电磁铁操作和电动机驱动 4 种。脱扣器又分电磁脱扣器、热脱扣器、复式脱扣器、欠电压脱扣器、分励脱扣器 5 种。图 8-12 为低压断路器结构示意图。

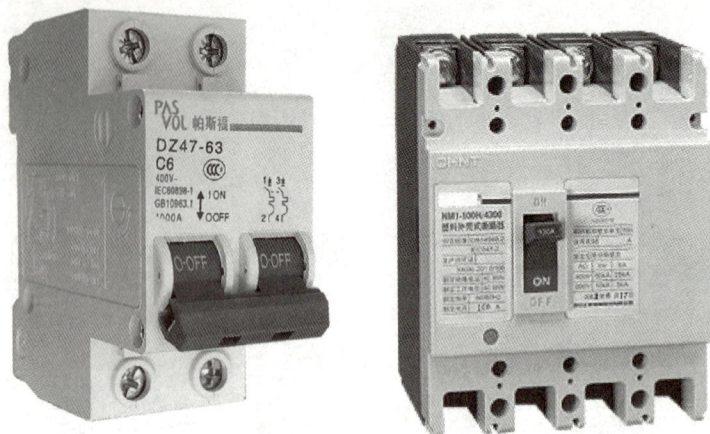

图 8-11　常见低压断路器的外形

2. 断路器的工作原理

如图 8-12 所示，图中断路器处于闭合状态，三个主触点串联在被控制的三相主电路中，按下按钮接通电路时，外力使锁扣克服反作用弹簧的反力，将固定在锁扣上面的动触头与静触头闭合，并由锁扣锁住搭钩使动、静触头保持闭合，开关处于接通状态。在正常工作中，各脱扣器均不动作，而当电路发生过载、短路、欠电压等故障时，分别通过各自的脱扣器使锁扣被杠杆顶开，实现保护作用。

（1）过载保护

当电路发生过载时，过载电流流过热元件产生一定的热量，使图 8-12 中过载脱扣器 11 的双金属片受热向上弯曲，通过杠杆推动搭钩与锁扣脱开，在反作用弹簧的推动下，动、静触头分开，从而切断电路，使用电设备不致因过载而烧毁。

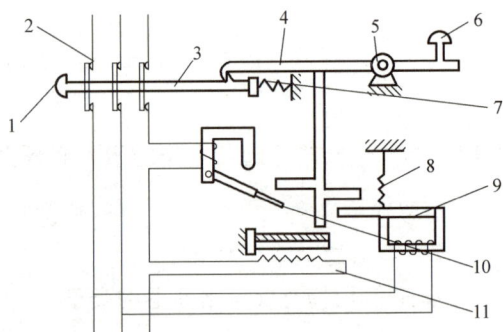

图 8-12　低压断路器的结构
1—按钮　2—触点　3—传动杆　4—锁扣
5—轴　6—分断按钮　7—分闸弹簧　8—拉
力弹簧　9—欠电压脱扣器　10—短
路电流脱扣器　11—过载脱扣器

（2）短路保护

当电路发生短路故障时，短路电流流过图 8-12 中短路电流脱扣器 10，超过电流脱扣器的瞬时脱扣整流电流，电流脱扣器产生足够大的吸力将衔铁吸合，通过杠杆推动搭钩与锁扣分开，从而切断电路，实现短路保护。

（3）欠电压和失电压保护

当电路电压正常时，欠电压脱扣器的衔铁被吸合，衔铁与杠杆脱离，断路器的主触点能够闭合；当电路上的电压消失或下降到某一数值，欠电压脱扣器的吸力消失或减小到不足以克服拉力弹簧的拉力时，衔铁在拉力弹簧的作用下撞击杠杆，将搭钩顶开，使触点分断。由此也可看出，具有欠电压脱扣器的断路器在欠电压脱扣器两端无电压或电压过低时，不能接通电路。

3. 低压断路器型号及符号

低压断路器型号及含义如图 8-13a 所示，低压断路器文字符号为 QF，其图形符号如

图 8-13b 所示。

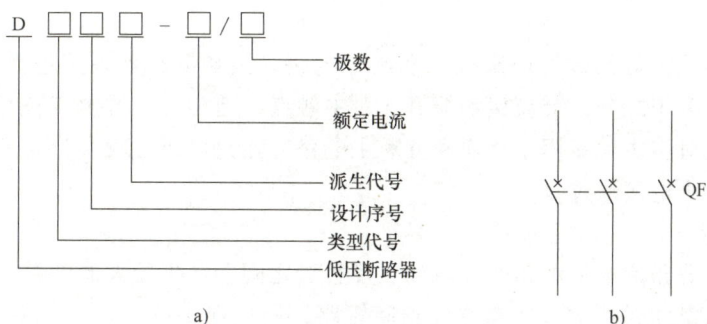

图 8-13　低压断路器图形符号
a）型号及含义　b）图形文字符号

8.1.4　交流接触器

接触器是一种用来频繁地接通和断开中、远距离用电设备主回路及其他大容量用电负载的电磁式控制电器，主要的控制对象是电动机，也可以用于控制其他电力负载，如电热设备、照明线路、电容器组等，是电力拖动控制系统中最重要也是最常用的控制电器。

接触器按其控制电路的种类，分为交流接触器和直流接触器两大类。由于交流接触器应用更为广泛，本节重点介绍。

1. 交流接触器的结构

交流接触器主要由电磁机构、触点系统、灭弧装置及辅助部件构成。图 8-14 所示为 CJ20 型交流接触器的外形与结构示意图。

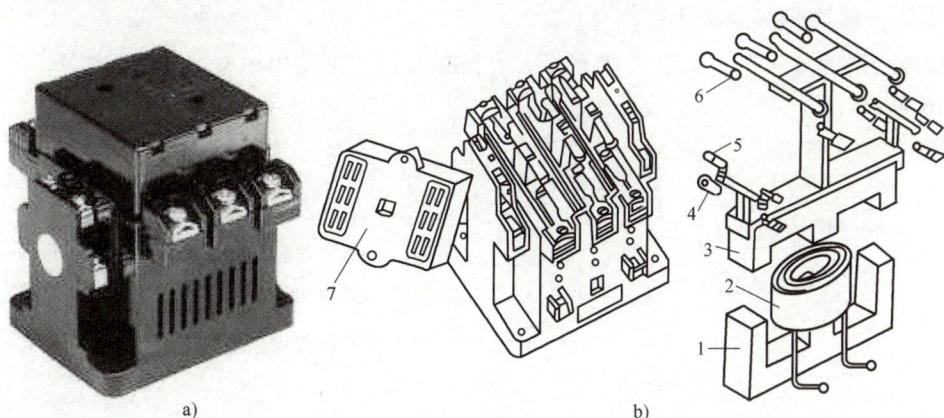

图 8-14　CJ20 型交流接触器外形与结构示意图
a）外形　b）结构
1—静铁心　2—线圈　3—衔铁　4—常开辅助触点　5—常闭辅助触点　6—主触点　7—灭弧罩

（1）电磁机构

电磁机构是由线圈、静铁心、动铁心（又称为衔铁）和空气隙等组成。线圈通电时产生磁场，动铁心被静铁心吸引，带动触点动作，控制电路的接通与分断。为了限制涡流的影响，动、静铁心采用 E 形硅钢片叠压铆接而成。动铁心被吸合时会使衔铁发生振动，为了克服这一缺点，可在铁心端面上嵌入一只铜环，一般称之为短路环。

（2）触点系统

触点是接触器的执行元件，用来接通和断开电路。接触器触点系统包括主触点和辅助触点。触点有常开和常闭之分，交流接触器有3对主触点，通常为常开触点；4对辅助触点，常开、常闭触点各两对。主触点用于接通和分断主电路，能允许通过较大的电流；辅助触点用于控制电路，只允许小电流通过。

（3）灭弧装置

交流接触器在分断大电流电路时，在动、静触头之间会产生较大的电弧，这不仅会烧坏触头，延长电路分断时间，严重时还会造成相间短路，所以在20A以上的接触器上均装有陶瓷及复合材料的灭弧罩，以迅速切断触点分断时所产生的电弧。

（4）辅助部件

交流接触器的辅助部件有底座、反力弹簧、缓冲弹簧、触头压力弹簧、传动机构和接线柱等。反力弹簧的作用是当吸引线圈断电时，使主触点和动合辅助触点迅速断开；缓冲弹簧的作用是缓冲衔铁在吸合时对静铁心和外壳的冲击力；触头压力弹簧的作用是增加动、静触头之间的压力，增大接触面积以降低接触电阻，避免触头由于接触不良而过热灼伤，并有减振作用。

2. 交流接触器的工作原理

当电磁线圈通电后，电磁吸引线圈有交流电流通过，产生很强的磁场，使静铁心被磁化，产生大于反力弹簧弹力的电磁力，从而将衔铁吸合。一方面，衔铁的移动带动了固定在衔铁上的传动杆的移动，从而使固定在移动杆上的动触桥上的动触点分别与对应静触点闭合，接通主电路；另一方面，动断辅助触点首先断开，然后动合辅助触点分别闭合。当吸引线圈断电或外加电压过低时，在反力弹簧的作用下衔铁释放，动合主触点断开，切断主电路；动合辅助触点首先断开，随后动断辅助触点恢复闭合。

3. 交流接触器的型号及符号

交流接触器的型号含义如图8-15所示，交流接触器在电路中的文字符号为KM，图形符号如图8-16所示。

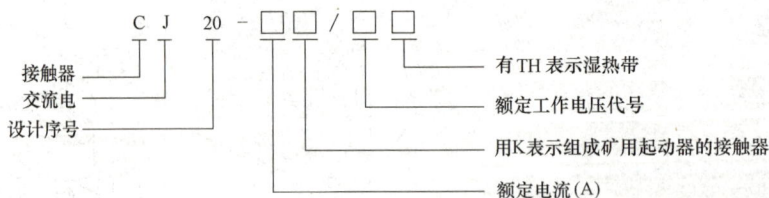

图 8-15　交流接触器的型号含义

8.1.5　热继电器

电动机在运行过程中，如果长期过载、欠电压运行或者断相运行等都可能使电动机的电流超过它的额定值。如果超过额定值的量不大，熔断器不会熔断，将会引起电动机过热，损坏绕组的绝缘，缩短电动

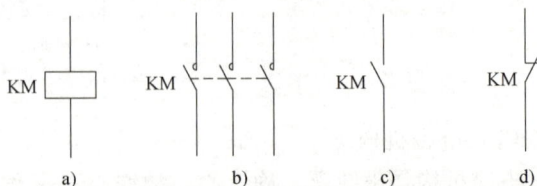

图 8-16　接触器图形符号

a) 线圈　b) 主触点　c) 动合辅助触点　d) 动断辅助触点

机的使用寿命，严重时甚至烧坏电动机。因此，电动机必须采取过载保护，最常用的是利用热继电器进行过载保护。

1. 热继电器的分类和型号

热继电器的种类繁多，按极数划分，热继电器可分为单极、两极和三极 3 种，其中三极的又包括带断相保护装置的和不带断相保护装置；按复位方式划分，有自动复位式和手动复位式。

常用的 JRS1 系列和 JR20 系列热继电器的型号及含义如图 8-17 所示。热继电器的电气图形及文字符号如图 8-18 所示。

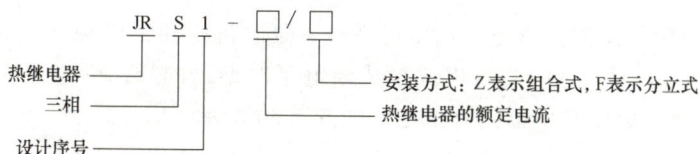

图 8-17　热继电器的型号及含义

2. 热继电器结构及工作原理

热继电器的结构主要由热元件、动作机构和复位机构三部分组成。动作系统常设有温度补偿装置，保证在一定的温度范围内，热继电器的动作特性基本不变。图 8-19 所示为双金属片式热继电器的外形及内部结构。

热继电器是一种利用电流的热效应来切断电路的保护电器。将热元件串接在主电路中，当电动机过载时，

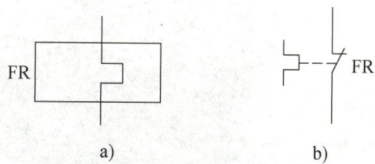

图 8-18　热继电器的电气图形及文字符号
a) 热元件　b) 常闭触点

过大的电流通过热元件，其所产生的热量使两种不同热膨胀率的双金属片因受热弯曲而推动导板，使常闭触点（串接在控制回路）分开，以切断电路保护电动机。通过调节凸轮的半径即可改变补偿双金属片与导板的接触距离，达到调节整定动作电流值的目的。

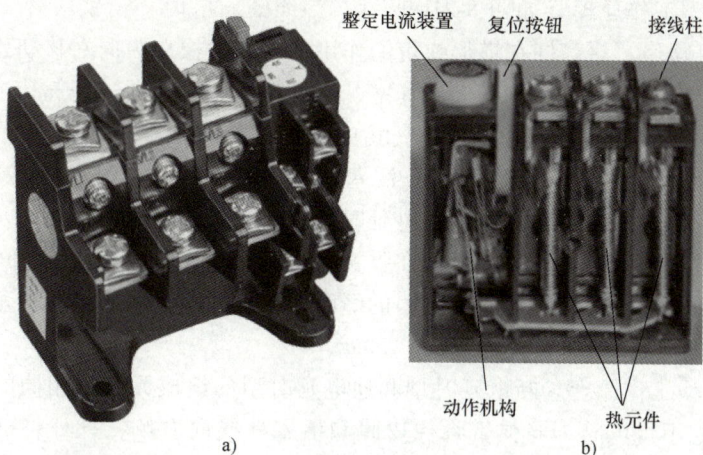

图 8-19　热继电器的外形结构
a) 外形　b) 结构

8.1.6 时间继电器

时间继电器是一种从得到输入信号（线圈的通电或断电）起，延时到预先的整定值时才有输出信号（触点闭合或断开）的控制电器。它的种类很多，按工作原理与构造不同，时间继电器可分为电磁式、空气阻尼式、电子式和晶体管式等类型。

空气阻尼式时间继电器是利用空气阻尼作用来实现延时的，可以做成通电延时和断电延时两种。它结构简单，价格低廉，延时范围较大（0.4~180s），在控制电路中广泛应用。现以JS7-A系列为例介绍其工作原理。

（1）结构

JS7-A系列空气阻尼式时间继电器由电磁系统、延时机构和工作触点三部分组成。将电磁机构翻转180°安装后，通电延时型可以改换成断电延时型，同样，断电延时型也可改换成通电延时型。空气阻尼式时间继电器的外形结构如图8-20所示。

图 8-20　空气阻尼式时间继电器的外形结构

（2）工作原理

空气阻尼式时间继电器（JS7-A系列）的工作原理示意图如图8-21所示。其中图8-21a为通电延时型，图8-21b为断电延时型。

1）通电延时型工作原理。如图8-21a所示，当线圈通电时，衔铁吸合，带动传动杆向右移动，使瞬动触点动作，活塞杆在塔形弹簧的作用下，带动橡皮膜向右移动，弱弹簧将橡皮膜压在活塞上，橡皮膜左边的空气不能进入气室，形成负压，只能通过进气孔进气，因此活塞杆只能缓慢地向右移动，其移动的速度和进气孔的大小有关（通过延时调节螺钉调节进气孔大小可以改变延时时间）。经过一段时间后，活塞杆移动到右端，通过杠杆压动通电延时触点，使常闭触点断开，常开触点闭合，起到通电延时作用。

当线圈断电时，电磁吸力消失，衔铁在弹簧的作用下释放，通过活塞杆将活塞推向左端，这时气室内的空气通过橡皮膜和活塞杆之间的缝隙排掉，使瞬动触点和延时触点迅速复位，无延时。

2）断电延时型工作原理。断电延时型和通电延时型的组成元件是相同的，只是将电磁铁翻转180°，当线圈不得电时，弱弹簧将橡皮膜和活塞杆推向右侧，杠杆将延时触点压下，原来通电延时的常开触点现在变成了断电延时的常闭触点，而原来的通电延时的常闭触点变成了断电延时的常开触点。

当线圈通电时，衔铁被吸合，带动传动杆向左运动，使瞬时触点瞬时动作，同时推动活塞杆向左运动，如前所述，活塞杆向左运动不延时，延时触点瞬时动作。

　　当线圈断电时，衔铁在弹簧的作用下返回，瞬时触点瞬时动作，同时使活塞杆在弱弹簧及气室各元件作用下延时复位，使延时触点延时动作。

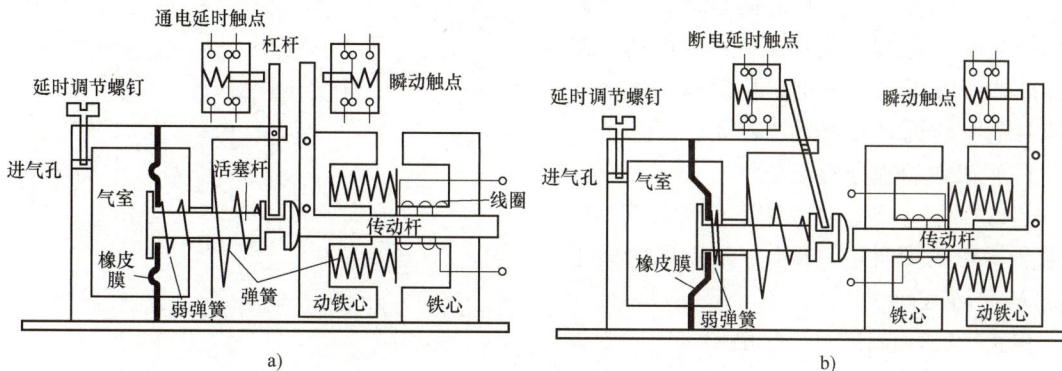

图 8-21　空气阻尼式时间继电器的工作原理
a）通电延时型　b）断电延时型

　　（3）图形符号

　　时间继电器的符号分通电延时型和断电延时型两种，其文字符号为 KT，图形符号如图 8-22 所示。

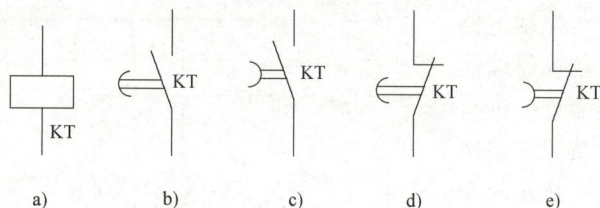

图 8-22　时间继电器的图形符号
a）线圈　b）延时闭合的动合触点　c）延时断开的动合触点
d）延时断开的动断触点　e）延时闭合的动断触点

8.2　三相异步电动机的几种控制电路

8.2.1　三相异步电动机起停控制电路

1. 电动机点动控制电路

　　电气设备工作时常常需要进行点动调整，如车刀与工件位置的调整，因此需要用点动控制电路来完成。

　　点动控制是指按下按钮，电动机得电运转；松开按钮，电动机失电停转的控制方式。图 8-23 所示的线路是由按钮、触控器来控制电动机运转的最简单的控制线路。

（1）电路结构分析

在图 8-23 所示点动控制电路中，组合开关 SA 为电源隔离开关；熔断器 FU$_1$、FU$_2$ 分别为主电路、控制电路的短路保护；由于电动机只有点动控制，运行时间较短，主电路不需要接热继电器，起动按钮 SB 控制接触器 KM 的线圈得电、失电；接触器 KM 的主触点控制电动机 M 的起动与停止。

（2）工作原理分析

起动：合上开关 SA，按下起动按钮 SB，接触器 KM 线圈得电，KM 主触点闭合时电动机 M 起动运行。

停止：松开按钮 SA，接触器 KM 线圈失电，KM 主触点断开，这时电动机 M 失电停转。

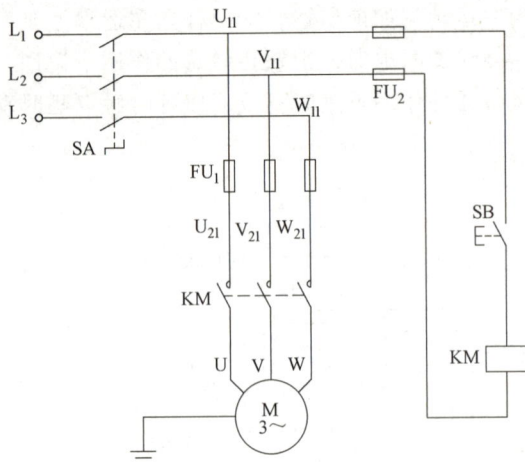

图 8-23　点动控制电路

注意：在电动机停止使用时，应断开电源开关 SA。

2. 电动机单向连续运行控制电路

电动机单向连续运行控制又称为接触器自锁控制，在要求电动机起动后能连续运转时，为实现连续运转，可采用图 8-24 所示的接触器自锁控制电路。

（1）电路结构分析

自锁控制电路与点动控制电路相比较，主电路由于电动机连续运行，所以要添加热继电器 FR 进行过载保护，而在控制电路中又多串接了一个停止按钮 SB$_1$，并在起动按钮 SB$_2$ 的两端并接了接触器 KM 的一对常开辅助触点。

（2）工作原理分析

起动：先合上电源开关 QS，按下起动按钮 SB$_2$，KM 线圈得电，KM 主触点闭合，使电动机通电起动运行；KM 常开辅助触点也闭合。

当松开 SB$_2$ 时，由于 KM 的常开辅助触点闭合，控制电路仍然保持接通，所以线圈继续得电，电动机 M 实现连续运转。这种利用接触器 KM 本身常开辅助触点而使线圈保持得电的控制方式叫作自锁。与起动按钮 SB$_2$ 并联起自锁作用的常开辅助触点叫作自锁触点。

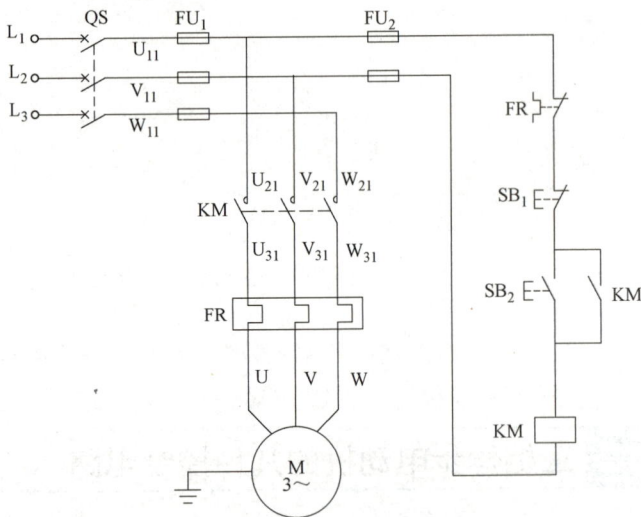

图 8-24　接触器自锁控制电路

停止：按下 SB$_1$，SB$_1$ 常闭触点断开，KM 线圈断电，KM 主触点和自锁触点都断开，电动机 M 失电而后停止。松开 SB$_1$ 时，其常闭触点恢复闭合，但由于此时 KM 的自锁触点已经断开，故 KM 线圈保持失电，电动机不会得电。

（3）电路的保护功能分析

1）短路保护。主电路和控制电路分别由熔断器 FU$_1$ 和 FU$_2$ 实现短路保护。当控制回路和主回路出现短路故障时，能迅速有效地断开电源，实现对电器和电动机的保护。

2）过载保护。由热继电器 FR 实现对电动机的过载保护。当电动机出现过载且超过规定时间时，热继电器动作，使串接在控制电路中的 FR 常闭触点断开，从而使接触器线圈失电，电动机停转，实现过载保护。

3）欠电压保护。当电源电压由于某种原因而下降时，电动机的转矩显著下降，将使电动机无法正常运转，甚至引起电动机堵转而烧毁。采用带自锁的控制电路可避免出现这种事故。因为当电源电压低于接触器线圈额定电压 85% 左右时，接触器因电磁吸力不足而释放，接触器线圈断电，自锁触点断开，同时主触点也断开，使电动机断电，起到保护作用。

4）失电压保护。电动机正常运转时，电源可能停电，当恢复供电时，如果电动机自行起动，很容易造成设备和人身事故。采用带自锁的控制电路后，断电时由于自锁触点已经打开，当恢复供电时，电动机不能自行起动，从而避免了事故的发生。

注意：欠电压和失电压保护作用是按钮接触器控制连续运行的一个重要特点。

8.2.2　三相异步电动机正、反转控制电路

根据工艺要求，许多生产机械的运动部件经常需要进行正、反方向两种运动。例如，起重机吊钩上升和下降，运煤小车来回运动，工作台前进和后退等，都可以通过电动机的正转和反转来实现。从三相异步电动机原理可知，改变电动机三相电源的相序即可以改变电动机的旋转方向。而改变三相电源的相序只需任意调换电源的两根进线即可。

1. 接触器控制三相异步电动机正、反转电路

利用两个接触器的主触点在主电路中构成正反转相序接线，如图 8-25 所示。

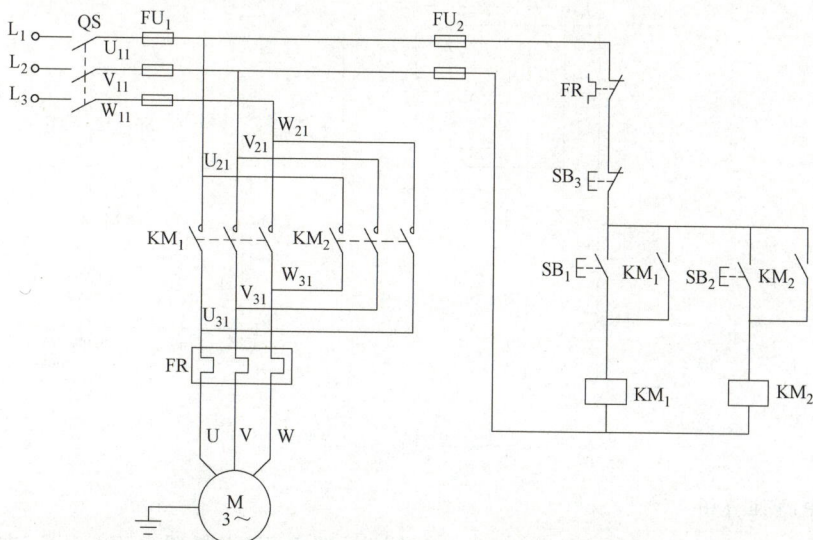

图 8-25　接触器控制三相异步电动机正、反转电路

（1）电路结构分析

图 8-25 中，KM_1 为正转接触器，KM_2 为反转接触器，它们分别由 SB_1 和 SB_2 控制。从主电路中可以看出，这两个接触器的主触点所接通电源的相序不同，KM_1 按 U-V-W 相序接线，KM_2 按 W-V-U 相序接线。相应的控制线路有两条，分别控制两个接触器的线圈。

（2）工作原理分析先合上电源开关 QS。

1）正转起动。按下起动按钮 SB_1，KM_1 线圈得电，KM_1 主触点和自锁触点闭合，电动机正转起动运行。

2）反转起动。当电动机原来处于正转运行时，必须先按下停止按钮 SB_3 使 KM_1 失电，然后按下反转起动按钮 SB_2，则 KM_2 线圈得电，KM_2 主触点和自锁触点闭合，电动机反转起动运行。

此种电路的控制是很不安全的，必须保证在切换电动机运行方向之前要先按下停止按钮，然后再按下相应的起动按钮，否则将会发生主电源侧电源相间短路的故障。为克服这一不足，提高电路的安全性，需采用互锁（联锁）控制的电路。

互锁控制就是在同一时间里两个接触器只允许一个工作的控制方式。实现方式是将本身控制支路元件的常闭触点串联到对方控制电路之中。实现互锁控制的常用方法有接触器联锁、按钮联锁和复合联锁控制等。

2. 接触器联锁的正、反转控制电路

（1）电路结构分析

如图 8-26 所示，在控制电路中将 KM_1 的常闭触点串接在 KM_2 的线圈支路中，将 KM_2 的常闭触点串接在 KM_1 的线圈支路，当 KM_1 线圈得电时，KM_1 的常闭触点断开，保证 KM_2 线圈不得电；同样，当 KM_2 线圈得电时，KM_2 的常闭触点断开，保证 KM_1 线圈不得电，从而实现互锁关系。

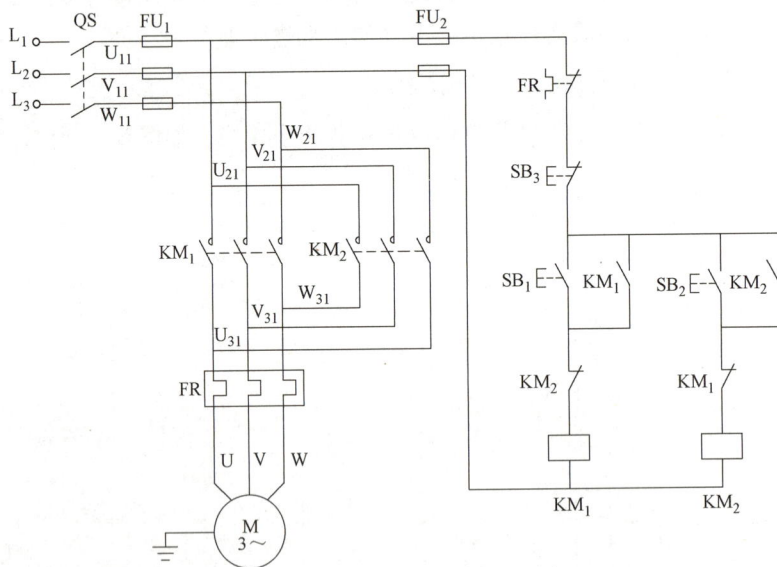

图 8-26　接触器联锁的正、反转控制电路

（2）工作原理分析

首先闭合开关 QS，按下正转按钮 SB_1，正转接触器 KM_1 线圈通电吸合，一方面使主触点 KM_1 闭合和自锁触点闭合，使电动机 M 通电正转；另一方面，KM_1 常闭辅助触点断开，切断

反转接触器 KM_2 线圈支路，使得它无法通电，实现互锁。此时，即使按下反转起动按钮 SB_2，反转接触器 KM_2 线圈因 KM_1 互锁触点断开也不能通电。

要实现反转控制，必须先按下停止按钮 SB_3 切断正转控制电路，然后才能起动反转控制电路。

同理可知，反转起动按钮 SB_2 按下（正转停止）时，反转接触器 KM_2 线圈通电。一方面接通主电路反转主触点和控制电路反转自锁触点，另一方面反转互锁触点断开，使正转接触器 KM_1 线圈支路无法接通，进行互锁。

3. 按钮和接触器双重互锁的正、反转控制电路

图 8-26 所示电路可以实现电动机正、反向起动和运转，但是当电动机正转后，需要反转时，必须按停止按钮 SB_3，不能直接通过按反向按钮 SB_2 实现反转，故操作不太方便。原因是按 SB_2 时，不能断开 KM_1 的电路，故 KM_1 的常闭触点会继续互锁。图 8-27 所示是利用按钮和接触器双重互锁的正、反转电路。

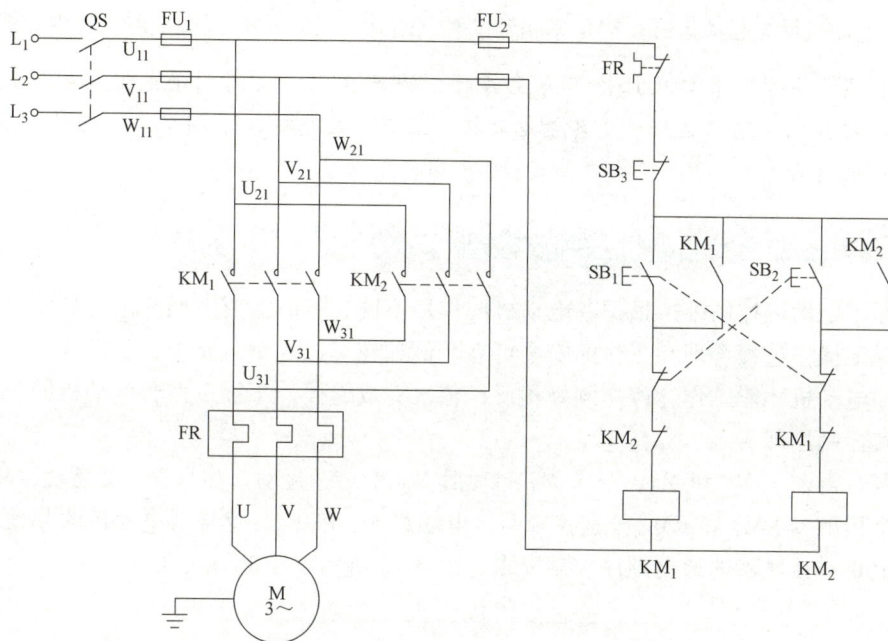

图 8-27　按钮和接触器双重互锁的正、反转控制电路

电路的工作原理如下。

合上开关 QS，接通交流电源。

1）正转控制。

起动：按 SB_1→KM_1 线圈得电 {
KM_1　常闭辅助触点打开→使 KM_2 线圈无法得电（联锁）
KM_1　主触点闭合→电动机 M 通电起动正转
KM_1　常开辅助触点闭合→自锁
}

停止：按 SB_3→KM_1 线圈失电 {
KM_1　常闭辅助触点闭合→解除对 KM_2 的联锁
KM_1　主触点打开→电动机 M 停止正转
KM_1　常开辅助触点打开→解除自锁
}

2）反转控制。

起动：按 SB_2→KM_2 线圈得电 $\begin{cases} KM_2 \quad 常闭辅助触点打开→使 KM_1 线圈无法得电（联锁）\\ KM_2 \quad 主触点闭合→电动机 M 通电起动反转\\ KM_2 \quad 常开辅助触点闭合→自锁 \end{cases}$

停止：按 SB_3→KM_2 线圈失电 $\begin{cases} KM_2 \quad 常闭辅助触点闭合→解除对 KM_1 的联锁\\ KM_2 \quad 主触点打开→电动机 M 停止反转\\ KM_2 \quad 常开辅助触点打开→解除自锁 \end{cases}$

由此可见，通过 SB_1、SB_2 控制 KM_1、KM_2 动作，改变接入电动机的交流电三相的顺序，就改变了电动机的旋转方向。

电动机直接从正转变为反转的控制如下。

当电动机在正转时，直接按下 SB_2，SB_2 常闭触点先断，KM_1 线圈失电解除自锁，互锁触点复位（闭合）。主触点断开，电动机断开电源。SB_2 常开触点后闭合，KM_2 线圈、KM_2 主触点和自锁触点闭合，电动机反向起动运行，KM_2 常闭辅助触点断开，切断 KM_1 线圈支路，实现互锁。

> **注意：** 由于电动机直接从正转变为反转时，将产生比较大的制动电流，因此这种直接正、反转控制电路只适用于小容量电动机，且正、反向转换不频繁，拖动的机械装置惯量较小的场合。

8.2.3 三相异步电动机的顺序控制

在实际多电动机控制中，根据各电动机的作用不同，有时需要按照一定的顺序起动或者停车，才能保证操作过程合理和工作的安全可靠。例如在车床控制电路中，要求冷却泵电动机先工作，主轴电动机才能工作，停止刚好相反，依次完成起停。下面以两台电动机的顺序控制为例，说明其控制原理。

设有两台电动机 M_1 和 M_2，要求 M_1 起动后 M_2 才允许起动，如果 M_1 没起动，M_2 不能起动。用两个接触器 KM_1 和 KM_2 分别控制两台电动机 M_1 和 M_2，这样对电动机的起动顺序控制要求实质上是对接触器的通电顺序控制要求，图 8-28 所示电路能够实现上述要求。

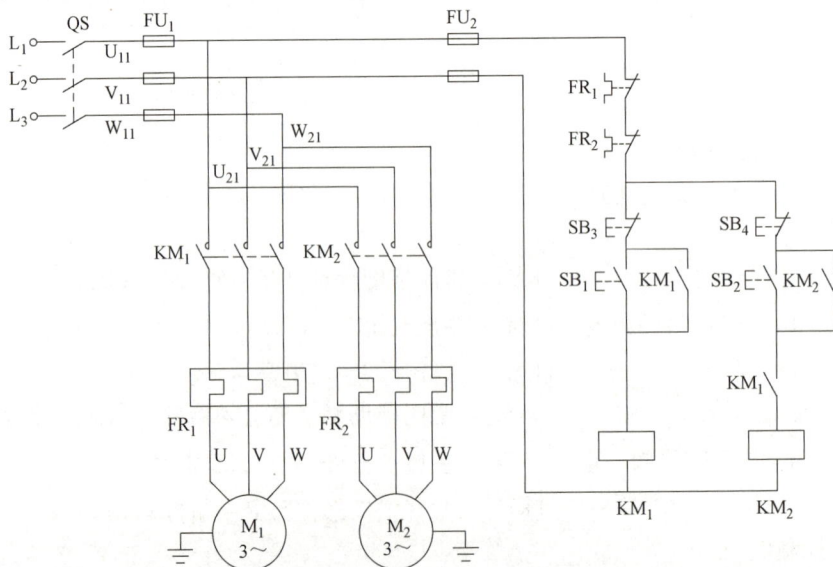

图 8-28　顺序起动、停止控制电路

在图 8-28 所示控制电路中，KM_1 的常开辅助触点串接在 KM_2 的线圈控制回路中，这样就保证了只有 KM_1 通电后，KM_2 才能通电，即 M_1 起动后，M_2 才允许起动的控制要求。该电路对停车的要求是，允许 M_2 单独停车，但如果 M_1 停车，则 M_2 也会同时停车。

图 8-29 所示的控制电路可以实现顺序起动、逆序停止控制，起动顺序与图 8-28 相同；停车顺序是只有先使 KM_2 断电，KM_1 才能够断电。

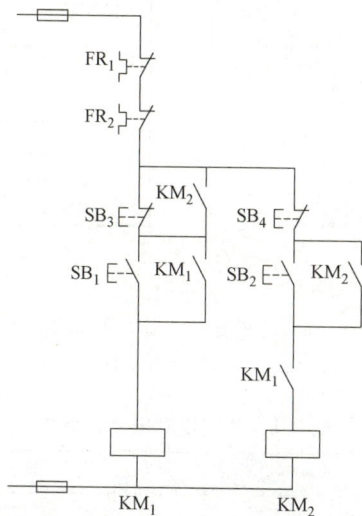

图 8-29　顺序起动、逆序停止控制

8.3　实训

8.3.1　实训 1　三相异步电动机点动与单向旋转控制

1. 实训目的

1）掌握三相异步电动机点动与单向旋转控制电路工作原理。
2）会根据电气原理图绘制元件布置图及控制电路接线图。
3）学会用万用表检测电路连接是否正确。
4）会进行三相异步电动机控制电路的安装与调试。

2. 实训器材

1）万用表　　　　　　　　　　　　　　　　　　　　　　1 块。
2）尖嘴钳、老虎钳、剥线钳、一字螺钉旋具、十字螺钉旋具　各 1 只。
3）小功率电动机　　　　　　　　　　　　　　　　　　　1 台。
4）三相异步电动机点动与单向旋转控制电路安装盘及元器件　1 套。

3. 实训内容及步骤

1）实训电路。三相异步电动机点动与单向旋转控制电路如图 8-30 所示。
2）电气元件和器材的选择。根据电气原理图及电动机容量大小选择电气元件，并将元件规格、型号、数量记录在表 8-1 中。

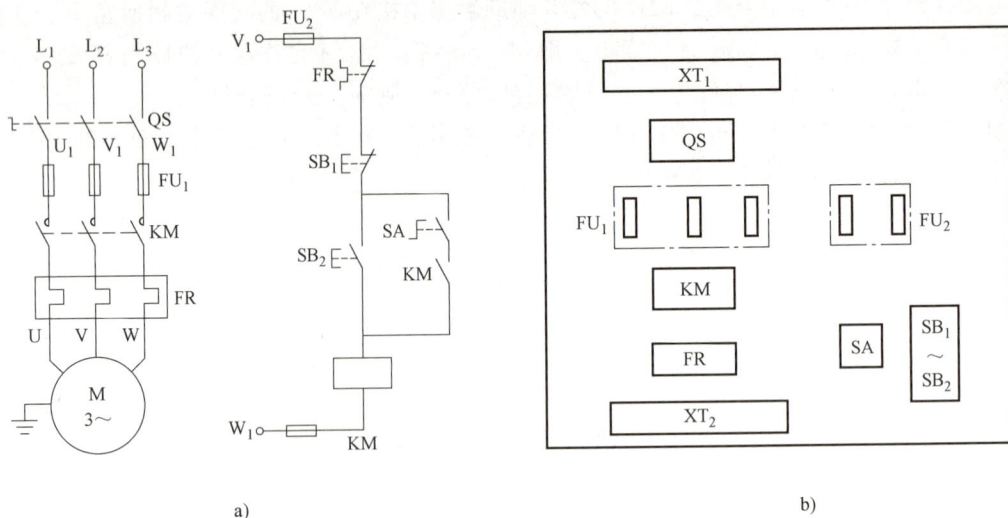

a)   b)

图 8-30　三相异步电动机点动与单向旋转控制电路

a) 原理图　b) 电路元件布置图

表 8-1　自锁控制电路元器件

序号	器件名称	字母符号	型号	规格	数量
1	三相异步电机	M			
2	组合开关	QS			
3	熔断器	FU			
4	接触器	KM			
5	按钮	SB			
6	热继电器	FR			
7	接线端子排	XT			
8	转换开关	SA			

3）绘制电路元件布置图及电路接线图。图 8-30b 为绘制的电路元件布置图，按布置图绘制电路安装接线图，将电气元件的符号画在规定的位置，对照原理图的线号标出各端子的编号。

4）配置电路板。根据元件布置图和接线图，在配电板上安装电气元件，各个元件的位置应排列整齐、均匀，间隔合理，便于更换元件。紧固时要用力均匀，紧固程度适当，防止用力过猛而损毁元器件。

5）接线。在配电板上根据原理图和接线电路图，并按接线图编号在各元件和连接线两端做好编号标志，根据接线工艺要求，在电路板上完成导线连接。

6）电路检测与调试。检查控制电路中各元件的安装是否正确和牢靠，各接线端子是否连接牢固，线头上的线号是否与电路原理图相符合，用万用表检测电路连接是否正确。

7）通电试验。合上 QS，接通交流电源，按下 SB$_2$，观察电动机转向，各触点的工作情况。再按下 SB$_1$，观察电动机的工作状态。

8）故障检查及排除。在通电试车成功的电路上，设置故障，通电运行，记录故障现象，并分析原因，排除故障。

常见故障检修方法。

① 检查控制电路。先查验 FU_2 的熔丝是否熔断，若断，则可判定 KM 线圈绝缘层被击穿（因 KM 线圈是控制电路的唯一负载）。

维修：更换 KM 线圈，重新装熔丝，清理触点上的灼伤（如毛刺、触点熔焊等）。

②若 FU_2 的熔丝没断，则电路故障肯定在主电路。检查方法：分断异步电动机的三相电源，用万用表测量三相绕组的每相电阻。若正常，用绝缘电阻表测三相绕组对地（电动机外壳）的绝缘电阻，绝缘电阻应大于 $50M\Omega$；若还是不正常，很可能是连接导线绝缘层损坏，造成短路。通常情况下，故障原因应是上述三种之一。

维修：查明原因后，更换坏的电动机或导线；修理接触器的主触点，检查热继电器的热元件是否损坏；更换 FU_1 熔丝。

8.3.2　实训 2　三相异步电动机正、反转控制

1. 实训目的

1）掌握三相异步电动机正、反转控制电路工作原理。

2）会根据电气原理图绘制元件布置图及控制电路接线图。

3）会进行三相异步电动机正、反转控制线路的安装与调试。

4）学会用万用表检测电动机正、反转电路。

2. 实训器材

1）万用表	1块。
2）尖嘴钳、老虎钳、剥线钳、一字螺钉旋具、十字螺钉旋具	各1只。
3）小功率电动机	1台。
4）三相异步电动机正反转控制电路安装盘及元器件	1套。

3. 实训内容及步骤

1）实训电路。三相异步电动机正、反转控制电路如图 8-31 所示。

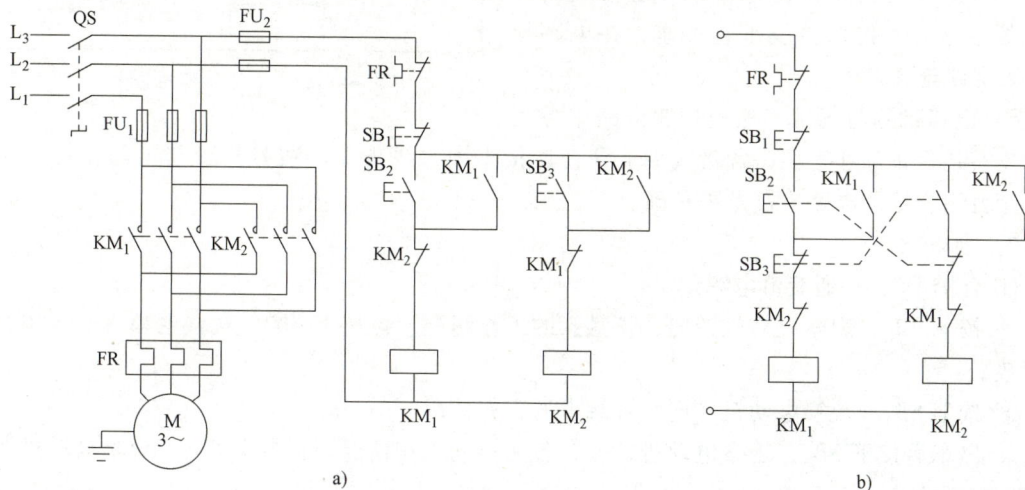

图 8-31　三相异步电动机正、反转控制电路

a）接触器互锁控制　　b）双重互锁控制

2）电气元件和器材的选择。根据电气原理图及电动机容量大小选择电气元件，并将元件规格、型号、数量记录在表8-2中。

表 8-2　电动机正、反转控制电路元器件

序号	器 件 名 称	字母符号	型号	规格	数量
1	三相异步电机	M			
2	组合开关	QS			
3	熔断器	FU			
4	接触器	KM			
5	按钮	SB			
6	热继电器	FR			
7	接线端子排	XT			

3）绘制电路元件布置图及电路接线图。绘制三相异步电动机正、反转控制电路元件布置图，如图 8-32 所示。按布置图绘制电路安装接线图，将电气元件的符号画在规定的位置，对照原理图的线号标出各端子的编号。

4）配置电路板。根据元件布置图和接线图，在配电板上安装电气元件，各个元件的位置应排列整齐、均匀，间隔合理，便于更换元件。紧固时要用力均匀，紧固程度适当，防止用力过猛而损毁元器件。

5）接线。在配电板上根据原理图和接线电路图，并按接线图编号在各元件和连接线两端做好编号标志，根据接线工艺要求，在电路板上完成导线连接。

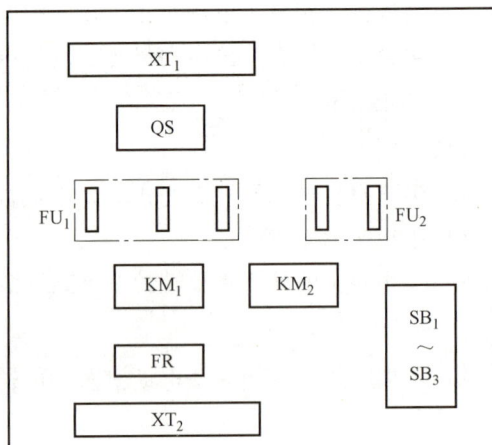

图 8-32　电路元件布置图

6）电路检测与调试。检查控制电路中各元件的安装是否正确和牢靠，各接线端子是否连接牢固，线头上的线号是否与电路原理图相符合，用万用表检测电路连接是否正确。

7）通电试验。

① 合上 QS，接通交流电源。

② 按下 SB_2，观察电动机转向，各触点的工作情况。再按下 SB_3，观察电动机的工作状态是否改变。

③ 按下 SB_1，观察电动机转向，各触点的工作情况。

④ 停车后按下 SB_3，观察电动机转向，各触点的工作情况。再按下 SB_2，观察电动机的工作状态是否改变。

8）故障检修。在通电试车的电路上设置故障，通电运行，观察故障现象，分析故障原因，检查排除故障。并做好记录。

8.4　习题

1. 什么是低压电器？常用的低压电器有哪些？

2. 组合开关有哪些特点？它的用途是什么？

3. 接触器由哪几部分组成？

4. 常用的熔断器有哪些？如何选择熔体的额定电流？

5. 空气阻尼式时间继电器由哪几部分组成？延时时间如何调整？

6. JS7-A 空气阻尼式时间继电器触点有哪几类？画出它们的图形符号。

7. 在电动机控制回路中，热继电器和熔断器各起什么作用？两者能否互相替换吗？为什么？

8. 点动与连续运转的区别是什么？

9. 继电器接触器控制线路中一般应设哪些保护？各有什么作用？

10. 什么是互锁（联锁）？什么是自锁？试举例说明各自的作用。

第9章 综合实训 室内照明电路安装

9.1 实训1 导线的剥削和连接

1. 实训目的

1）熟悉常用导线的识别与选用知识。

2）掌握导线绝缘层的剥离方法。

3）掌握铜导线的各种连接方法。

4）掌握导线绝缘层的恢复方法。

2. 导线识别与选用

（1）导线的识别

导线是传输电能、传递信息的电工线材。一般由线芯、绝缘层、保护层三部分组成。其线芯绝大部分是用铜或铝拉制而成的。电工所用导线分成两大类：电磁线及电力线。电磁线用来制作各种电感线圈。常见的有漆包线、丝包线和纱包线等。电力线则用作各种电路连接。

电力线分为裸导线和绝缘线两类。裸导线无绝缘包层，主要有裸铝绞线、钢芯铝绞线及各种型材，如母线、铝排等。绝缘导线根据外包不同绝缘材料又分为塑料线、塑料护套线、橡皮线、棉纱编织橡皮绝缘软线（花线）等。常用绝缘导线如图9-1所示。常用绝缘导线的结构、

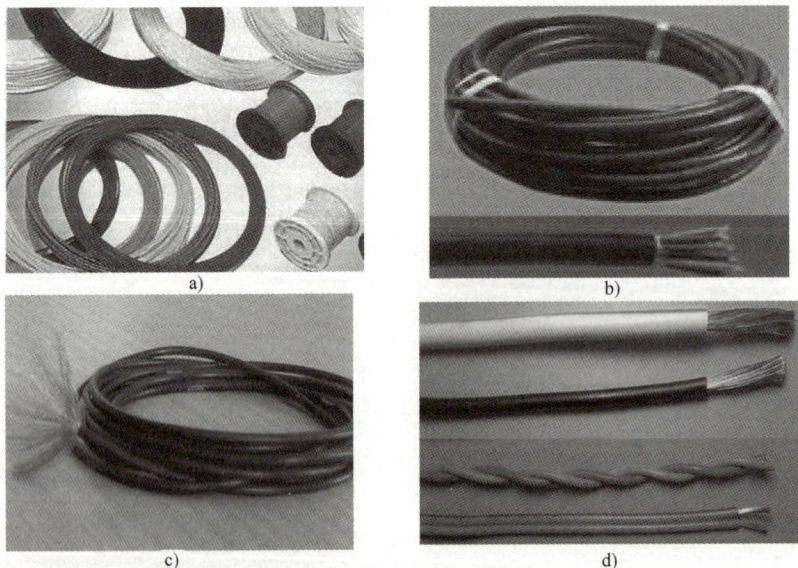

图 9-1 常用绝缘导线
a）塑料绝缘导线 b）塑料绝缘护套线 c）橡胶绝缘铜芯线 d）塑料绝缘铜芯软线

型号及应用范围见表 9-1。

表 9-1　几种常用橡皮、塑料绝缘导线

名　称	型　号		长期最高工作温度/℃	用　途
	铜芯	铝芯		
塑料绝缘导线	BX	BLX	65	固定敷设于室内,可用于室外及设备内部安装用线
氯丁橡皮绝缘电线	BXF	BLXF	65	同 BX 型,耐气候性好,适用于室外
橡皮绝缘软线	BXR		65	同 BX 型,仅用于安装时要求柔软的场合
聚氯乙烯绝缘导线	BV	BLV	65	同 BX 型,且耐湿性和耐气候性较好
聚氯乙烯绝缘护套圆形导线	BVV	/	65	同 BX 型,用于潮湿的机械防护要求较高的场合,可明敷、暗敷或直接埋入土中
聚氯乙烯绝缘护套圆形软线	RVV	/	65	同 BV 型,用于潮湿的机械防护要求较高以及经常移动、弯曲的场合
棉纱编织橡皮绝缘软线	RXS RX	/	/	室内家用电器、照明电源线
中型橡套电缆	YZ	/	/	各种移动电气设备和机械电源线
	YZW	/	/	各种移动电气设备和机械电源线,且具有耐气候和一定的油性能

（2）导线的选用

导线的选用要从电路的条件、环境的条件和机械强度等多方面去综合考虑。

1）导线的种类选用。导线的种类选用可根据使用环境、敷设方式及敷设部位来确定。对住宅和办公室等较干燥的环境进行固定敷设时，暗线敷设可采用 BV 型塑料绝缘铜芯线，明线敷设可采用 BVV 型塑料绝缘护套铜芯线。环境较潮湿的水泵房用的导线，则一定要选用 BX 型橡胶绝缘铜芯线或 BVV 型塑料绝缘护套铜芯线；对于移动的户外电气设备，则选择 YH 系列橡套电缆。

2）导线截面积的选择。首先，要根据导线的工作电流和安全载流量来确定，所选择的导线的安全载流量应不小于导线的工作电流。

安全电流是电线电缆的一个重要参数，它是指在不超过最高温度的条件下，允许长期通过的最大电流值，所以又称为允许载流量，常见的单根电线在空气中敷设时的载流量（环境温度 25℃）如表 9-2 所示。

表 9-2　长期允许载流量

标称截面积/mm²	长期连续负荷允许载流量/A			
	一股		二股	
	铜芯	铝芯	铜芯	铝芯
0.75	16	/	12.5	/
1.0	19	/	15	/
1.5	24	/	19	/
2.5	32	25	26	20
4	42	34	36	26

（续）

标称截面积/mm²	长期连续负荷允许载流量/A			
	一股		二股	
	铜芯	铝芯	铜芯	铝芯
6	55	43	47	33
10	75	59	65	51

其次，考虑导线的机械强度。所选导线的截面积不能小于根据导线用途、敷设环境和规定的最小截面积。在供电系统中，最常用的是铝绞线、铜绞线、钢绞线和钢芯铝绞线等。

导线的设计制造有它的规律，截面 6mm² 以下导线为 1 股，如 1.5mm²（1/1.38）、2.5mm²（1/1.78）、4mm²（1/2.25）、6mm²（1/2.76）；10~35mm² 的导线为 7 股，如 10mm²（7/1.35）、16mm²、25mm²、35mm²、50mm²，95mm² 以上为 19 股（95mm² 导线也有 7 股的），如 95mm²（19/2.50）、120mm²（19/2.80）、150mm²（19/3.15）、185mm²（19/3.50）、240mm²（19/3.98）；120mm² 以下为 37 股，如 300mm²（37/3.20）、400mm²（37/3.70）、500mm²（37/4.14）。600mm² 为 67 股，而绝缘线 35mm² 就有 19 股。

最后，选择导线要与导线的保护方式配合，要保护装置有效地保护导线的安全。

3）导线颜色的选用。为了整机装配及维修方便，导线和绝缘套管的颜色选用，要符合习惯、便于识别，通常电路 U、V、W 三相用黄色、绿色、红色导线，中性线用黑色导线，保护线用黄绿双色导线。

3. 导线绝缘层的剥削技术

导线在连接前必须先将其端部的保护层和绝缘层剥去。不同的保护层和绝缘层的剥离方法和步骤也不相同。

（1）线芯截面 4mm² 及以下的塑料硬线

芯线截面 4mm² 及以下的塑料硬线，其绝缘层用钢丝钳剥削，具体操作方法如下。

1）左手捏住电线，根据所需线头长度，用钢丝钳钳头刀口环绕轻切绝缘层，注意勿切伤芯线。

2）然后用右手握住钳头用力勒去绝缘层，同时左手握紧导线反向用力配合动作，如图 9-2 所示。

（2）线芯截面大于 4mm² 的塑料硬线

线芯截面大于 4mm² 的塑料硬线，其绝缘层用电工刀剥削，具体操作方法如图 9-3 所示。

1）根据所需的长度用电工刀以 45°斜切入塑料绝缘层，如图 9-3a 所示。

2）刀面以 15°~25°向前端推削，如图 9-3b 所示。

3）切去一部分塑料绝缘层，将剩下的塑料绝缘层向后扳翻，最后用电工刀齐根切去，如图 9-3c 所示。

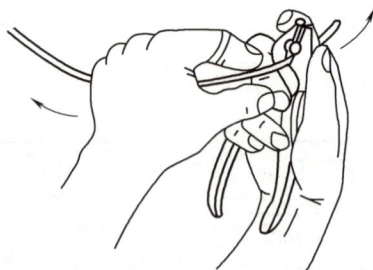

图 9-2 用钢丝钳剥削塑料硬线绝缘层

（3）塑料护套线线头绝缘层的剥削

塑料护套线线头绝缘层的剥削步骤如下。

1）按所需长度，用电工刀尖对准芯线缝隙划开护套层，如图 9-4a 所示。

2）将护套层向后扳翻，用电工刀齐根切去，如图 9-4b 所示。

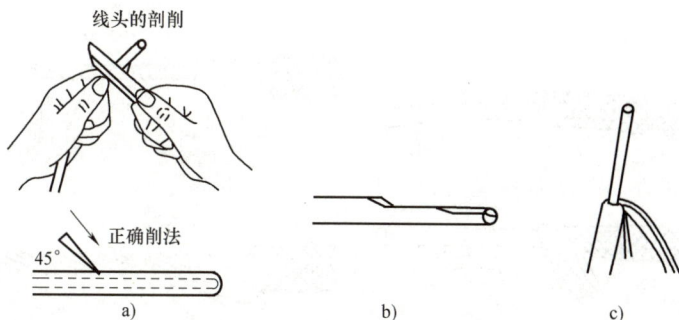

图 9-3 电工刀剥削塑料硬线
a) 以 45°斜切入塑料绝缘层 b) 以 15°～25°向前端推削 c) 用电工刀齐根切去

3）用电工刀按照剥削塑料硬线绝缘层的方法，分别将每根芯线的绝缘层剥除。

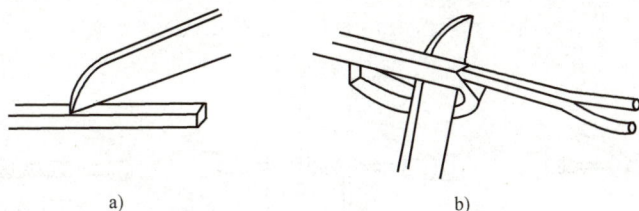

图 9-4 塑料护套线线头绝缘层的剥削
a) 刀尖对准芯线缝隙划开护套层 b) 用电工刀齐根切去

（4）花线线头绝缘层的剥削方法

1）从端头处松散编织的棉纱 15mm 以上，如图 9-5a 所示。

2）把松散的棉纱分组并捻成线状，然后向推缩至线头连接所需长度。将推缩的棉纱线进行扣结，紧扎住橡皮绝缘层，如图 9-5b 所示。

3）在距棉纱织物保护层末端 10mm 处，用钢丝钳刀口剥削橡胶绝缘层。露出里面的棉纱层。把棉纱层按包缠方向散开，散到橡套切口根部后，如图 9-5c 所示。

4）用电工刀割断棉纱，即露出线芯，如图 9-5d 所示。

4. 铜导线的连接技术

当导线不够长或要分接支路时，就要将导线与导线连接。导线连接的质量直接影响电路和设备运行的可靠性、安全性。常用导线连接时，应根据导线的材料、规格、种类等采用不同的连接方法。

对导线连接的基本要求：电接触良好，机械强度良好，绝缘性、耐腐蚀性好，接线紧密，工艺美观。

（1）单股铜芯导线的直线连接

单股铜芯导线的直线连接方法如图 9-6 所示。

1）将两个导线头部剥去一定长度的芯线，并去掉氧化层。

2）在距根部 1/3 处将两根导线线头成 X 形相交，互相绞绕 2～3 圈，如图 9-6a 所示，再扳直线头，如图 9-6b 所示。

3）将扳直的两线头向两边各紧密绕 6 圈，如图 9-6c 所示，用钢丝钳切去余下的线芯，并钳平芯线末端。

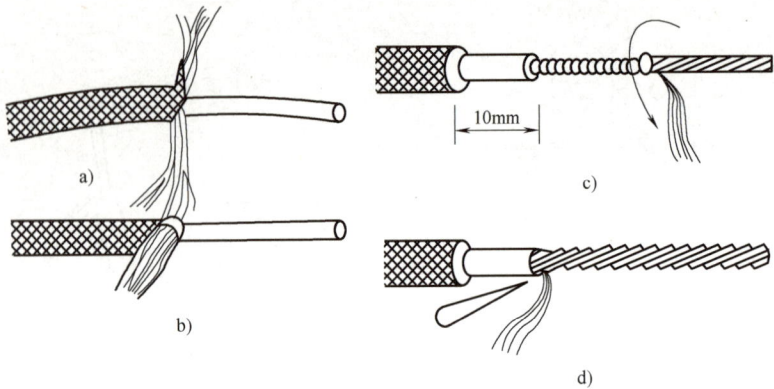

图 9-5　花线线头绝缘层的剥削方法
a）从端头处松散编织的棉纱 15mm 以上　b）将推缩的棉纱线进行扣结，紧扎住橡皮绝缘层
c）剥削橡胶绝缘层　d）用电工刀割断棉纱，即露出线芯

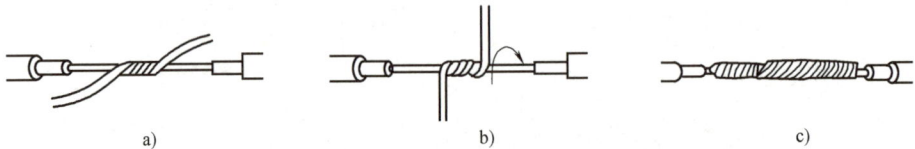

图 9-6　单股铜芯导线的直线连接
a）互相绞绕 2~3 圈　b）扳直线头　c）两线头向两边各紧密绕 6 圈

（2）单股铜芯导线的 T 形分支连接

1）在干线线芯连接处剥削约 20mm，清洁表面氧化层。

2）将支路线芯的线头与干线线芯十字相交，在支路线芯根部留出 5mm，如图 9-7a 所示，然后顺时针方向缠绕支路线芯，缠绕 6~8 圈后，用钢丝钳切去余下的线芯，并钳平线芯末端，如图 9-7b 所示。

（3）7 股铜芯导线的直线连接方法

7 股铜芯导线的直线连接方法如图 9-8 所示。

1）将剖去绝缘层的线芯头散开并拉直，接着把近绝缘层的 1/3 线段的线芯绞紧，然后把余下的 2/3 线芯头，

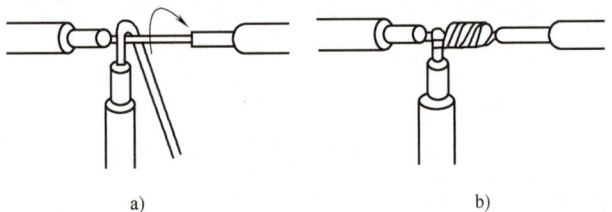

图 9-7　单股铜芯导线的 T 形分支连接

按图 9-8a 所示方法，分散成伞状，并将每根线芯拉直。

2）把两个伞状线芯头隔根对叉，并捏平两端线芯，如图 9-8b 所示。

3）把一端的 7 根线芯按 2、2、3 根分成三组，将第一组 2 根线芯扳起，垂直于线芯并按顺时针方向缠绕，如图 9-8c 所示。

4）缠绕 2 圈后，将余下的线芯向右扳直。再把下面的第二组的 2 根线芯扳直，也按顺时针方向紧紧压着 4 根扳直的线芯缠绕，如图 9-8d 所示。

5）缠绕 2 圈后、也将余下的线芯向右扳直，再把下边第三组的 3 根线芯扳直，按顺时针

方向紧紧压着 4 根扳直的线芯缠绕，如图 9-8e 所示。

6）缠绕 3 圈后，切去每组多余的线芯、钳平线端，如图 9-8f 所示。

7）用同样的方法再缠绕另一边线芯。

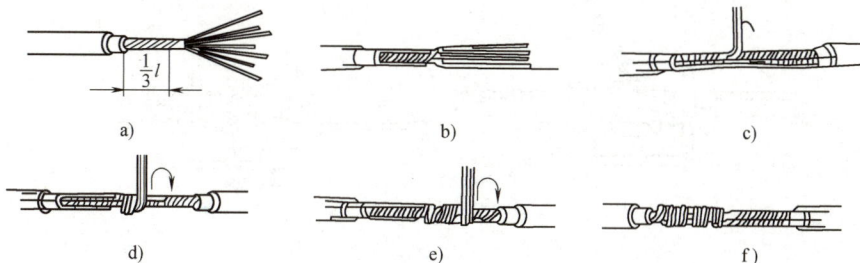

图 9-8　7 股铜芯导线的直线连接

（4）7 股铜芯导线的 T 形连接

7 股铜芯导线的 T 形连接如图 9-9 所示。

1）把分支线芯散开钳直、接着把近绝缘层 1/8 的线芯绞紧，把支路线头 7/8 的线芯分成两组、一组 4 根，另一组 3 根并排齐，然后用旋凿把干线的线芯撬分成两组，再把支线中 4 根线芯的一组插入干线两组线芯中间，而把 3 根线芯的一组支线放在干线线芯的前面，如图 9-9a 所示。

2）把右边 3 根线芯的一组往干线一边按顺时针方向紧紧缠绕 3~4 圈，钳平线端、再把左边 4 根芯线的一组芯线按顺时针方向缠绕，如图 9-9b 所示。

3）逆时针缠绕 4~5 圈后，钳平线端，如图 9-9c 所示。

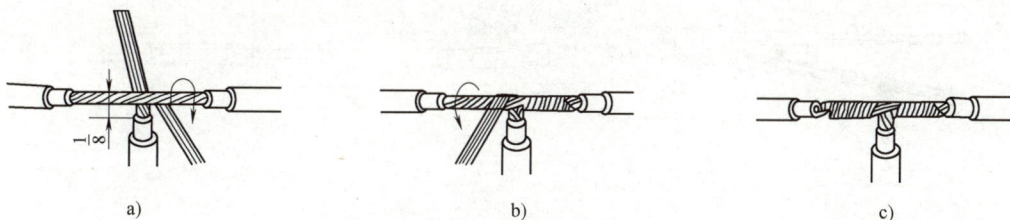

图 9-9　7 股铜芯导线的 T 形连接

5. 铝芯导线的连接

由于铝极易氧化，且铝氧化膜的电阻率很高，所以铝芯导线不宜采用铜芯导线的方法进行连接，铝芯导线常采用螺钉压接法和压接管压接法连接。

（1）螺钉压接法连接

螺钉压接法适用于负荷较小的单股铝芯导线的连接，其步骤如下。

1）把削去绝缘层的铝芯线头用钢丝刷刷去表面的铝氧化膜，并涂上中性凡士林。

2）进行直线连接时，先把每根铝芯导线在接近线端处卷上 2~3 圈，以备线头断裂后再次连接用，然后把 4 个线头两两相对地插入两只瓷接头（又称接线桥）的 4 个接线桩上，然后旋紧接线桩上的螺钉，如图 9-10a 所示。

3）进行分路连接时，要把支路导线的两个线芯头分别插入两个瓷接头的两个接线桩上，然后旋紧螺钉，如图 9-10b 所示。

4）最后在瓷接头上加罩铁皮盒盖或木盒盖。

如果连接处在插座或熔断器附近，则不必用瓷接头，可用插座或熔断器上的接线桩进行过渡连接。

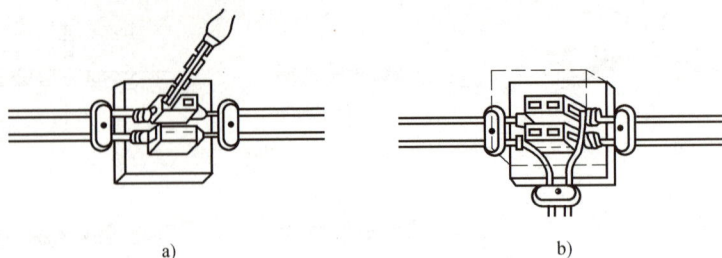

a)　　　　　　　　　　　　　b)

图 9-10　螺钉压接法连接

（2）压接管压接法连接

压接管压接法适用于较大负荷的多根铝芯导线的直接连接。压接钳和压接管（又称为钳接管）如图 9-11a、b 所示。

1）根据多股铝芯线规格选择合适的铝压接管。

2）用钢丝刷清除铝芯线表面和压接管内壁的铝氧化层，涂上中性凡士林。

3）把两根铝芯导线线端相对穿入压接管，并使线端穿出压接管 25～30mm，如图 9-11c 所示。

4）进行压接，如图 9-11d 所示，压接时，第一道压坑应压在铝芯线线端一侧，不可压反。压接后的铝芯线如图 9-11e 所示。

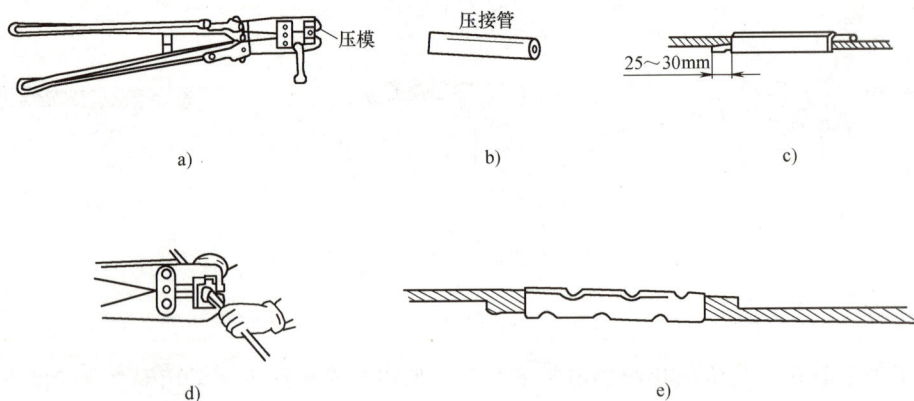

a)　　　　　　　　　　b)　　　　　　　　　　c)

d)　　　　　　　　　　　　　e)

图 9-11　压接管压接法

a）压接钳　b）压接管　c）穿压接管　d）进行压接　e）压接后的铝芯线

6. 导线与接线端子（接线桩）的连接

（1）单股芯线与针孔接线桩连接

1）单股芯线与针孔接线桩连接时，按要求的长度将线头折成双股并排插入针孔，使压接螺钉顶紧在双股线芯的中间，如图 9-12a 所示。如果线头较粗，双股线芯插不进针孔，也可将单股线芯直接插入，但线芯在插入针孔前，应朝着针孔上方稍微弯曲，以免压紧螺钉稍有松动线头就脱出，如图 9-12b 所示。

2）线头插入针孔时必须插到底，导线绝缘层不得插入孔内，针孔外的裸线头长度不得超过 3mm。

3）用螺钉旋具旋紧压线螺钉。若是有两个压紧螺钉的，应先拧紧靠近孔口的螺钉，再拧紧靠近孔底的螺钉。

（2）多股线芯与针孔接线桩连接

多股线芯与针孔接线桩连接时，先用钢丝钳将多股线芯进一步绞紧，以保证压接螺钉顶压时不致松散。注意针孔和线头的大小应尽可能配合，如图 9-13a 所示。如果针孔过大可选一根直径大小相宜的铝导线作绑扎线，在已绞紧的线头上紧密缠绕一层，使线头大小与针孔合适后再进行压接，如图 9-13b 所示。如线头过大，插不进针孔时，可将线头松散开，适量减去中间几股。通常 7 股可剪去 1~2 股，19 股可剪去 1~7 股。然后将线头绞紧，进行压接。如图 9-13c 所示。

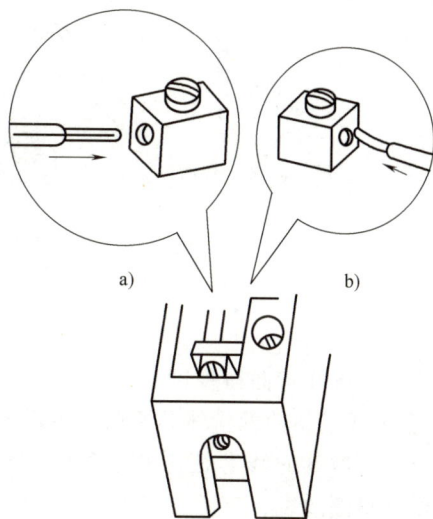

图 9-12　单股线芯与接线桩连接
a）线芯折成双股进行连接
b）单股线芯插入连接

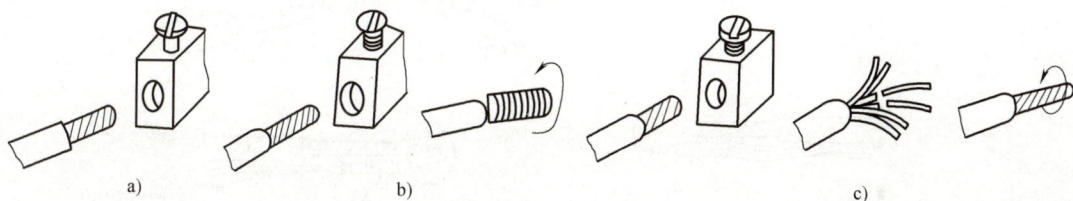

图 9-13　多股线芯与针孔接线桩连接
a）针孔大小合适时　b）针孔过大时　c）针孔过小时

无论是单股还是多股线芯的线头，在插入针孔时，必须注意插到底，不得使绝缘层进入针孔，针孔外的根线头的长度不得超过 3mm。

（3）单股线芯与螺钉平压式接线桩的连接

先将单股线芯头弯成压接圈（俗称为羊眼圈），压接圈必须弯成圆形。然后利用螺钉加垫圈将线头压紧，完成连接。单股线芯压接圈弯法如图 9-14 所示。

1）离绝缘层根部 3mm 处向外侧折角，如图 9-14a 所示。

2）按略大于螺钉直径弯曲圆弧，如图 9-14b 所示。

3）剪去多余线芯，如图 9-14c 所示。

4）修整圆圈成圆，如图 9-14d 所示。

（4）7 股线芯与螺钉平压式接线桩的连接

先将 7 股线芯头弯制成压接圈，然后，利用螺钉加垫圈将线头压紧，完成连接，如图 9-15 所示。

1）首先把离绝缘层根部约 1/2 长的线芯重新绞紧，越紧越好，见图 9-15a。

2）将绞紧部分的线芯，在离绝缘层根部 1/3 处向左外折角，然后弯曲圆弧，见图 9-15b。

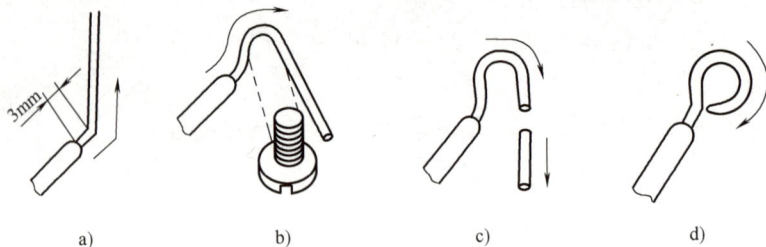

图 9-14 单股线芯压接圈的弯法

3）当圆弧弯曲得像圆圈（剩下 1/4）时，应将余下的线芯向右外折角，然后使其成圆，捏平余下线端，使两端线芯平行，见图 9-15c。

4）把散开的线芯按 2 根、2 根、3 根分成三组，将第一组 2 根线芯扳起，垂直于线芯（要留出垫圈边宽，见图 9-15d）。

5）按 7 股线芯直线对接的自缠法加工，见图 9-15e。

6）缠成后的 7 股线芯压接圈，见图 9-15f。

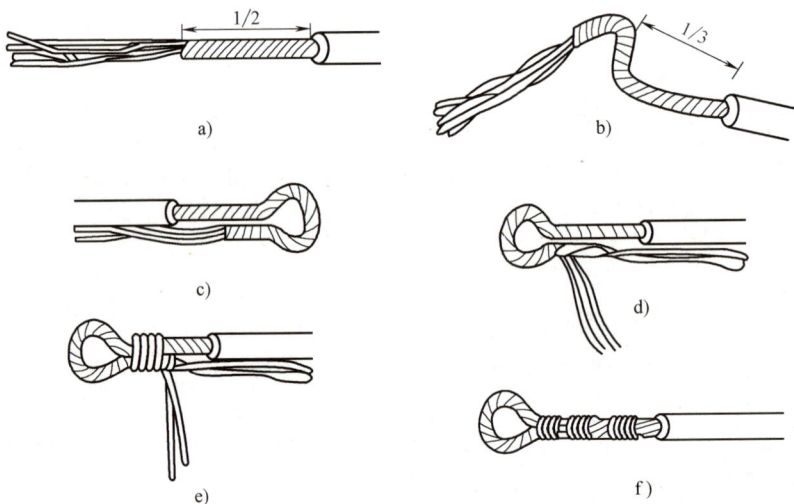

图 9-15 7 股线芯头弯制压接圈的方法

7. 导线的绝缘处理

（1）一字形连接的导线接头的绝缘处理

一字形连接的导线接头绝缘处理，通常用黄蜡带、涤纶薄膜带和黑胶带作为恢复绝缘层的材料。绝缘带的包缠方法如下。

1）将黄蜡带从导线左边完整的绝缘层上开始包缠，包缠两根带宽后才可进入无绝缘层的芯线部分，如图 9-16a 所示。

2）包缠后，黄蜡带与导线保持约 55° 的倾斜角，每圈压叠带宽的 1/2，如图 9-16b 所示。

3）包缠一层黄蜡带后，将黑胶带接在黄蜡带的尾端，按另一斜叠方向包缠一层黑胶带，也要每圈压叠带宽的 1/2，如图 9-16c、d 所示。

包缠处理中应用力拉紧胶带，注意不可稀疏，更不能露出线芯，以确保绝缘质量和用电安

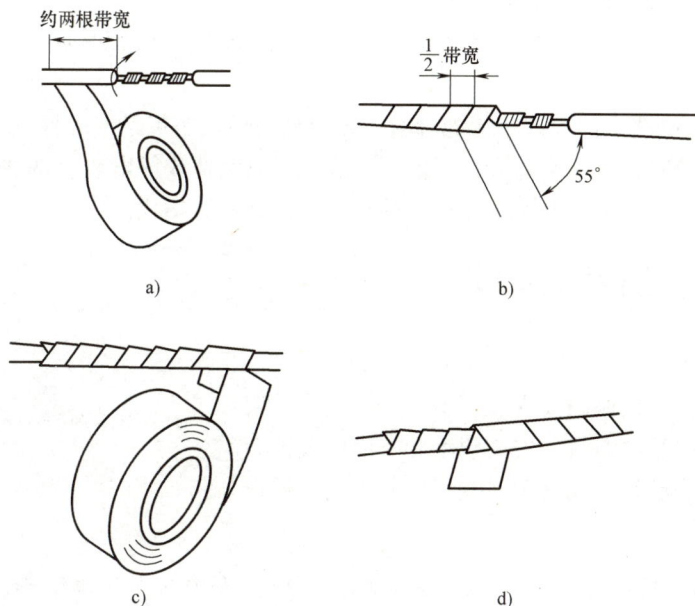

图 9-16　导线的绝缘处理

a）开始包缠　b）每圈压叠带宽的 1/2　c）黑胶带接在黄蜡带的尾端　d）按另一斜叠方向包缠一层黑胶带

全。对于 220V 线路，也可不用黄蜡带，只用黑胶带或塑料胶带包缠两层。在潮湿场所应使用聚氯乙烯绝缘胶带或涤纶绝缘胶带。

（2）T 字分支接头的绝缘处理

导线分支接头的绝缘处理基本方法同上，T 字分支接头的包缠方向如图 9-16 所示，走一个 T 字形来回，使每根导线上都包缠两层绝缘胶带，每根导线都应包缠到完好绝缘层的两倍胶带宽度处，如图 9-17 所示。

（3）十字分支接头的绝缘处理

对导线的十字分支接头进行绝缘处理时，包缠方向如图 9-18 所示，走一个十字形来回，使每根导线上都包缠两层绝缘胶带，每根导线也都应包缠到完好绝缘层的两倍胶带宽度处。

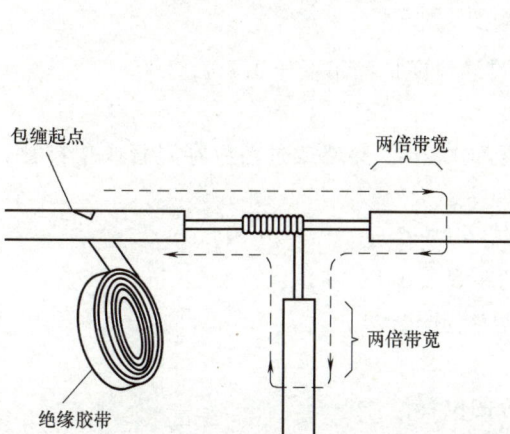

图 9-17　T 字分支接头的绝缘处理

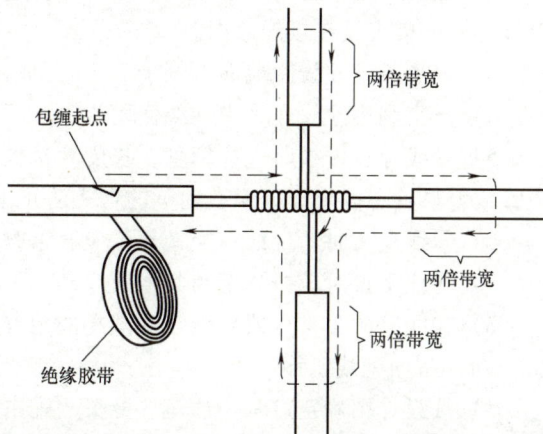

图 9-18　十字分支接头的绝缘处理

（4）导线绝缘处理的注意事项

1）用在 380V 电路上的导线绝缘处理时，必须先包缠 1~2 层黄蜡带，然后再包缠一层黑胶带。

2）用在 220V 电路上的导线绝缘处理时，先包缠一层黄蜡带，然后再包缠 1~2 层黑胶带。

3）包缠绝缘带时，要疏密适宜，不能露出线芯，以免造成触电或短路事故。

4）绝缘带不用时，不要放在温度很高的地方，以免粘胶热化。

9.2 实训2 室内配线技术

1. 实训目的

1）了解室内配电线路的要求。

2）熟悉室内配线的布线、安装规程和室内配线工序。

3）掌握护套线配线、线管配线及照明装置安装操作工艺。

2. 室内配线的要求

室内配线传输电能要安全可靠，线路布设规范合理，管线安装牢固整齐，并对室内装修无损害，具有一定的美化装饰作用。

（1）室内配线的类型

室内配线是为用电设备敷设供电和控制线路，有明敷和暗敷两种类型。明敷是将导线沿墙壁、顶棚、横梁等表面敷设；暗敷是将导线穿管埋没于墙内、地下或顶棚内。一段线路可能包含有两种敷设类型。

（2）对导线的要求

1）所选导线的型号规格应与设计要求相符。

2）导线的额定电压（导线的绝缘层抗电击穿能力）应不小于线路故障电压。

3）导线的截面积要满足载流量的要求，同时要有足够的机械强度。

（3）室内配线的技术要求

1）室内配线要求布置合理，符合相关规程。明配线应水平和垂直安装，选用导线颜色要与室内装修协调。

2）配线线路中避免出现导线接头，穿管敷设不允许有接头，若必须有时，应采用压接或焊接，并把接头放在接线盒内。

3）水平敷设导线距地面不低于 2.5m，垂直敷设导线距地面不低于 1.8m。

4）严禁利用地线作为中性线使用。

5）导线穿过楼板时应穿钢管，长度为楼板厚度加上 2m，穿墙或过墙应穿瓷管或塑料管，瓷管或塑料管在墙外部分应有向下的弯头防止雨水流入。

6）导线交叉时，导线在交叉部位应套上塑料管，以免碰线。

7）导线敷设时应按规定与其他管线离开一定的距离（0.1~3m）。

8）在线路的分支处或导线截面减小的地方均应安装熔断器。

（4）室内配线工序

1）按设计图确定灯具、插座、开关、配电箱等的位置。

2）确定导线敷设的路径、穿过墙壁和楼板的位置。

3）在室内装修抹灰前，将配线过程中所有的固定点打好孔眼，预埋绕有铁丝的木螺钉、螺钉或木砖。

4）装设绝缘支持物、线夹或线管。

5）敷设导线。

6）导线分支连接并与用电设备连接。

3. 护套线配线技术

塑料护套线是有塑料外护层的双芯或多芯的绝缘导线，是室内照明常用导线，可敷设在建筑物表面，用铝片线卡或塑料线卡作为护套线的支撑物，在跨度较大的场所也可使用绝缘子支撑，也可穿管暗敷或槽板明敷。

（1）施工方法

护套线配线施工方法如下。

1）定位画线。如图 9-19 所示，按照施工图确定灯具、开关、插座等电器的安装位置、导线敷设的位置、导线穿墙和楼板的钻孔位置、导线转角的位置等，然后用粉笔或尺子画线，定出线卡的固定点，一般直线固定点间隔 150～300mm，转角两边或距开关、插座、灯具的 50～100mm 处需设置固定点，如图 9-20 所示。

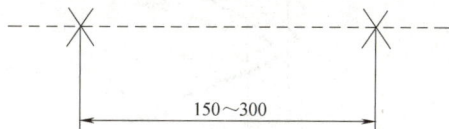

图 9-19 定位画线

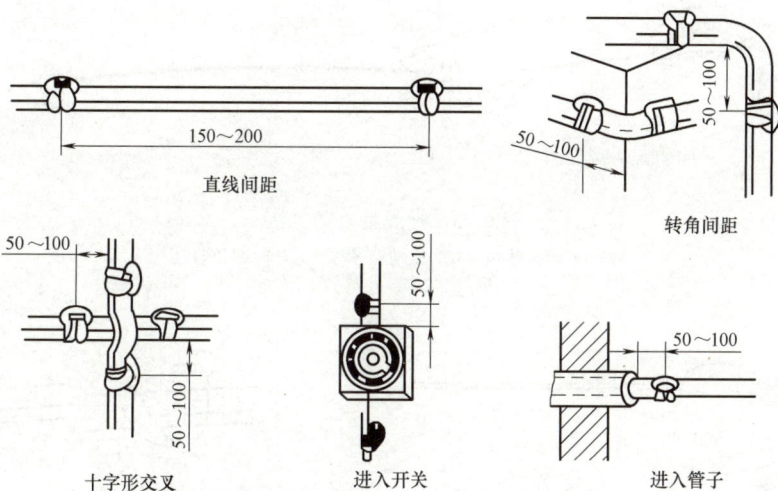

图 9-20 护套线敷设固定间距（单位：mm）

2）放线。将整圈护套线套入双手中，将线拉出或转动线圈放线，不能弄乱线圈，如图 9-21 所示。

3）线卡的固定。根据固定点建筑物结构，可分别采用钢钉直接钉牢、预埋木榫、冲击电钻打孔安驻木榫、环氧树脂粘贴等方法，为方便施工，均可使用水泥钢钉直接钉牢的方式固定铝线卡或塑料线卡。铝线卡（钢精轧头）或塑料线卡外形如图 9-22 所示。

4）敷设导线。导线应敷设平直，一般采取勒直和收紧的方法校直导线，如图 9-23 和图 9-24 所示。

5）铝线卡的夹持。按图 9-25 所示的步骤将铝线卡收紧并

图 9-21 放线方法

紧箍护套线。

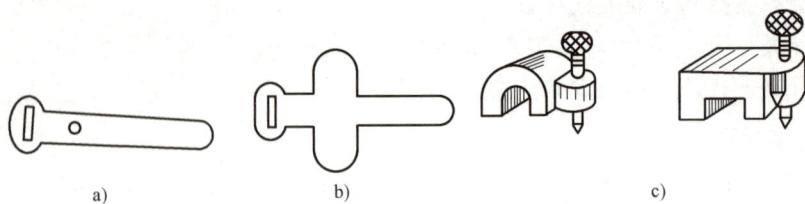

图 9-22　铝线卡、塑料线卡外形

a）钢钉固定式铝片线卡　b）粘贴式铝片线卡　c）两种不同形状的塑料卡钉

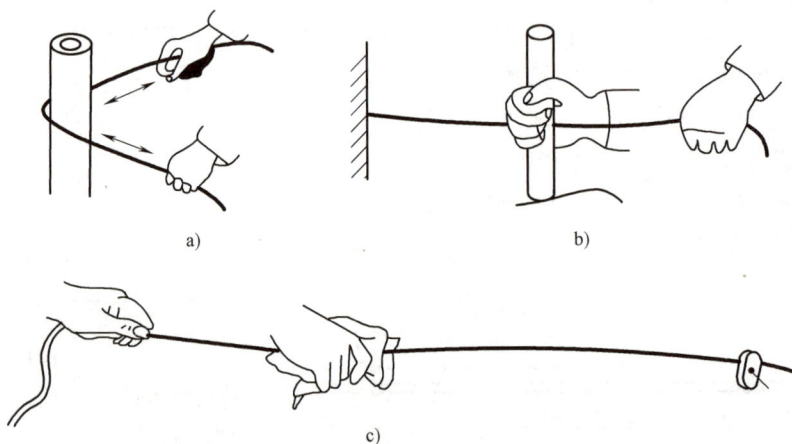

图 9-23　导线勒直的方法

a）来回拉线法　b）拉动圆木法　c）用布拉直法

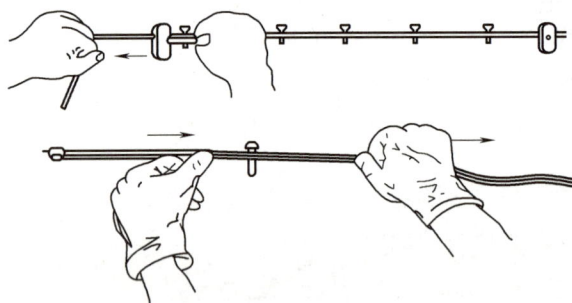

图 9-24　护套线的收紧方法

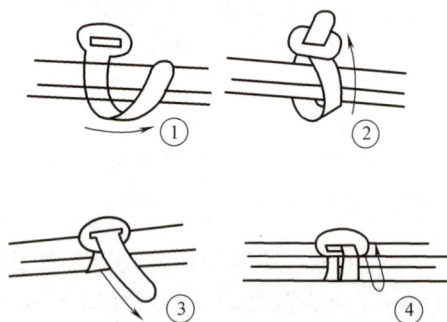

图 9-25　铝线卡收紧方法

（2）施工注意事项

护套线配线施工注意事项如下。

1）护套线配线时，铜线芯截面积应大于 $0.5\,\mathrm{mm}^2$，铝线芯截面积应大于 $1.5\,\mathrm{mm}^2$。

2）在线路上不可直接进行线与线的连接，应通过瓷接头或其他电气接线端头完成连接。

3）转角弯弧半径要大于导线外径的 6 倍，转角角度大于 90°，转弯前后应各用一个铝线卡夹住，如图 9-26 所示。

4. 槽板配线技术

线槽配线便于施工、安装便捷，多用于明装电源线、网络线等线路的敷设，常用的塑料线槽材料为聚氯乙烯，槽板由底板和盖板组成，底板有线槽，供固定和放置导线之用，盖板起掩盖和保护作用。

（1）施工方法

槽板配线施工方法如下。

1）固定底板。在进行定位和画线之后，在每块底板距两端 40mm 处各设置一个固定点，其余固定点可间隔 500mm 均匀固定，如图 9-27 所示。

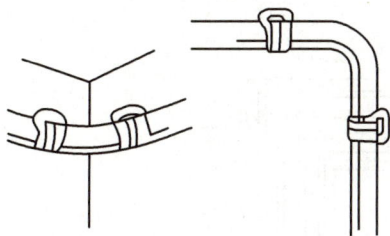

图 9-26 转弯处铝线卡的使用

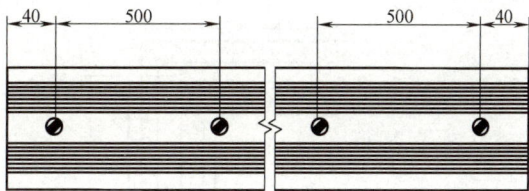

图 9-27 底板的固定方法

2）凿孔与预埋。固定槽板时可直接采用钢钉钉牢，在墙壁特别坚硬的地方可用冲击电钻打孔安装木榫或胀栓进行固定，木榫和胀栓外形如图 9-28 所示。固定时，钢钉要钉在底板中间的槽脊上。

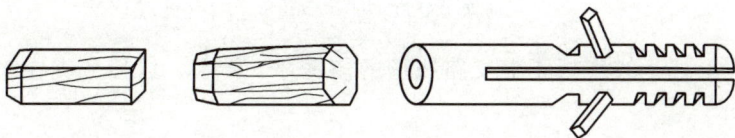

图 9-28 木榫和胀栓的外形

用电锤或手电钻在墙上已画出钉铁位置处钻出直径为 10mm 的小孔，深度应大于木塞的长度。把已削好的木塞头部塞入墙孔中，轻敲尾部使木塞与墙孔垂直、松紧合适后，再用力将木塞敲入孔中，如图 9-29 所示，注意不要将木塞敲烂。

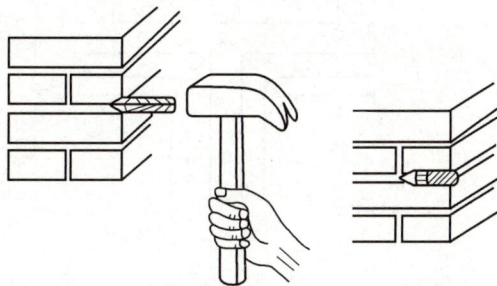

3）安装槽板。

① 对接。将要对接的两块槽板的底板或盖板锯成 45°断口，交错紧密对接，底板上的线槽必须对正，但底板与槽板的接口不能重合，应互相错开 20mm 以上，如图 9-30 所示。

图 9-29 木塞与墙孔垂直敲入孔中

② 转角拼接。把槽板的底板和盖板端头锯成 45°断口，并把转角处线槽之间的棱削成弧形，以免割伤导线绝缘层，如图 9-31 所示。

③ T 形拼接。在支路槽板的端头，两侧各锯掉腰长等于槽板宽度 1/2 的等腰直角三角形，留下夹角为 90°的接头，干线槽板则在宽度的 1/2 处锯一个与支路槽线板尖头配合的 90°凹角，

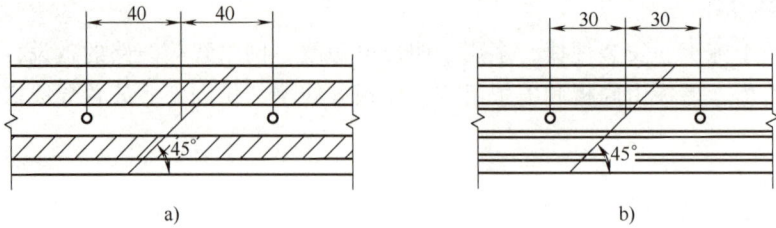

图 9-30　对接方法

a）底板对接　b）盖板对接

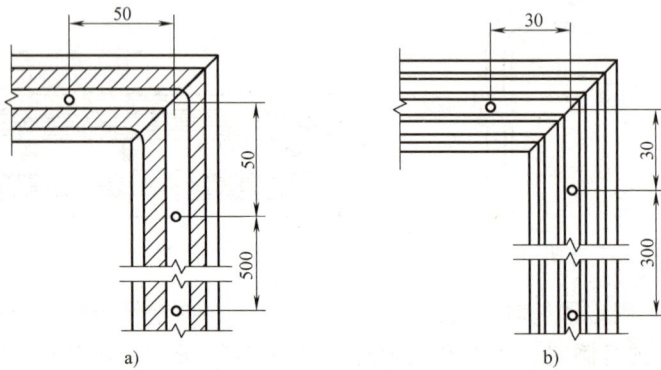

图 9-31　转角拼接

a）底板转角　b）盖板转角

拼接时，在拼接点上把干线底板正对支路线槽的棱锯掉、铲平，以便分支导线在槽内顺利通过，如图 9-32 所示。

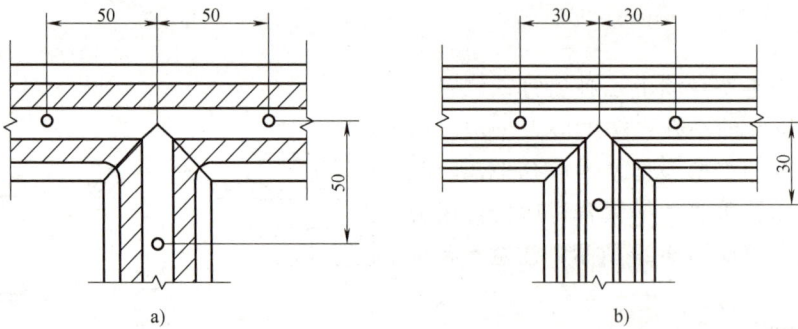

图 9-32　拼接方法

a）底板拼接　b）盖板拼接

④ 十字拼接。用于水平或垂直干线上有上下或左右分支线的情况，它相当于上下或左右两个 T 形拼接，工艺要求与 T 形相同，如图 9-33 所示。

⑤ 底板、盖板在不同平面转角的接法如图 9-34 所示。

⑥ 槽板 45°角锯割（使用靠模）方法如图 9-35 所示。

4）敷设导线。敷设导线时，应注意以下几个问题。

① 一条槽板内只能敷设同一回路的导线。

② 槽板内的导线，不能受到挤压，不应有接头。如果必须有接头和分支，应在接头和分支处装接线盒。

③ 导线伸出槽板与灯具、开关、插座等使用木台或塑台连接时，槽板要伸入木台或塑台 5~10mm，如图 9-36 所示。

④ 如果线头位于开关板、配电箱内，则应根据实际需要的长度留出余量，并在线端做好记号，以便接线时识别。

5）固定盖板。固定盖板与敷设导线应同时进行。边敷线边将盖板固定在底板上。塑料槽板的盖板可直接扣在底板上，木槽板则需用钢钉直接钉在底板上，如图 9-37 所示。

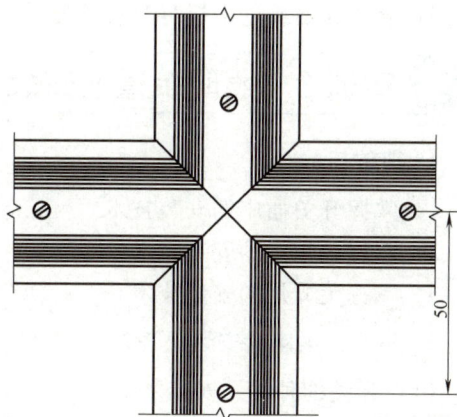

图 9-33　十字拼接

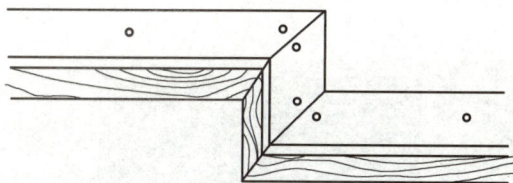

图 9-34　底板、盖板在不同平面转角的接法

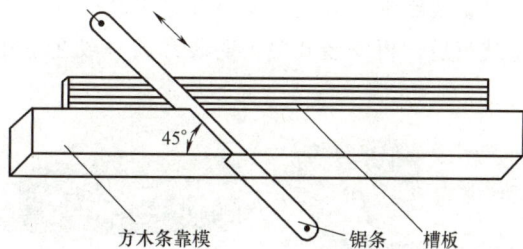

图 9-35　用靠模锯割槽板的方式

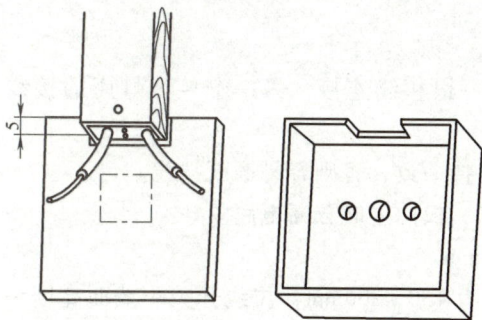

图 9-36　槽板伸入木台或塑台示意图

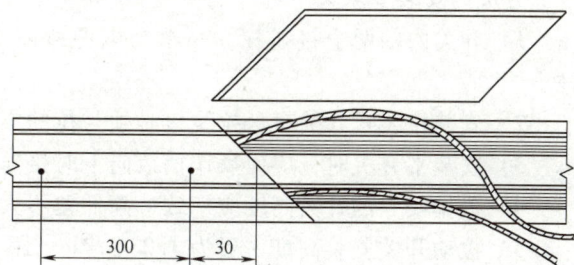

图 9-37　导线敷设及盖板固定（单位：mm）

盖板做到终端，若没有电器和木台，应进行封端处理：先将底板端头锯成一斜面，再将盖板封端处锯成斜口，然后将盖板按底板斜面坡度折覆固定，如图 9-38 所示。

（2）配线注意事项

1）导线应采用绝缘线。

2）槽板在不同平面时，转角时要将槽板锯成 V 形或倒 V 形。

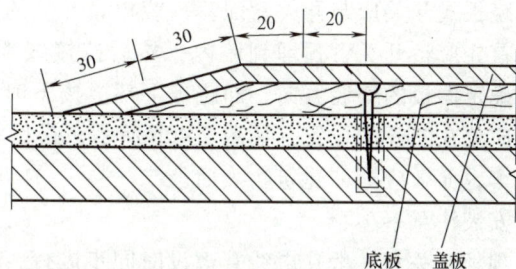

图 9-38　槽板的封端

3）导线穿墙或过楼板时要穿管配线。

9.3 实训3　照明装置的安装

1. 训练目的

1）掌握开关插座的安装技术。

2）掌握白炽灯的安装技术。

3）掌握荧光灯的安装技术。

2. 开关、插座的安装

（1）开关的种类及安装要求

开关是用来控制灯具等电器电源通断的器件，照明开关种类很多，常用的有拉线开关、防水开关、台灯开关、吊盒开关与墙壁开关等。照明开关一般按应用结构分为单联和双联两种，单联开关应用最为广泛，而双联开关主要用于两地控制一盏灯的线路中，以及其他特殊控制电气设备线路中。开关有明装和暗装之分，安装开关一般要配合土建施工过程预埋开关盒，待土建结束后，再安装开关，明装开关一般在土建完工后安装。常用照明开关外形如图9-39所示。

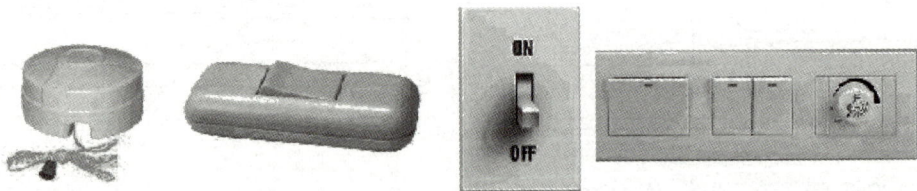

图 9-39　常用照明开关外形

开关的安装要求如下：

1）开关内的两个接线柱，一个与电源线路中的一根相线连接，另一个接至灯座的接线柱上。

2）安装拉线式开关时，拉线口必须与拉的方向保持一致，否则容易磨断拉线。

3）安装平开关时，应使操作柄扳向下时接通电路，扳向上时分断电路。

4）成排安装的开关高度应一致，高低差不大于2mm。

5）拨动开关安装高度一般为1.2~1.4m，距门框为150~200mm，拉线开关距地面高度一般为2.2~2.8m，距门框为150~200mm。

（2）跷板式开关的安装

跷板式开关应与开关盒配套，跷板式开关的安装方法如图9-40所示。

首先应将开关盒预埋到墙内，然后按接线要求，根据盒内甩出的导线与开关面板上的标志，确定面板的安装方向，即跷板下部被按下时，开关处在合闸的位置，跷板上部被按下时，开关应处在断开的位置，如图9-40b所示，最后将开关面板推入盒内，对正盒眼，用螺钉旋具固定牢，面板应紧贴建筑物表面。

安装注意事项：

预埋开关盒一般在电线管敷设时同步进行，接线盒埋设位置应准确、整齐。按测定的位置进行安装。开关接线时，应使开关切断相线。

（3）插座的种类与安装要求

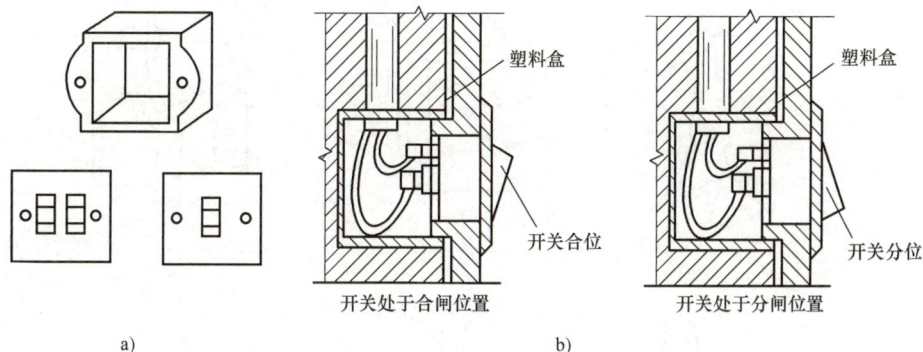

图 9-40　跷板式开关的安装
a) 预埋开关盒　b) 开关分合示意图

插座是家用电器的电源接取口，应用极为广泛，所有可移动的用电器具都须经插座、插头接通电源。电气插座种类很多，有单相两孔、单相三孔，也有三相四孔安全插座等。两孔、三孔及四孔插座的外形如图 9-41 所示。

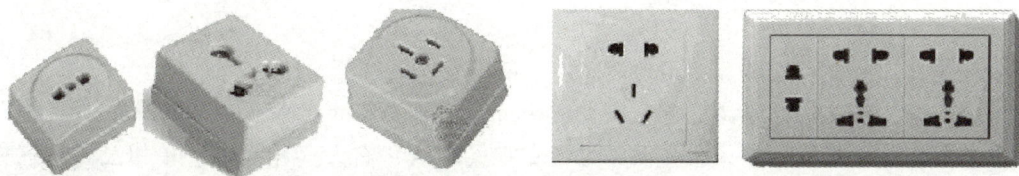

图 9-41　插座的外形

双孔插座用在外壳无须接地的用电器上，如活动台灯、手电钻、电视机等；三孔插座用于外壳需要接地的电器，如洗衣机、电冰箱等上。单相双孔插座的最大额定电流，通常只有 5A，三孔的有 5A、10A、15A、20A 等多种。应根据插入该插座的功率最大的电器的额定电流选取，插座的额定电流应大于电器的额定电流。

（4）插座的明装技术

明装插座一般安装在明敷线路上，在绝缘台上要用木螺钉固定。

1）安装步骤。

两孔插座明装安装步骤如图 9-42 所示。

① 确定木台安装位置，打孔，塞上木榫，如图 9-42a 所示。

② 在方（或圆）木台上钻三个孔，如图 9-42b 所示。

③ 穿进导线后，用一只木螺钉将木台固定，如图 9-42c 所示。

④ 把两根导线头分别穿入插座底座的两个穿线孔内，如图 9-42d 所示。

⑤ 把导线分别接到接线桩上，如图 9-42e 所示。

⑥ 装上插座盖，如图 9-42f 所示。

2）安装注意事项。

① 插座始终是带电的，安装应牢固。

② 插座底座应安装在绝缘台的中间位置。

③ 明装插座的安装高度距地面不低于 1.3m，一般为 1.5~1.8m。

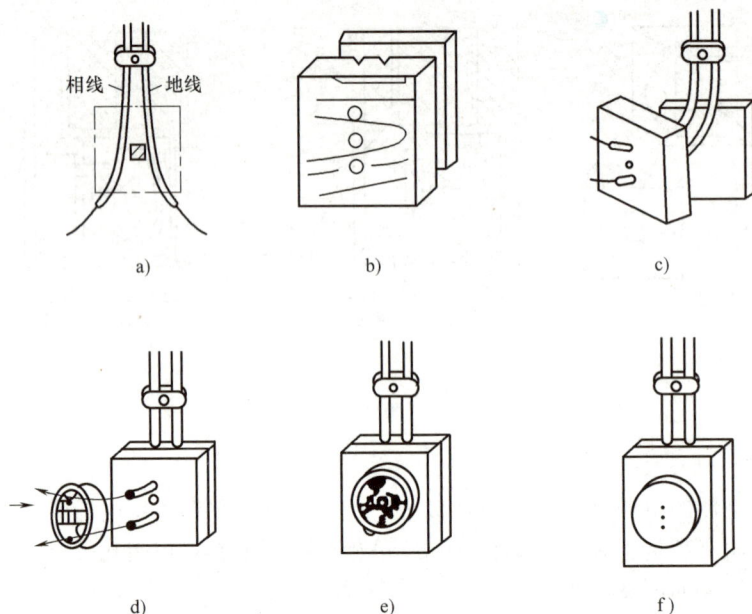

相线　地线

a)　　　b)　　　c)

d)　　　e)　　　f)

图 9-42　插座的明装

④ 暗装插座允许低安装，但距地面高度不低于 0.3m。

⑤ 同一室内安装的插座高低差不应大于 5mm，成排安装的插座不应大于 2mm。

⑥ 插座应正确接线，单相两孔插座为"左零（零线）右火（相线）"，单相三孔及三相四孔插座为保护接地（接零）极均应接在上方，如图 9-43 所示。

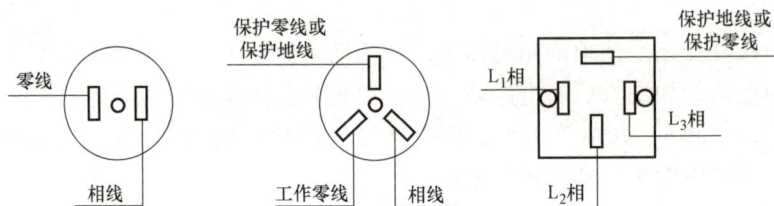

零线　相线　　保护零线或保护地线　工作零线　相线　　保护地线或保护零线　L_1相　L_3相　L_2相

图 9-43　插座的接线方式

（5）插座的暗装技术

1）安装步骤。

三孔插座的安装步骤为：在已预埋入墙中的导线端的安装位置上按暗盒的大小凿孔，并凿出埋入墙中的导线管走向位置。将管中导线穿过暗盒后，把暗盒及导线管同时放入槽中，用水泥砂浆填充固定。暗盒应安放平整，不能偏斜。将已埋入墙中的导线剥去 15mm 左右绝缘层后，接入插座接线桩中，拧紧螺钉，将插座用平头螺钉固定在开关暗盒上，压入装饰钮，如图 9-44 所示。

2）安装注意事项。

① 插座在接线时一定要接触牢靠，相邻接线桩上的导线金属头要保持一定的距离，不允许有毛刺，以防短路。

② 在安装三孔插座时，必须把接地孔眼（大孔）装在上方，且接地接线桩必须与接地线连接，不可借用零线（中性线）线头作为接地线。

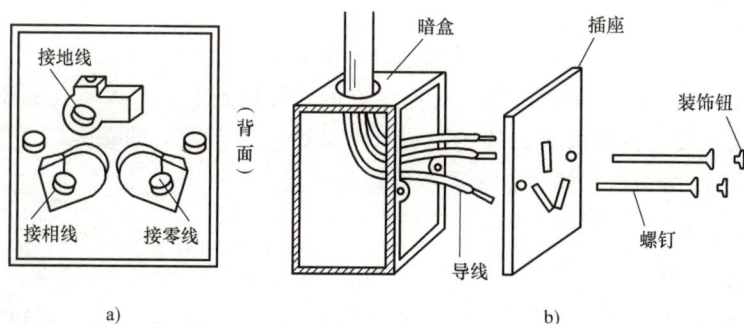

图 9-44　三孔插座的安装

③ 相线要接在规定的接线柱（标有"L"字母）上。

3. 白炽灯的安装

白炽灯是常用的一种电光源，它是将钨丝作为灯丝封入抽成真空的玻璃泡中制成的，电流通过灯丝时将灯丝加热到白炽状态而发光。

（1）安装方法

白炽灯的安装方法如图 9-45 所示。

1）确定安装位置，打孔，塞上木枕，如图 9-45a 所示。

2）在方（或圆）木台上钻三个孔，如图 9-45b 所示。

3）穿进导线后，用一根木螺钉将木台固定，如图 9-45c 所示。

4）将电源线从挂线盒底座中穿出，用螺钉将挂线盒紧固在圆木上，如图 9-45d 所示。

5）电源线在进入吊线盒盖后，在离接线端头 50mm 处打一个结，卡在挂线盒孔里，承受着部分悬吊灯具的重量，如图 9-45e 所示。打结的方法如图 9-45f 所示。

6）将软吊灯线下端穿过灯座盖孔，在离导线下端约 30mm 处打一电工扣，如图 9-45g 所示。

7）把去除绝缘层的两根导线下端芯线分别压接在灯座两个接线端子上，旋上灯座盖，如图 9-45h 所示。

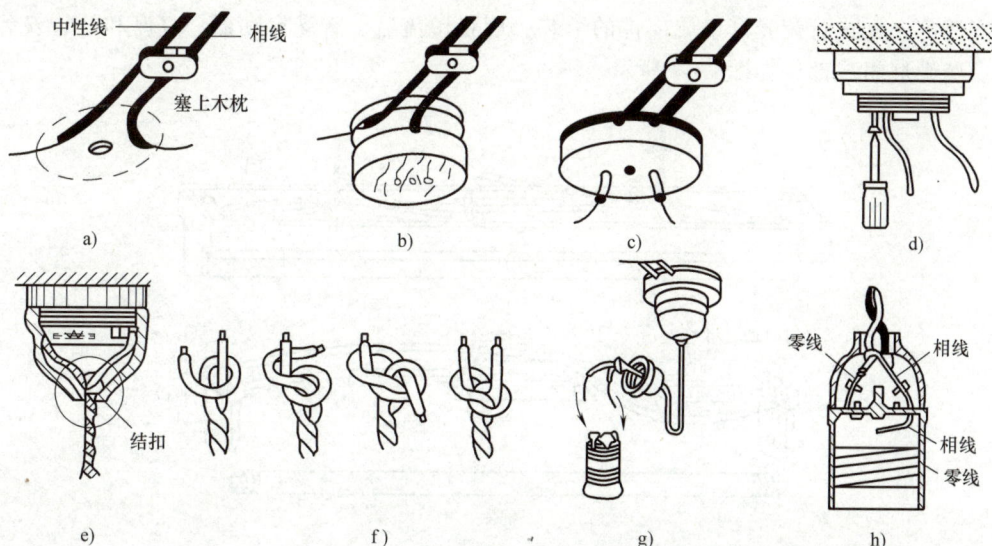

图 9-45　白炽灯安装

（2）安装注意事项

1）相线（即火线）必须经过开关再接到灯座上。

2）螺口灯座。相线经开关后应接在灯座中心的弹片触点上，零线接在螺纹触点上。

3）软导线兼承载灯具重力时，软线一端套入吊线盒内，另一端套入灯座罩盖，两端均应在线端打结扣，以使结扣承载拉力，而导线接线处不受力。

4. 荧光灯的安装

（1）荧光灯的组装

荧光灯具有发光效率高、寿命长、光色柔和等优点，广泛应用于办公室和家庭。直管荧光灯常见的安装线路如图9-46所示。

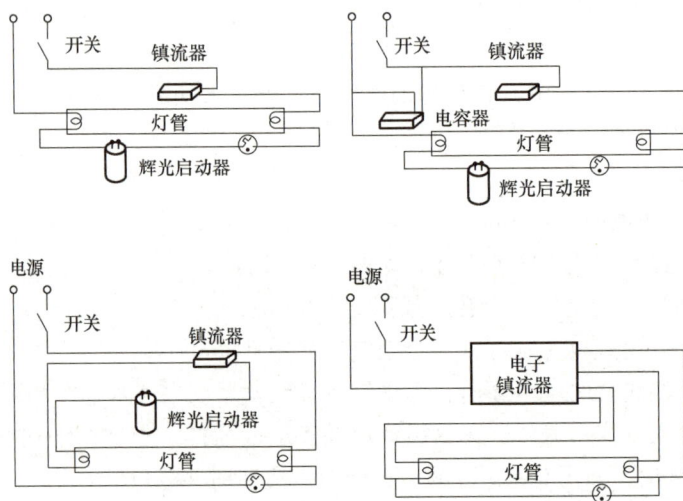

图 9-46　常见直管荧光灯电路

安装前，先进行荧光灯组成部件的组装，即将镇流器、辉光启动器、灯座和灯管安装在灯架上。荧光灯组成部件如图9-47所示。

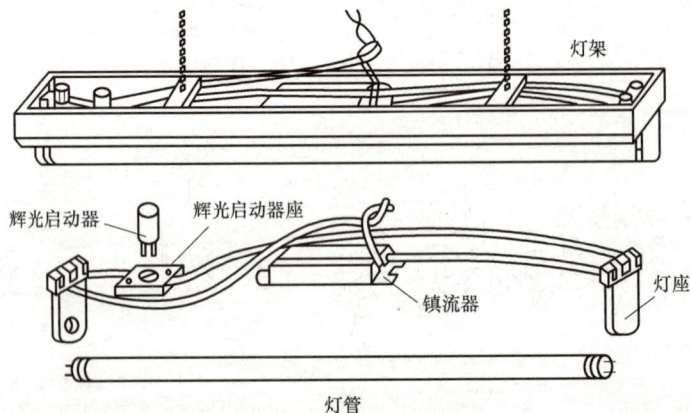

图 9-47　荧光灯组成部件

荧光灯组装注意事项：

1）组装时必须注意，镇流器应与电源电压、灯管功率相配套。

2）由于镇流器较重，又是发热体，应将其装在灯架中间或在镇流器上安装隔热装置。

3）辉光启动器规格应根据灯管功率来确定。辉光启动器宜装在灯架上便于维修和更换的地点。

4）灯座之间的距离应合适，防止因灯脚松动而造成灯管掉落。

（2）荧光灯的安装

荧光灯固定灯架的方式有吸顶式和悬吊式两种。悬吊式又分金属链条悬吊和钢管悬吊两种。安装前先在设计的固定点打孔预埋合适的固定件，然后将灯架固定在固定件上。

1）安装步骤。下面以链条悬吊式荧光灯为例，说明安装步骤。

① 测量荧光灯尺寸，确定固定点，打孔、固定圆木。

② 正确连接荧光灯吊盒线头，做好绝缘。

③ 把吊盒固定在圆木上、吊链接荧光灯座，如图9-48a 所示。

④ 装荧光灯盖板和荧光灯灯管，如图9-48b 所示。

⑤ 检查无误后，通电测试，灯亮，如图9-48c 所示。

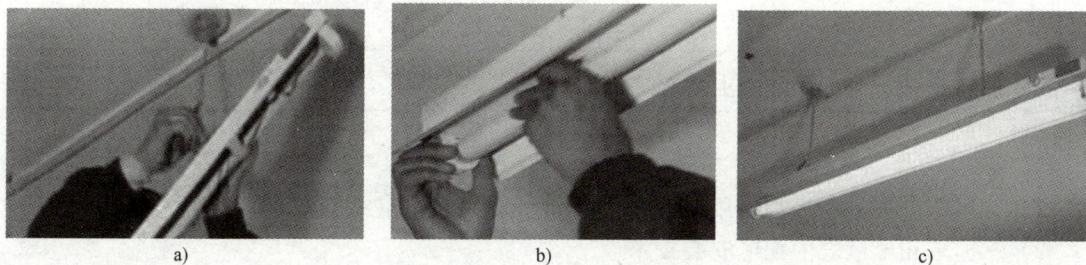

图 9-48 荧光灯的安装

a）吊链接荧光灯座 b）装荧光灯盖板和荧光灯灯管 c）通电测试，灯亮

2）安装注意事项。

对插入式灯座，先将灯管一端灯座插入带弹簧的一个灯座，稍用力使弹簧灯座活动部分向灯座内压出一小段距离，另一端趁势插入不带弹簧的灯座；对开启式灯座，先将灯管两端灯脚同时卡入灯座的开缝中，再用手握住灯管两端头旋转约 1/4 圈，灯管的两个引脚即被弹簧片卡紧，使电路接通。

5. LED 吸顶灯的安装

LED 灯具有光效高、耗电少，寿命长，易控制，安全环保等优点，近些年得到广泛应用。LED 吸顶灯是一种采用 LED 作为光源的灯具，灯的外观设计为上部较平，安装后就好像吸附在房顶上，故称为 LED 吸顶灯。

LED 吸顶灯的安装方法如下。

1）选好位置。在安装之前，先要确定好它的安装位置，如图9-49a 所示。

2）安装底座。安装前将 LED 吸顶灯的面罩拆下，将底座安装在预留的位置，用电钻在标记的位置钻孔，接着在孔内安装好固定底座用的膨胀螺栓，如图9-49b 所示。

3）连接导线。在上一步做好后，将电源线和灯具的接线座连接在一起，分别用绝缘胶布包好，并保持一定的距离，如图 9-49c 所示。

4）安装面罩。接线完成后，要对它进行相应的通电测试。若发光正常，则说明安装正确。关闭电源，装上吸顶灯的面罩，如图 9-49d 所示。

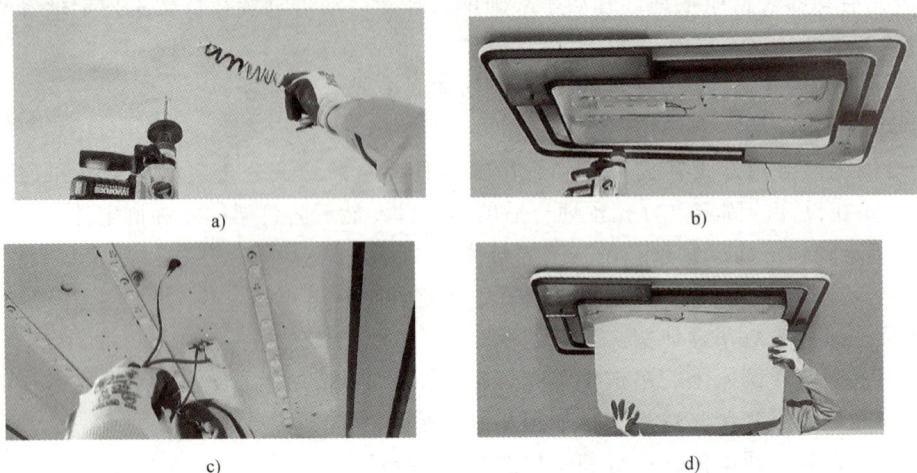

图 9-49　LED 吸顶灯的安装

9.4　实训4　电度表的安装与使用

1. 训练目的

1）掌握电度表的选择与使用知识。

2）掌握单相电度表的配电安装技术。

2. 电度表的选择与使用

（1）电度表种类及规格

电度表是用来计量电气设备所消耗的电能的仪表。电度表可分为单相电度表和三相电度表，准确度一般为 2.0 级，也有 1.0 级的高精度电度表。单相电度表可以分为感应系单相电度表和电子式电度表两种。目前，家庭大多数用的是感应系单相电度表。单相电度表的外观如图 9-50 所示。

感应系单相电度表有十几种型号。虽然其外形和内部元件的位置可能不同，但使用的方法及工作原理基本相同。其常用额定电流有 2.5A、5A、10A、15A 和 20A 等规格。常见单相电度表的规格如表 9-3 所示。

图 9-50　单相电度表外观

表 9-3　单相电度表的规格

电度表安数/A	2.5	5	10	15	20
负载瓦数/W	550	1100	2200	3300	4400

（2）电度表的选用

电度表的选用要根据负载来确定。所选电度表的容量或电流是根据计算电路中负载的大小来确定的，容量或电流选择大了，电度表不能正常转动，会因本身存在的误差影响计算结果的准确性；容量或电流选择小了，会有烧毁电度表的可能。一般应使所选用的电度表负载总瓦数为实际用电总瓦数的 1.25~4 倍。

在选用电度表的容量或电流前，应先进行计算。例如，某家庭使用照明灯 4 个，约为 120W，使用电视机、电冰箱等电器约为 680W，电度表的电流容量为：800W×1.25 = 1000W，800W×4 = 3200W，因此选用电度表的负载瓦数为 1000~3200W。查表 9-3 可知，选用电流容量为 5~15A 的较为适宜。

选用电度表时，除了考虑电流容量外，还要注意表的内在质量。特别要注意电度表壳上的铅封是否损坏，一般电度表在出厂时，对电度表的准确度要进行校验，检查合格后，对电度表的可拆部位做了铅封，使用者不得私自将铅封打开。若铅封损坏，必须经有关部门重新校验后方可使用。

（3）单相电度表的安装和接线要求

1）电度表应安装在干燥、稳固的地方，避免阳光直射，忌湿、热、霉、烟、尘、沙及腐蚀性气体。

2）电度表应安装在没有振动的位置，因为振动会使电度表计量不准。

3）电压应垂直安装，不能歪斜，允许偏差不得超过 2°。因为电度表倾斜 5°，会引起 10% 的误差，倾斜太大，电度表铝盘甚至不转。

4）电度表的安装高度一般为 1.4~1.8m，电度表并列安装时，两表的中心距离不得小于 200mm。

5）在雷雨较多的地方使用的电度表，应在安装处采取避雷措施，避免因雷击使电度表烧坏。

6）电度表应安装在涂有防潮漆的木制底盘或塑料底盘上，用木螺钉或机制螺钉固定。电度表的电源引入线和引出线可通过盘的背面穿入盘的正面后进行接线，也可以在盘面上走明线，用塑料线卡固定整齐。

7）在电压 220V、电流 10A 以下的单相交流电路中，电度表可以直接接在交流电路上，电度表必须按接线图接线（一般在电表接线盒盖的背面有接线图）。

8）如果负载电流超过电度表电流线圈的额定值，则应通过电流互感器接入电度表，使电流互感器的一次侧与负载串联，二次侧与电度表电流线圈串联。

（4）电度表的接线方式

当选好单相电度表后，应进行检查安装和接线。根据电度表型号不同，有两种接线方式：见图 9-51，①、③为进线，②、④接负载，接线柱①要接相线；这种电度表目前在我国最常见而且用得最多，接线时参照图 9-51a 接线，初学者可参照图 9-51b 所示连接，而图 9-52 电度表则为①、②为进线，③、④接负载，这种电度表不常使用。

3. 单相电度表的配电安装

单相电度表配电安装接线图如图 9-53 所示。

（1）安装步骤

1）合理布置板面，确定电度表、刀开关、瓷夹板的位置，固定元件，电度表要正，刀开关要垂直，如图 9-54a 所示。

2）配上线瓷夹板，连线时，首先将一端导线固定在夹板中，将导线拉直，装上导线转角夹板，进线接电度表的 1、3 端子，将线弯 90°，剥去绝缘皮，剪断线时要量好尺寸，以免过长或过短。如图 9-54b 所示。

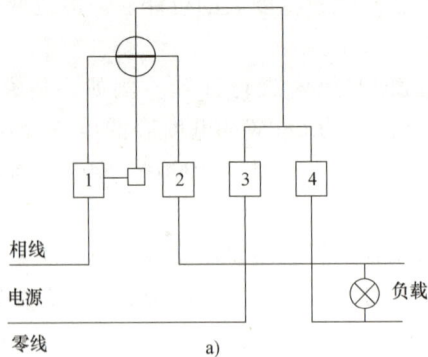

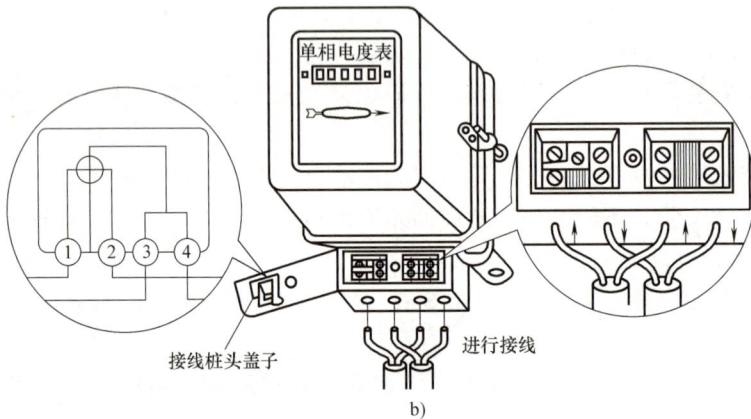

图 9-51 单相电度表交叉接线图

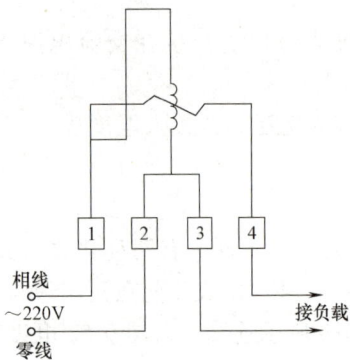

图 9-52 单相电度表顺入接线图

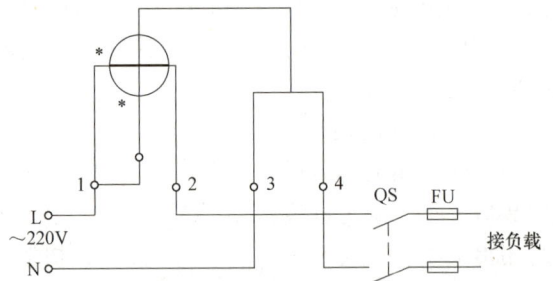

图 9-53 单相电度表安装接线图

3) 连接表引出线, 用夹板在转角处固定, 连接刀开关上端, 连接负荷侧导线, 接电度表的 2、4 端并紧固, 如图 9-54c 所示。

4) 盖上电度表盖, 根据负荷电流选择熔丝, 如图 9-54d 所示。

5) 连接端头不宜过长, 装上刀开关盖, 装下端刀开关盖, 要对正, 以免影响刀开关的正常开合, 如图 9-54e 所示。

6) 连接完成后, 检查接线是否正确、牢固, 安装完成后的效果如图 9-54f 所示。

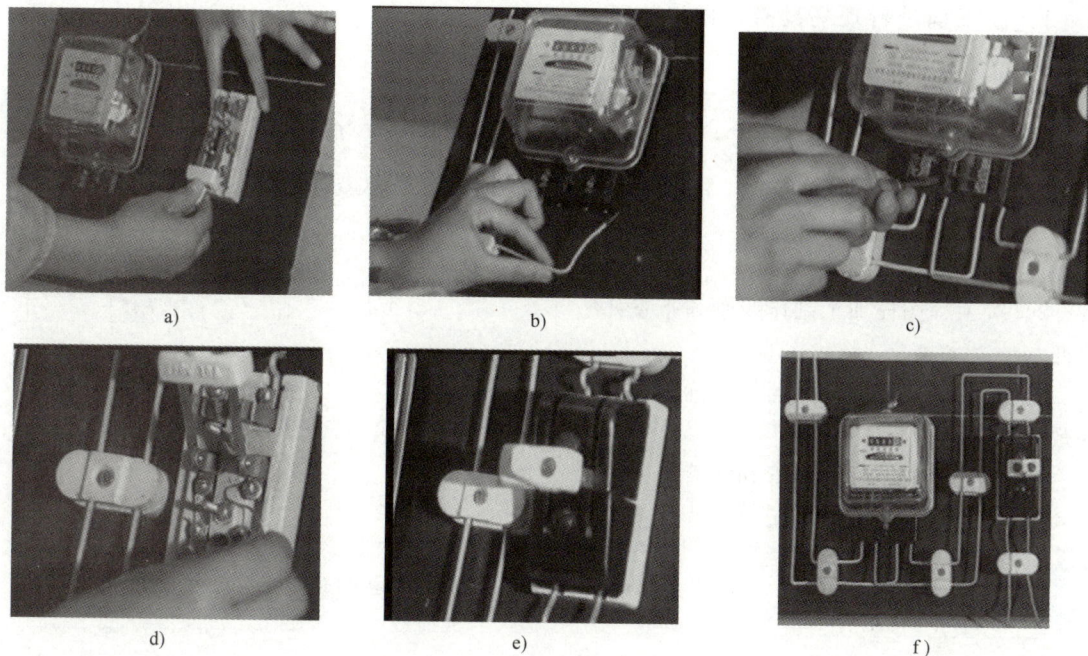

图 9-54　单相电度表配电安装

（2）安装注意事项

1）检查表罩两个耳朵上所加封的铅印是否完整。

2）电度表应安装在干燥、稳固的地方，位置要装得正，如有明显倾斜，容易造成计量不准、停走或空走等毛病。电度表可挂得高些，但要便于抄表。

3）电度表的电源引入线和引出线可通过盘的背面（凹面）穿入盘的正面后进行接线，也可以在盘面上走明线，用塑料线卡固定整齐。

4）必须按接线图接线，同时注意拧紧螺钉和紧固一下接线盒内的小钩子。

9.5　实训 5　室内照明电路的设计安装

1. 训练目的

1）了解室内照明电路的要求和施工程序。

2）熟悉室内照明电路的布线、安装规程和照明装置安装规程。

3）掌握护套线配线、线管配线及照明装置安装操作工艺。

2. 训练内容

（1）照明电路原理图设计

本项目通过对室内照明电路中导线的连接和室内配线施工的训练，掌握导线的连接及室内配线的施工方法和技巧。具体要求如下。

设计并安装一个由单相电度表、熔断器、白炽灯、插座、开关等元件组成的简单照明电路。要求安装的电路走线规范，布局合理、美观，可以正常工作，并能排除常见的电路故障。图 9-55 为室内照明电路参考原理图。

（2）施工准备

1）施工前进行现场勘查，做出施工计划。

2）设计施工图样。

3）准备施工工具、材料。

4）制定安全保障措施。

（3）施工实施。

1）合理选择工具和材料。

2）按工程图样加工制作线管和布置元器件。

3）按图纸尺寸安装元器件，确定线路的敷设路径。

4）按工艺要求固定线管和穿管。

5）作业时安全文明施工。

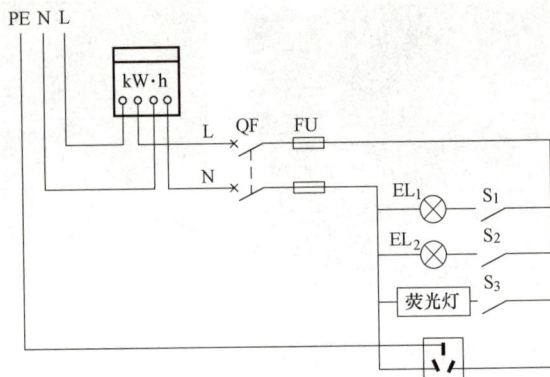

图 9-55　照明电路参考原理图

💡 **注意**：电路安装完毕，经指导老师检查无误后，方可通电测试。

3. 训练场所说明

要求有两面相互垂直的砖墙（或木板墙）的室内或室外实训场地；有一面 $10m^2$ 砖墙（或木板墙）的室内实训场地。

9.6 实训 6　照明电路的维修

1. 训练目的

1）白炽灯电路的常见故障及检修方法。

2）荧光灯电路的常见故障及检修方法。

2. 白炽灯电路的检修技术

白炽灯的常见故障及检修方法如表 9-4 所示。

3. 荧光灯电路常见故障的检修技术

荧光灯的常见故障及检修方法见表 9-5。

表 9-4　白炽灯的常见故障及检修方法

故障现象	产生原因	检修方法
灯泡不亮	①灯丝烧断 ②电源熔丝烧断 ③开关接线松动或接触不良 ④线路中有断路故障 ⑤灯座内接触点与灯泡接触不良	①更换灯泡 ②检查熔丝烧断原因并更换熔丝 ③检查开关的接线处并修复 ④检查电路的断线处并修复 ⑤去掉灯泡，修理弹簧触点，恢复其弹性
开关合上后熔丝立即熔断	①灯座内两线头短路 ②螺口灯座内中心铜片与螺旋铜圈相碰短路 ③线路或其他电器短路 ④用电量超过熔丝容量	①检查灯座内两接线头并修复 ②检查灯座并扳准中心铜片 ③检查导线绝缘是否老化或损坏，检查同一电路中其他电器是否短路并修复 ④减小负载或更换大一级的熔丝

（续）

故障现象	产生原因	检修方法
灯泡发强烈白光，瞬时烧坏	①灯泡灯丝搭丝造成电流过大 ②灯泡的额定电压低于电源电压 ③电源电压过高	①更换新灯泡 ②更换与线路电压一致的灯泡 ③查找电压过高的原因并修复
灯光暗淡	①灯泡内钨丝蒸发后积聚在玻璃壳内表面使玻璃壳发乌，透光度减低；同时灯丝蒸发后变细，电阻增大，电流减小，光通量减小 ②电源电压过低 ③线路绝缘不良有漏电现象，致使灯泡电压过低 ④灯泡外部积垢或积灰	①正常现象，不必修理，必要时更换灯泡 ②调整电源电压 ③检修线路，更换导线 ④擦去灰垢
灯泡忽明忽暗	①电源电压忽高忽低 ②附近有大电机起动 ③灯泡灯丝已断，断口处相距很近，灯丝晃动后忽接忽离 ④灯座、开关松动	①检查电源电压 ②等待电机起动后会好转 ③及时更换新灯泡 ④紧固熔丝

表 9-5　荧光灯的常见故障及检修方法

故障现象	产生原因	检修方法
荧光灯灯管不能发光或发光困难	①电源电压过低或电源线路较长造成电压降过大 ②镇流器与灯管规格不配套或镇流器内断路 ③灯管灯丝断丝或灯管漏气 ④辉光启动器陈旧损坏或内部电容短路 ⑤新装荧光灯接线错误 ⑥灯管与灯脚或辉光启动器接触不良 ⑦气温太低，难以启辉	①有条件时调整电源电压，线路较长应加粗导线 ②更换镇流器 ③更换荧光灯管 ④用万用表检查辉光启动器里的电容器是否短路，或更换辉光启动器 ⑤断开电源及时更正线路 ⑥检查修复接触不良故障 ⑦灯管加热、加罩或用低温灯管
荧光灯灯光抖动及灯管两头发光	①荧光灯接线有误或灯脚与灯管接触不良 ②电源电压太低或线路太长，导线太细，导致电压降太大 ③辉光启动器本身短路或辉光启动器座两接触点短路 ④镇流器与灯管不配套或内部接触不良 ⑤灯丝上电子发射物质耗尽，放电作用降低	①更正错误接线或修理加固灯脚接触点 ②检查线路及电源电压，有条件时调整电压或加粗导线截面积 ③更换辉光启动器，修复辉光启动器座的接触片位置或更换辉光启动器座 ④配换适当的镇流器，加固接线 ⑤换新荧光灯管或进行灯管加热或加罩处理
灯管闪烁或有光滚动	①更换新灯管后出现的暂时现象 ②单根灯管常见现象 ③荧光灯辉光启动器质量不佳或损坏 ④镇流器与荧光灯不配套或有接触不良处	①一般使用一段时间后即可好转，有时调整或对调灯管两端引脚 ②有条件的改双管灯管 ③更换辉光启动器 ④调换与荧光灯灯管配套的镇流器或检查接线有无松动，并进行加固处理
荧光灯在关闭开关后，夜晚有时会有微弱的亮光	①线路潮湿，开关有漏电现象 ②开关不是接在相线上	①进行烘干或绝缘处理，开关漏电时，更换开关 ②把开关接在相线上

（续）

故障现象	产生原因	检修方法
荧光灯灯管两头发黑或产生黑斑	①电源电压过高 ②辉光启动器质量不好，接线不牢，引起长时间的闪烁 ③镇流器与荧光灯管不配套 ④灯管内汞（俗称水银）凝结 ⑤辉光启动器短路使新灯管阴极发射物质加速蒸发而老化 ⑥灯管使用时间过长，老化陈旧	①处理电压升高的故障 ②更换辉光启动器 ③更换与荧光灯灯管配套的镇流器 ④起动后即能蒸发，也可将灯管旋转180°后使用 ⑤更换新的辉光启动器和新灯管 ⑥更换新灯管
荧光灯亮度减低	①温度太冷或冷风直吹灯管 ②灯管老化陈旧 ③线路电压太低或压降太大 ④灯管积垢太多	①加防护罩并回避冷风直吹 ②严重时更换灯管 ③检查线路电压太低的原因，有条件时调整线路或加粗导线 ④断电后清洗灯管并做烘干处理
噪声太大或对无线电干扰	①镇流器质量太差或铁心硅钢片未夹紧 ②电路电压过高引起镇流器发声 ③辉光启动器质量差引起启辉时出现杂声 ④镇流器过载或内部有短路处 ⑤辉光启动器电容失效开路或电路中有接触不良 ⑥电视机或收音机与荧光灯距离太近引起干扰	①更换新的镇流器或紧固硅钢片铁心 ②如电压过高，要找出原因，降低电压 ③更换辉光启动器 ④检查镇流器过载原因并处理 ⑤更换辉光启动器或在电路上加电容 ⑥将电视机或收音机与荧光灯的距离调远
荧光灯管寿命太短或瞬间烧坏	①镇流器与荧光灯管不配套 ②镇流器质量差或镇流器自身有短路致使加到灯管上电压过高 ③电源电压太高 ④开关次数太多或辉光启动器质量差引起灯管长时间闪烁 ⑤荧光灯管受到振动致使灯丝断裂或灯管漏气 ⑥新装荧光灯接线有误	①换接与荧光灯配套的新镇流器 ②镇流器质量差或有短路处，及时更换镇流器 ③找出电压过高的原因，加以处理 ④尽可能减少开关荧光灯的次数或更换新的辉光启动器 ⑤改善安装位置，避免强烈振动，然后换新灯管 ⑥更正线路
荧光灯的镇流器过热	①气温太高，灯架内温度过高 ②电源电压过高 ③镇流器质量差，线圈内部匝间短路或接线不牢 ④灯管闪烁时间过长 ⑤新装荧光灯接线有误 ⑥镇流器与荧光灯管不配套	①保持通风，改善荧光灯环境温度 ②检查电源 ③旋紧接线端子，必要时更换新镇流器 ④检查闪烁原因，灯管与灯脚接触不良时要加固处理，辉光启动器质量差要更换，荧光灯管质量差也要更换 ⑤改正线路 ⑥更换与荧光灯管配套的镇流器

附　　录

附录 A　Multisim 仿真软件

Multisim 是一种交互式电路模拟软件，同时也是一种 EDA 工具，它为用户提供了丰富的元件库和功能齐全的虚拟仪器，主要用于对各种电路进行全面的仿真分析和设计。

Multisim 提供了集成化的设计环境，能完成原理图的设计输入、电路仿真分析、电路功能测试等工作。当需要改变电路参数或电路结构仿真时，可以清楚地观察到各种变化电路对性能的影响。用 Multisim 进行电路的仿真，实验成本低、速度快、效率高。

Multisim 10 包含了数量众多的元器件库和标准化的仿真仪器库，用户还可以自己添加新元件，操作简单，分析和仿真功能十分强大。熟练使用该软件可以大大缩短产品研发的时间，对电路的强化、相关课程实验教学也有十分重要的意义。下面简单介绍 Multisim 10 的基本功能及操作。

1. Multisim 10 的主界面

单击 "开始"→"程序"→"National Instruments"→"Circuit Design Suite 10.0"→"Multisim" 命令，启动 Multisim 10，这时会自动打开一个新文件，进入 Multisim 10 的主界面，如图 A-1 所示。

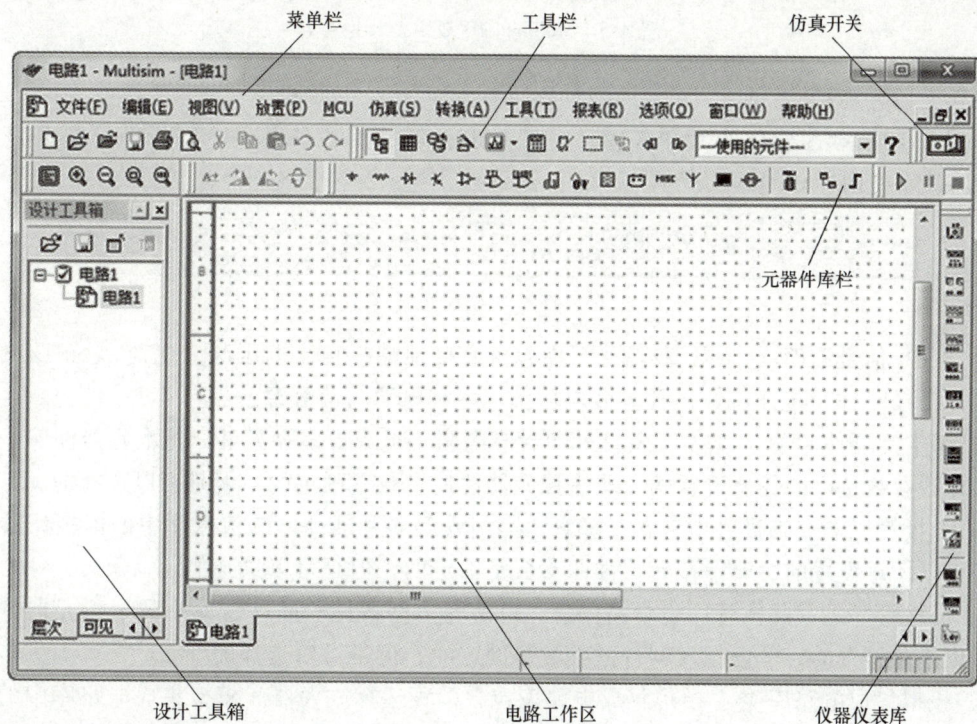

图 A-1　Multisim 10 的主界面

从图 A-1 可以看出，Multisim 的主窗口如同一个实际的电子实验台。屏幕中央区域最大的窗口就是电路工作区，在电路工作区上可将各种电子元器件和测试仪器仪表连接成实验电路。电路工作窗口上方是菜单栏、工具栏、元器件库栏。从菜单栏可以选择电路连接、实验所需的各种命令。工具栏包含了常用的操作命令按钮。通过鼠标操作即可方便地使用各种命令和实验设备。元器件库栏存放着各种电子元器件。电路工作窗口右边是仪器仪表库，存放着各种测试仪器仪表。用鼠标操作可以很方便地从元器件和仪器库中，提取实验所需的各种元器件及仪器、仪表到电路工作区并连接成实验电路。按下电路工作窗口的仿真开关，可以进行电路仿真，通过"启动/停止"开关或"暂停/恢复"按钮可以方便地控制实验的进程。

（1）菜单栏

菜单中提供了 Multisim 软件几乎所有的功能命令，如图 A-2 所示，主要用于文件的创建、管理、编辑及电路仿真软件的各种操作命令。包括"文件""编辑""视图""仿真"等。

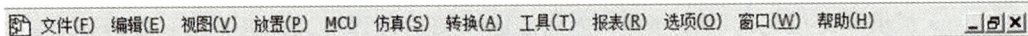

图 A-2　Multisim 10 的菜单栏

（2）常用工具栏

Multisim 10 工具栏主要包含了有关电路窗口操作的按钮，如图 A-3 所示的常用工具栏，主要包括"新建""打开""保存""打印""复制""剪切""粘贴""撤销""旋转""放大""缩小""文件列表""元件编辑器"等。由于工具栏是浮动窗口，所以对于不同用户显示会有所不同，工具栏可以随意拖动。如果找不到需要的工具栏，可以通过执行菜单"视图"→"工具栏"命令，在其子菜单中添加。

图 A-3　Multisim 10 常用工具栏

（3）元器件库栏

Multisim10 提供了丰富的元器件库，左键单击元器件库栏的某一个图标即可打开该元件库。元器件库栏图标如图 A-4 所示。

图 A-4　元器件库栏

1）电源/信号源库 。电源/信号源库包含有接地端、直流电压源（电池）、正弦交流电压源、方波（时钟）电压源、压控方波电压源等多种电源与信号源。

2）基本元器件库 。基本元器件库包含有电阻、电容等多种元件。基本元器件库中的虚拟元器件的参数是可以任意设置的，非虚拟元器件的参数是固定的，但是可以选择的。

3）二极管库 。二极管库包含二极管、晶闸管等多种器件。二极管库中的虚拟元器件的参数是可以任意设置的，非虚拟元器件的参数是固定的，但是可以选择的。

4）晶体管库 。晶体管库包含晶体管、FET 等多种器件。晶体管库中的虚拟元器件的参数是可以任意设置的，非虚拟元器件的参数是固定的，但是可以选择的。

5）模拟集成电路库 。模拟集成电路库包含多种运算放大器。模拟集成电路库中的虚拟元器件的参数是可以任意设置的，非虚拟元器件的参数是固定的，但是可以选择的。

6）TTL 数字集成电路库 。TTL 数字集成电路库包含 74×× 系列和 74LS×× 系列等 74 系列数字电路元器件。

7）CMOS 数字集成电路库 。CMOS 数字集成电路库包含 40×× 系列和 74HC×× 系列多种 CMOS 数字集成电路系列元器件。

8）数字器件库 。数字器件库包含 DSP、FPGA、CPLD、VHDL 等多种器件。

9）数-模混合集成电路库 。数-模混合集成电路库包含 ADC/DAC、555 定时器等多种数模混合集成电路器件。

10）指示器件库 。指示器件库包含电压表、电流表、7 段数码管等多种器件。

11）电源器件库 。电源器件库包含三端稳压器、PWM 控制器等多种电源器件。

12）其他器件库 。其他器件库包含晶体管、滤波器等多种器件。

13）键盘显示器件库 。键盘显示器库包含键盘、LCD 等多种器件。

14）射频元器件库 。射频元器件库包含射频晶体管、射频 FET、微带线等多种射频元器件。

15）机电类器件库 。机电类器件库包含开关、继电器等多种机电类器件。

16）微控制器件库 。微控制器件库包含 8051、PIC 等多种微控制器件。

（4）Multisim 仪器仪表库

仪器仪表库中的图标及功能如图 A-5 所示。

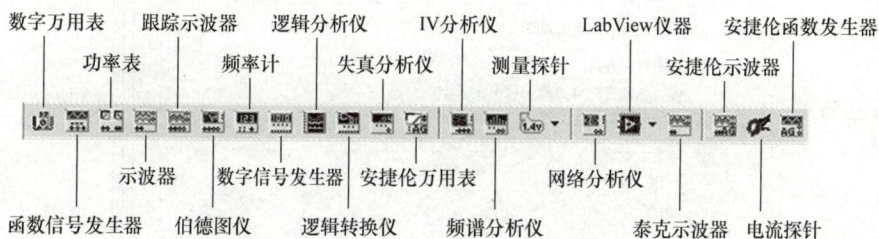

图 A-5　Multisim 仪器仪表库

（5）设计工具箱

设计工具箱视窗一般位于窗口的底部，如图 A-6 所示，利用该工具箱，可以把有关电路设计的原理图、PCB 图、相关文件、电路的各种统计报告分类进行管理，还可以观察分层电路的层次结构。

2. Multisim 10 仿真软件基本操作

（1）创建电路文件

运行 Multisim 10，这时会自动打开一个名为"电路 1"的空白文件，也可以通过菜单"文件"→"新建"命令新建一个电路文件，该文件可以在保存时重新命名。

（2）定制工作界面

在创建一个电路之前，可以根据自己的喜好，通过"选项"命令进行工作界面设置，如元器件颜色、字体、线宽、标题栏、电路图尺寸、符号标准、

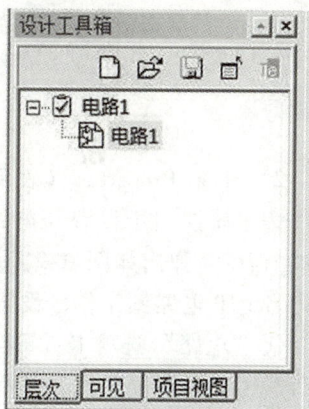

图 A-6　设计工具箱视窗

缩放比例等。"选项"菜单如图 A-7 所示。

1）Global Preferences（首选项）。

"首选项"对话框的设置是对 Multisim 界面的整体改变，下次再启动时按照改变后的界面运行。

选择"选项"→"Global Preferences"命令，弹出如图 A-8 所示的对话框，包括"路径""保存""零件"和"常规"4 个选项卡。在该对话框中可以对电路的总体参数进行设置。

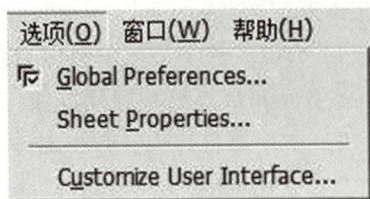

图 A-7　"选项"菜单

在"零件"选项卡中，可以选择元器件放置方式，如选择一次放置一个元器件或连续放置元器件等。

在符号标准区域选择元器件符号标准。ANSI 为设定采用美国标准元器件符号。DIN 为设定采用欧洲标准元器件符号。我国采用的元器件符号标准与欧洲接近。

选择正相位移方向，左移或者右移。

选择数字仿真设置，"理想"即为理想状态仿真，可以获得较高速度的仿真；Real（more accurate simulation-requires power and digital ground）为真实状态仿真。

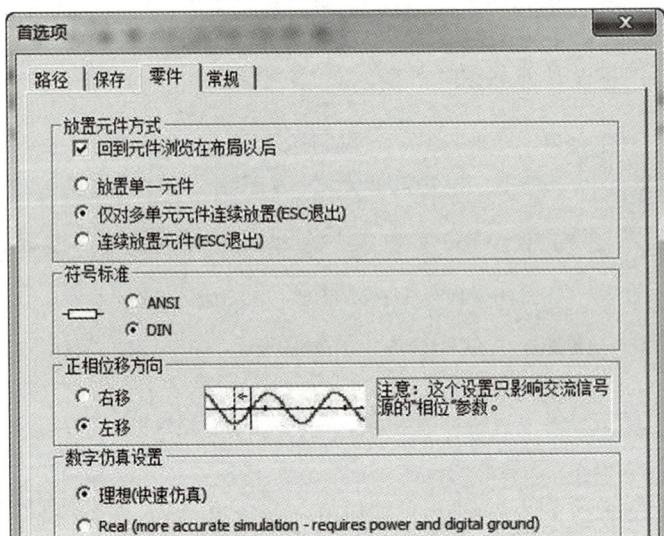

图 A-8　"首选项"对话框

2）Sheet Properties（表单属性）。

表单属性用于设置与电路图显示方式有关的一些选项。选择"选项"→"Sheet Properties"命令，弹出如图 A-9 所示的"表单属性"对话框，它有 6 个选项卡，基本包括了所有 Multisim 10 电路图工作区设置的选项。

①"电路"选项卡：可选择电路各种参数，如选择是否显示元器件的标志，是否显示元器件编号，是否显示元器件数值等。"颜色"选项组的按钮用来选择电路工作区的背景、元器件、导线等的颜色。

②"工作区"选项卡：设置电路工作区显示方式的控制、图纸的大小和方向等。

③"配线"选项卡：用来设置连接线的宽度和总线连接方式。

④"字体"选项卡：可以设置字体、选择字体的应用项目及应用范围等。

⑤ "PCB" 选项卡：选择与制作电路板相关的选项，如地、单位、信号层等。

⑥ "可见" 选项卡：设置电路层是否显示，还可以添加注释层。

（3）选择元器件

1）选用元器件时，首先在元器件库栏中单击包含该元器件的图标，打开该元器件库。如选择基本元件库，单击按钮 〰，弹出 "选择元件" 对话框，如图 A-10 所示。

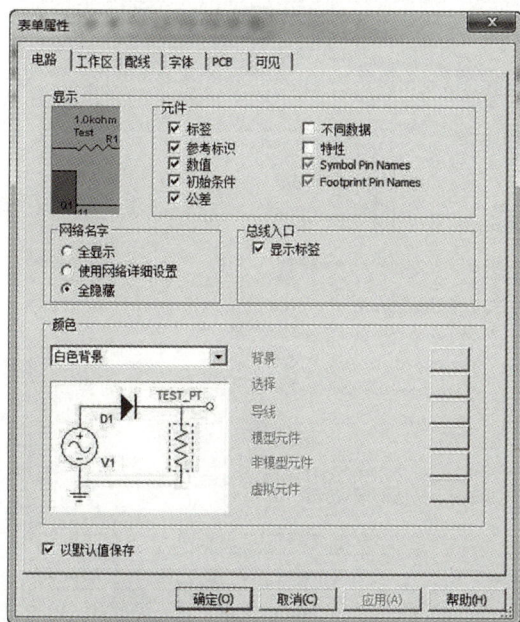

图 A-9　"表单属性" 对话框

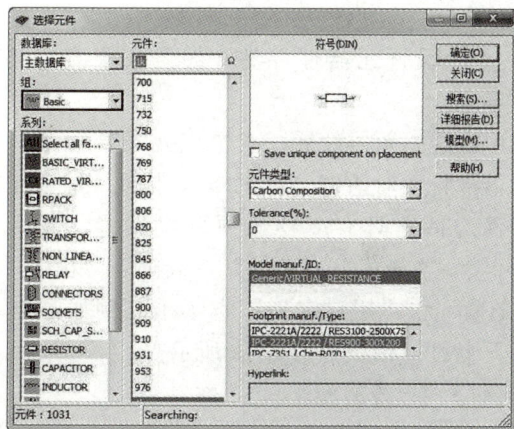

图 A-10　"选择元件" 对话框

2）在此对话框中选择元器件，如选择电阻，然后单击 "确定" 按钮，在设计窗口，可以看到光标上黏附着一个电阻符号，如图 A-11 所示，用鼠标拖曳该元器件到电路工作区的适当位置，单击放置元器件。

（4）编辑元器件

1）选中元器件。

在连接电路时，要对元器件进行移动、旋转、删除、设置参数等操作。这就需要先选中该元器件。要选中某个元器件可使用鼠标单击该元器件，被选中的元器件的四周出现 4 个黑色小方块（电路工作区为白底），便于识别。对选中的元器件可以进行移动、旋转、删除、设置参数等操作。用鼠标拖曳形成一个矩形区域，可以同时选中在该矩形区域内的一组元器件。

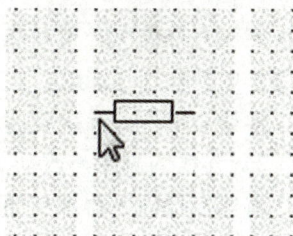

图 A-11　放置元器件

要取消某一个元器件的选中状态，只需单击电路工作区的空白部分即可。

2）元器件的移动。

单击该元器件（左键不松手），拖曳该元器件即可移动该元器件。要移动一组元器件，必须先用前述的矩形区域方法选中这些元器件，然后用鼠标拖曳其中的任意一个元器件，则所有选中的部分就会一起移动。元器件被移动后，与其相连接的导线就会自动重新排列。选中元器件后，也可使用箭头键使之做微小的移动。

3）元器件的旋转与翻转。

对元器件进行旋转或翻转操作，需要先选中该元器件，然后单击鼠标右键或者选择"编辑"菜单，选择菜单中的"方向"，其子菜单包括"水平镜像""垂直镜像""顺时针旋转 90 度"和"逆时针旋转 90 度"4 种命令，也可使用〈Ctrl〉键实现旋转操作。〈Ctrl〉键的定义标在菜单命令的旁边。还可以直接使用工具栏中的图标 🔄 操作。

4）元器件的复制、删除。

对选中的元器件进行元器件的复制、移动、删除等，可以单击鼠标右键或者使用剪切、复制、粘贴、删除等菜单命令实现以上操作。

5）设置元器件标签、编号、数值、模型参数。

在选中元器件后，双击该元器件会弹出元器件特性对话框，可供输入数据。元器件特性对话框具有多种选项可供设置，包括"标签""显示""参数""故障""引脚""变量"和"用户定义"选项卡。例如"电阻"特性对话框如图 A-12 所示。

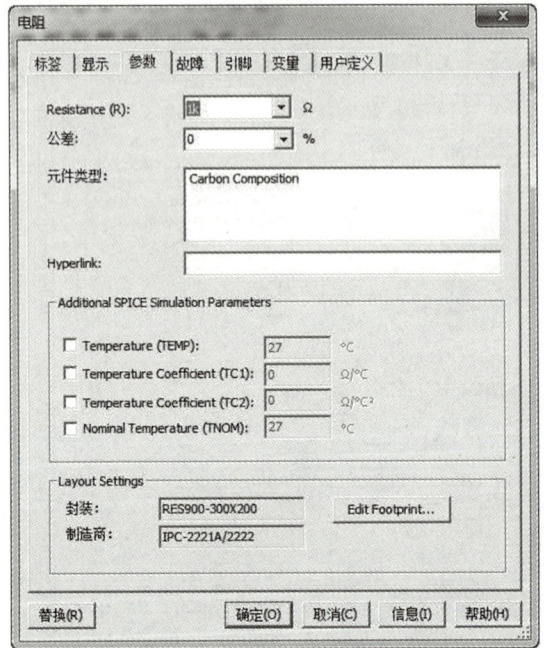

（5）导线的操作

1）导线的连接。

在两个元器件之间，首先将鼠标指向一个元器件的端点使其出现一个小圆点，按下

图 A-12 "电阻"特性对话框

鼠标左键并拖曳出一根导线，拉住导线并指向另一个元器件的端点使其出现小圆点，释放鼠标左键，则导线连接完成。

连接完成后，导线将自动选择合适的走向，不会与其他元器件或仪器发生交叉。

2）连线的删除与改动。

将鼠标指向元器件与导线的连接点使其出现一个圆点，按下左键拖曳该圆点使导线离开元器件端点，释放左键，导线自动消失，完成连线的删除。也可以将拖曳移开的导线连至另一个接点，实现连线的改动。

3）改变导线的颜色。

在复杂的电路中，可以将导线设置为不同的颜色。要改变导线的颜色，用鼠标指向该导线，单击右键，从弹出的快捷菜单中选择"Change Color"选项，出现颜色选择框，然后选择合适的颜色即可。

4）在导线中插入元器件。

将元器件直接拖曳放置在导线上，然后释放即可在电路中插入元器件。

5）从电路删除元器件。

首先选中该元器件，然后选择菜单"编辑"→"删除"命令，或者单击右键从弹出的快捷菜单中选择"删除"命令即可。

6)"连接点"的使用。

"连接点"是一个小圆点,选择菜单"放置"→"节点"命令,可以放置节点。一个"连接点"最多可以连接来自4个方向的导线。可以直接将"连接点"插入连线中。

7)节点编号。

在连接电路时,Multisim会自动为每个节点分配一个编号。是否显示节点编号可由"表单属性"对话框的"电路"选项卡(见图A-9)设置。选择"参考标识"复选框,可以选择是否显示连接线的节点编号。

(6)在电路工作区内输入文字

为了加强对电路图的理解,在电路图中的某些部分添加适当的文字注释有时是必要的。在Multisim的电路工作区内可以输入中英文文字,其基本步骤如下。

1)启动"文本"命令。

选择菜单"放置"→"文本"命令,然后单击需要放置文字的位置,可以在该处放置一个文字块(注意:如果电路窗口背景为白色,则文字输入框的黑边框是不可见的)。

2)输入文字。

在文字输入框中输入所需要的文字,文字输入框会随文字的多少而自动缩放。文字输入完毕,单击文字输入框以外的地方,文字输入框会自动消失。

3)改变文字的字体。

如果需要改变文字的颜色,可以用鼠标指向该文字块,单击右键,从弹出的快捷菜单中选择"Pen Color"命令,弹出"颜色"对话框,在其中选择文字颜色(注意:选择Font可改变文字的字体和大小)。

4)移动文字。

如果需要移动文字,用鼠标指针指向文字,按住鼠标左键,移动到目的地后放开左键即可完成文字移动。

5)删除文字。

如果需要删除文字,则先选中该文字块,然后单击右键,从弹出的快捷菜单中选择"删除"命令即可删除文字。

3. 电路仿真测试

要求用仿真软件创建如图A-13所示的开关控制指示灯电路,并对电路进行仿真测试。具体步骤如下。

1)创建电路文件。运行Multisim 10软件,打开一个名为"电路1"的空白文件。

2)定制工作界面。

选择菜单"选项"→"Global Preferences"命令,在"首选项"对话框的"零件"选项卡中,选择元器件"符号标准"为"DIN",如图A-14所示。

选择菜单"选项"→"Sheet Proper-

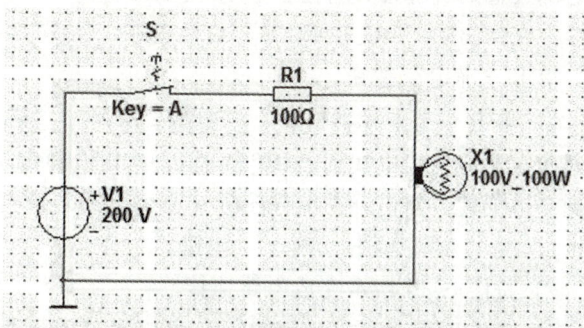

图 A-13 开关控制指示灯电路

ties"命令,在"表单属性"对话框的"工作区"选项卡中,选择图纸大小为"A4",方向为"横向",如图 A-15 所示。完成设置后单击"确定"按钮,关闭对话框。

3)单击"基本元件库"按钮 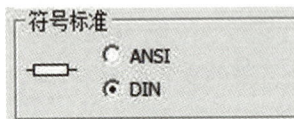,弹出"选择元件"对话框,选择"RESISTOR"元件系列,在元件列表中找到"100Ω",单击"确定"按钮,返回到设计窗口,并将电阻元件放置到合适位置。

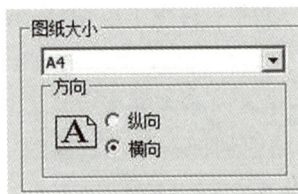

图 A-14 选择"符号标准"   图 A-15 选择"图纸大小"和"方向"

4)单击"指示灯元件库"按钮 ,弹出"选择元件"对话框,选择"LAMP"元件系列,在元件列表中找到"100V_100W",单击"确定"按钮,返回到设计窗口,将指示灯元件放置到合适位置。单击工具栏中"旋转"按钮 ,将指示灯顺时针旋转 90°,如图 A-16 所示。

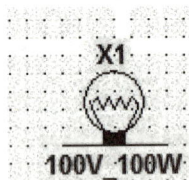

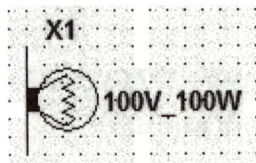

a)   b)

图 A-16 选择指示灯
a)放置指示灯   b)旋转 90°

5)单击"信号源库"按钮 ,弹出"选择元件"对话框,选择"POWER_SOURCES"元件系列,在元件列表中找到"DC_POWER",单击"确定"按钮,返回到设计窗口,将直流电源放置到合适位置。选择模拟接地元件"Ground"放置到电路原理图中。双击"电源"图标,在弹出的"DC_POWER"对话框中,设置参数选项"Voltage"为 200V,如图 A-17 所示。单击"确定"按钮。

6)单击"基本元器件库"按钮 ,弹出"选择元件"对话框,选择"SWITCH"元件系列,在元件列表中找到"DIPSWI",单击"确定"按钮,返回到设计窗口,将开关元件放置到合适位置。双击开关元件图标,在弹出的对话框中,设置"参考标识"为"S","Key for Switch"为"A",单击"确定"按钮。

7)按图 A-13 所示完成电路连接。

8)单击"仿真"开关 ,也可以通过键盘上的〈A〉键来控制开关的闭合与断开。当开关闭合时,可以看到指示灯亮,如图 A-18 所示。断开开关,指示灯熄灭。

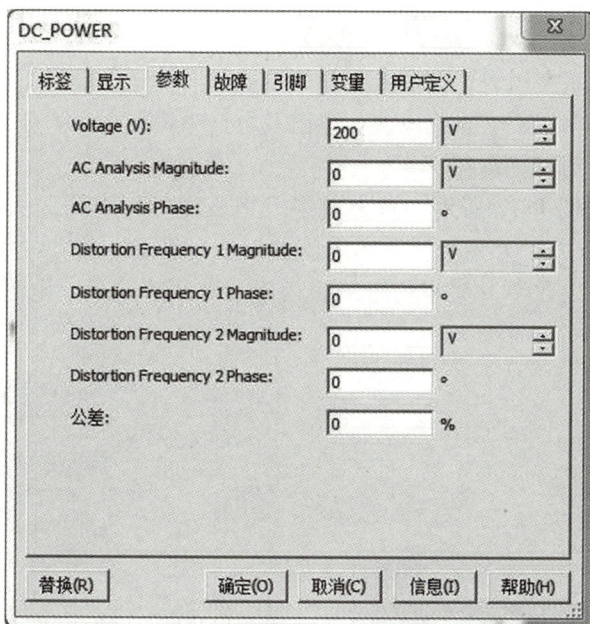

图 A-17　"DC_POWER"对话框

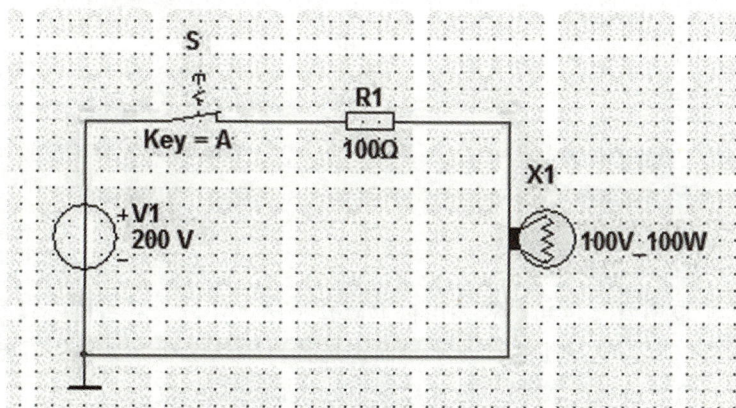

图 A-18　开关闭合指示灯亮

附录 B　虚拟仪器仪表的使用

　　Multisim 提供了 20 种常用的电子线路分析仪器。这些虚拟仪器仪表的参数设置、使用方法和外观设计与实验室中的真实仪器基本一致。仪器仪表的基本操作如下。

　　（1）仪器的选用与连接

　　从仪器库中选择某一仪器图标，将它拖曳到电路工作区即可，类似元器件的拖放。将仪器图标上的连接端（接线柱）与相应电路的连接点相连，连线过程类似元器件的连线。

　　（2）仪器参数的设置

　　双击仪器图标即可打开仪器面板。可以通过操作仪器面板上的相应按钮及参数设置对话框来设置数据。在测量或观察过程中，可以根据测量或观察结果来改变仪器仪表参数的设置，如示波器、逻辑分析仪等。

1. 数字万用表的使用

数字万用表又称数字多用表，同实验室使用的数字万用表一样，是一种比较常用的仪器。它可以用来测量交直流电压、交直流电流、电阻及电路中两点之间的分贝损耗。与现实万用表相比，其优势在于能自动调整量程。

数字万用表图标如图 B-1a 所示。双击数字万用表图标，得到放大的数字"万用表"面板，如图 B-1b 所示。单击"万用表"面板上的"设置"按钮，弹出"万用表设置"对话框，如图 B-2 所示。可以设置数字万用表的电流表内阻、电压表内阻、电阻表电流及测量范围等参数。

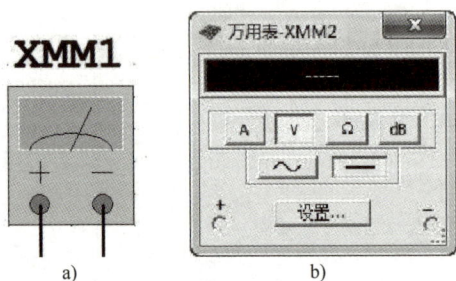

图 B-1　数字万用表
a）图标　b）面板

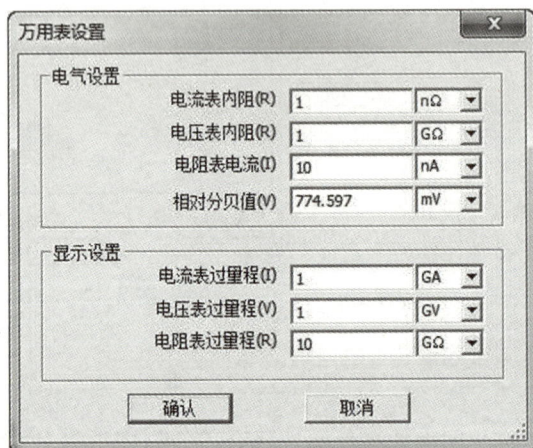

图 B-2　"万用表设置"对话框

（1）数字万用表的使用步骤

1）单击"数字万用表"按钮，将其图标放置在电路工作区，双击图标打开仪器面板。

2）按照要求将仪器与电路相连，并从界面中选择所用的选项（如电阻、电压、电流等）。

3）单击面板上的"设置"按钮，设置数字万用表的内部参数。

（2）使用注意事项

数字万用表图标中的"+""-"两个端子与待测设备连接，测量电阻和电压时，应与待测的端点并联，测量电流时应串联在电路中。

2. 两通道示波器

示波器是显示电信号波形的形状、大小、频率等参数的仪器。两通道示波器是一种双踪示波器，图标如图 B-3a 所示，双击示波器图标，弹出"示波器"面板，如图 B-3b 所示。

该仪器的图标上共有 6 个端子，分别为 A 通道的正负端、B 通道的正负端和外触发的正负端。连接时注意：A、B 两个通道的正端分别只需要一根导线与待测点相连，测量该点与地之间的波形。若需测量元器件两端的信号波形，则只需将 A 或 B 通道的正负端与元器件的两端相连即可。

两通道示波器面板各按键的作用、调整及参数的设置与实际的示波器类似，介绍如下。

（1）"时间轴"选项区

用来设置 X 轴方向扫描线和扫描速率。

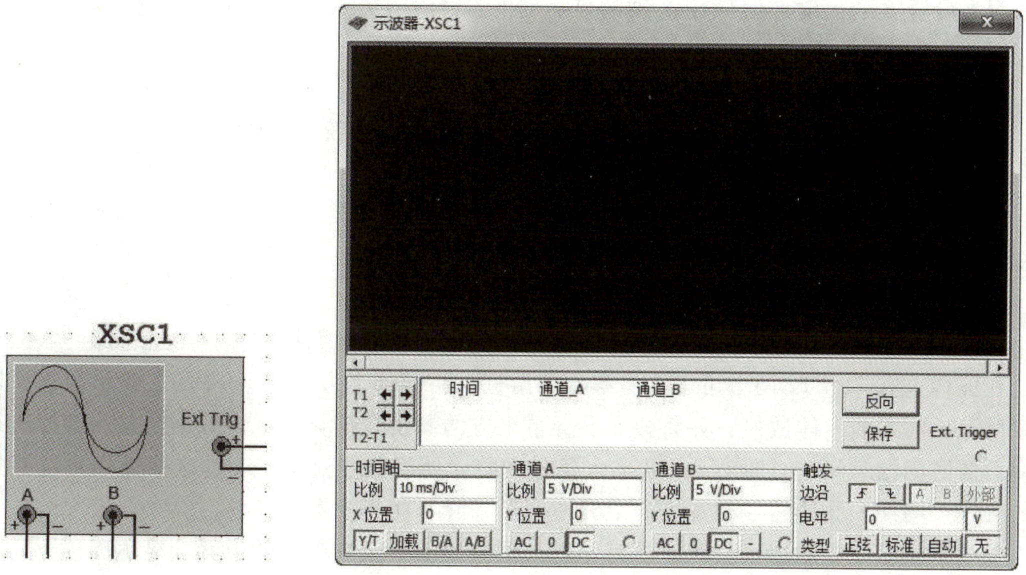

图 B-3　示波器
a）图标　b）面板

1）比例：选择 X 轴方向每一时刻代表的时间。单击该栏会出现一对上下翻转箭头，可根据信号频率的高低，选择合适的扫描时间。通常，时基与输入信号的频率成反比，输入信号的频率越高，时基就越小。

2）X 位置：X 位置控制 X 轴的起始点。当 X 的位置调到 0 时，信号从显示器的左边缘开始，正值使起始点右移，负值使起始点左移。X 位置的调节范围是 -5.00～+5.00。

3）工作方式：显示选择示波器的显示方式，可以从"Y/T（幅度/时间）"切换到"加载""A/B（A 通道/ B 通道）""B/A（B 通道/ A 通道）"等方式。

- Y/T 方式：X 轴显示时间，Y 轴显示电压值。
- A/ B、B/ A 方式：X 轴与 Y 轴都显示电压值。
- 加载（Add）方式：X 轴显示时间，Y 轴显示 A 通道、B 通道的输入电压之和。

（2）"通道 A"选项区

用来设置 A 通道输入信号在 Y 轴的显示刻度。

1）比例：表示 A 通道输入信号的每格电压值，单击该栏会出现一对上下翻转箭头，可根据所测信号大小选择合适的显示比例。

2）Y 轴位置：Y 轴位置控制 Y 轴的起始点。当 Y 的位置调到 0 时，Y 轴的起始点与 X 轴重合，如果将 Y 轴位置 1.00，Y 轴原点位置会从 X 轴向上移一大格，若将 Y 轴位置设置为 -1.00，Y 轴原点位置会从 X 轴向下移一大格。Y 轴位置的调节范围为 -3.00～+3.00。改变 A、B 通道的 Y 轴位置有助于比较或分辨两通道的波形。

3）工作方式：Y 轴输入方式即信号输入的耦合方式。当用"AC"耦合时，示波器显示信号的交流分量。当用"DC"耦合时，显示的是信号的 AC 和 DC 分量之和。当用"0"耦合时，在 Y 轴设置的原点位置显示一条水平直线。

（3）"通道 B"选项区

用来设置 B 通道输入信号在 Y 轴的显示刻度。其设置方式与"通道 A"选项区相同。

（4）"触发"选项区

用来设置示波器的触发方式。

1）边沿：表示输入信号的触发边沿，可选择上升沿或下降沿触发。

2）电平：用于选择触发电平的电压大小（阈值电压）。

3）类型："正弦"表示单脉冲触发方式，"标准"表示常态触发方式，"自动"表示自动触发方式。

（5）波形参数测量区

波形参数测量区是用来显示两个游标所测得的显示波形的数据的。

在屏幕上有T1、T2两个可以左右移动的游标，游标的上方注有1、2的三角形标志，用于读取所显示波形的具体数值，并将显示在屏幕下方的测量数据显示区。数据区显示游标所在的刻度，两游标的时间差，通道 A、B 输入信号在游标处的信号幅度。通过这些操作可以测量信号的幅度、周期、脉冲信号的宽度、上升时间及下降时间等参数。

要显示波形读数的精确值时，可将垂直光标拖到需要读取数据的位置。显示屏幕下方的方框内，显示光标与波形垂直相交点处的时间和电压值，以及两光标位置之间的时间、电压的差值。也可以单击仿真开关"暂停"按钮，使波形暂停，读取精确值。

单击"反向"按钮可改变示波器屏幕的背景颜色。单击"保存"按钮可将显示的波形保存起来。

3. 函数信号发生器

函数信号发生器是可提供正弦波、三角波、方波三种波形的信号的电压信号源，在电路实验中广泛使用。

函数信号发生器图标如图 B-4a 所示，双击函数信号发生器图标，打开"函数信号发生器"面板，如图 B-4b 所示。

函数信号发生器的输出波形、工作频率、占空比、振幅和直流偏移，可通过波形选择按钮和在各窗口设置相应的参数来实现。频率设置范围为 1Hz ~ 999THz；占空比调整值可为 1% ~ 99%；振幅设置范围为 1μV ~ 999kV；偏移设置范围为 -999 ~ 999kV。

该仪器与待测设备连接的注意事项如下。

1）连接"+"和"Common"端子，输出信号为正极性信号，振幅等于信号发生器的有效值。

图 B-4 函数信号发生器
a）图标 b）面板

2）连接"-"和"Common"端子，输出信号为负极性信号，振幅等于信号发生器的有效值。

3）连接"+"和"-"端子，输出信号的振幅等于信号发生器的有效值的两倍。

4）同时连接"+""Common"和"-"端子，且把"Common"端子接地，则输出的两个

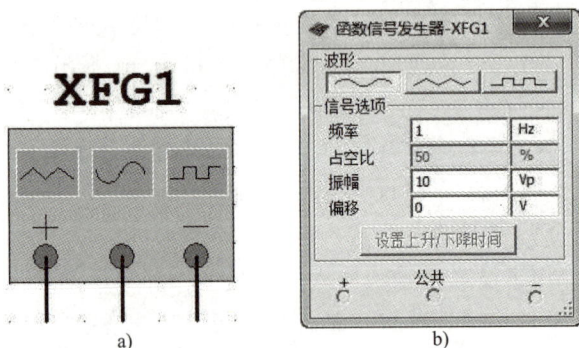

信号振幅相等、极性相反。

4. 电压表和电流表

Multisim 10 提供的显示元件库中包括电压表（VOLTMETER）和电流表（AMMETER），它们可以直接显示电压值或电流值。显示元件库中电压值或电流值符号图如图 B-5 所示，电压表和电流表旁边的 DC 是直流工作模式，它也可以工作于 AC（交流工作模式），后面的数字表示内阻。

电压表和电流表在使用中没有数量限制，旋转之后可以改变其引出线的方向。电流表用来测量支路中的电流，应串联在测量支路中；电压表用来测量电路中两点之间的电压，测量时应和被测电路并联。

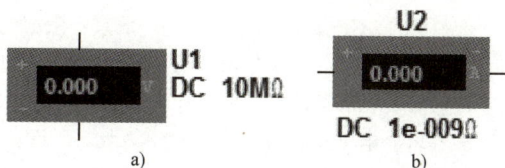

图 B-5　电压表和电流表符号
a）电压表　b）电流表

双击电压表或电流表图标，会弹出"电压表"或"电流表"面板，如图 B-6 所示。在"参数"选项卡中可改变其工作模式和内阻，电压表预置的内阻为 10MΩ，工作模式有直流（DC）和交流（AC）两种。

5. 功率表

功率表又称瓦特表（Wattmeter），是用来测量电路的交流或直流功率的一种仪器。功率表有两组端子，左边为电压输入端子，与要测量电路并联；右边为电流输入端子，与要测量电路串联。功率表符号如图 B-7 所示。

双击功率表，会弹出"功率表"面板，如图 B-8 所示，从属性对话框中可以读出电路的功率。它测得的是电路的有效功率，即电路终端的电压差与流过该终端的电流的乘积，单位为瓦特。此外，功率表还可以测量功率因数，即通过计算电压与电流相位差的余弦而得到。

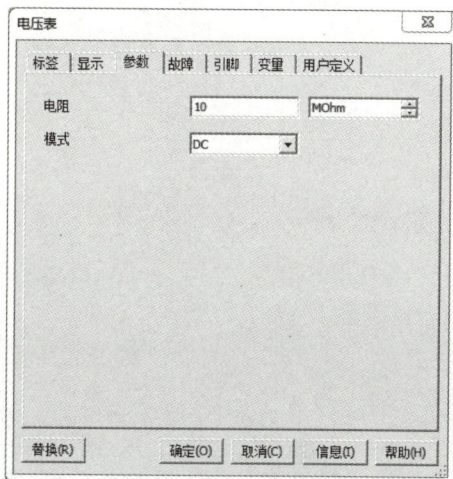

图 B-6　"电压表"面板

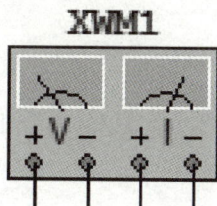

图 B-7　功率表符号

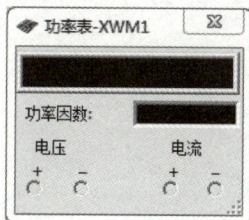

图 B-8　"功率表"面板

参 考 文 献

[1] 席时达. 电工技术 [M]. 4版. 北京：高等教育出版社，2014.

[2] 牛百齐. 电工技能大讲堂 [M]. 北京：中国电力出版社，2014.

[3] 张志良. 电工与电子技术基础 [M]. 北京：机械工业出版社，2016.

[4] 牛百齐，化雪荟. 电工电子技术基础与应用 [M]. 2版. 北京：机械工业出版社，2021.

[5] 殷佳琳. 电工技能与工艺 [M]. 2版. 北京：电子工业出版社，2015.

[6] 沈国良. 电工基础 [M]. 北京：电子工业出版社，2009.

[7] 王久和. 电工电子实验教程 [M]. 北京：电子工业出版社，2008.

[8] 赵永杰，王国玉. Multisim 10电路仿真技术应用 [M]. 北京：电子工业出版社，2012.